# 和紙の里紀行

～続『和紙周遊』～

目次／和紙の里紀行～続『和紙周遊』～

## 全国和紙の里マップ

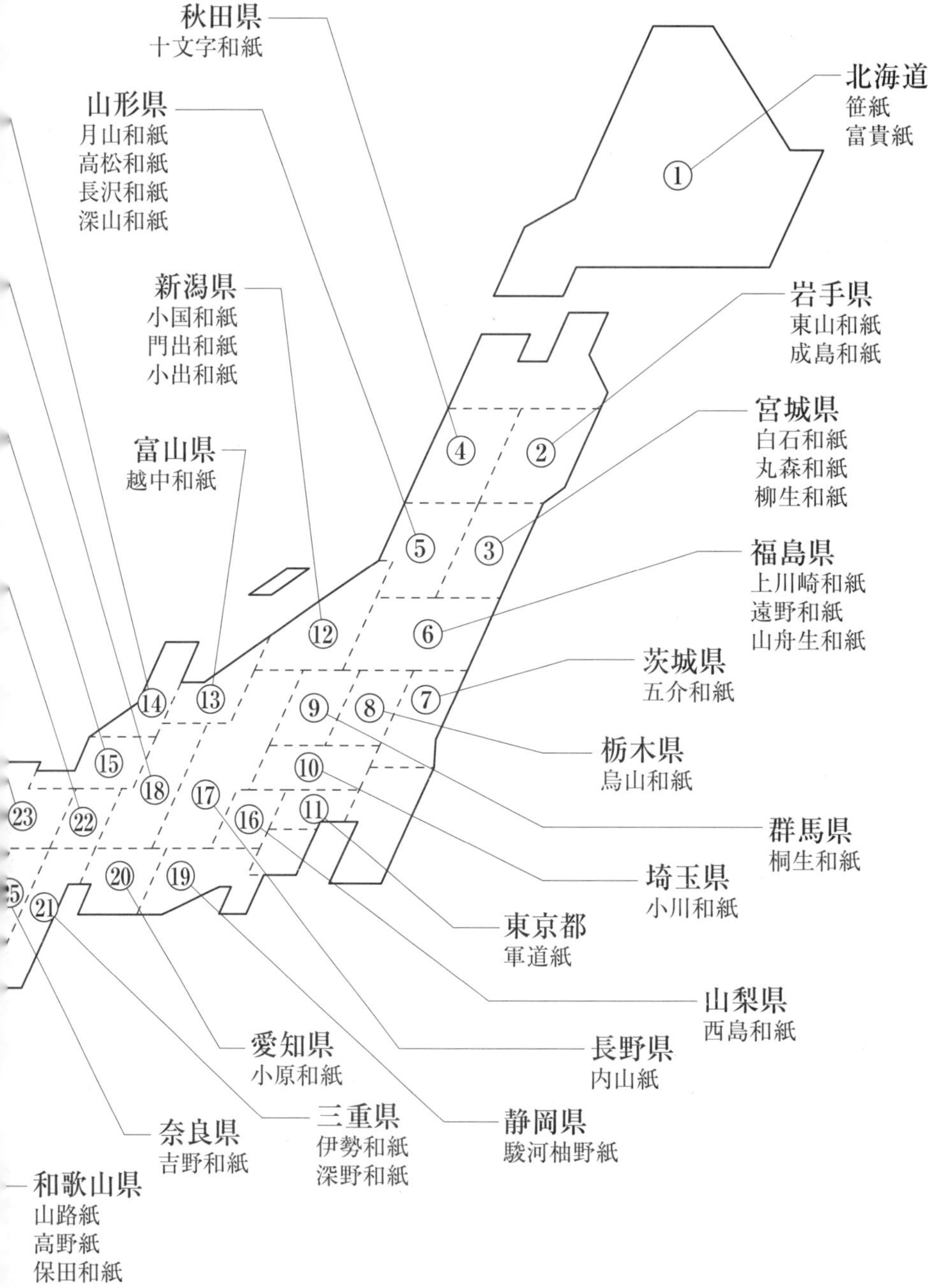


全国手漉き和紙連合会のホームページから引用
和紙の里の所在地は ⅲ ～ⅻ頁参照

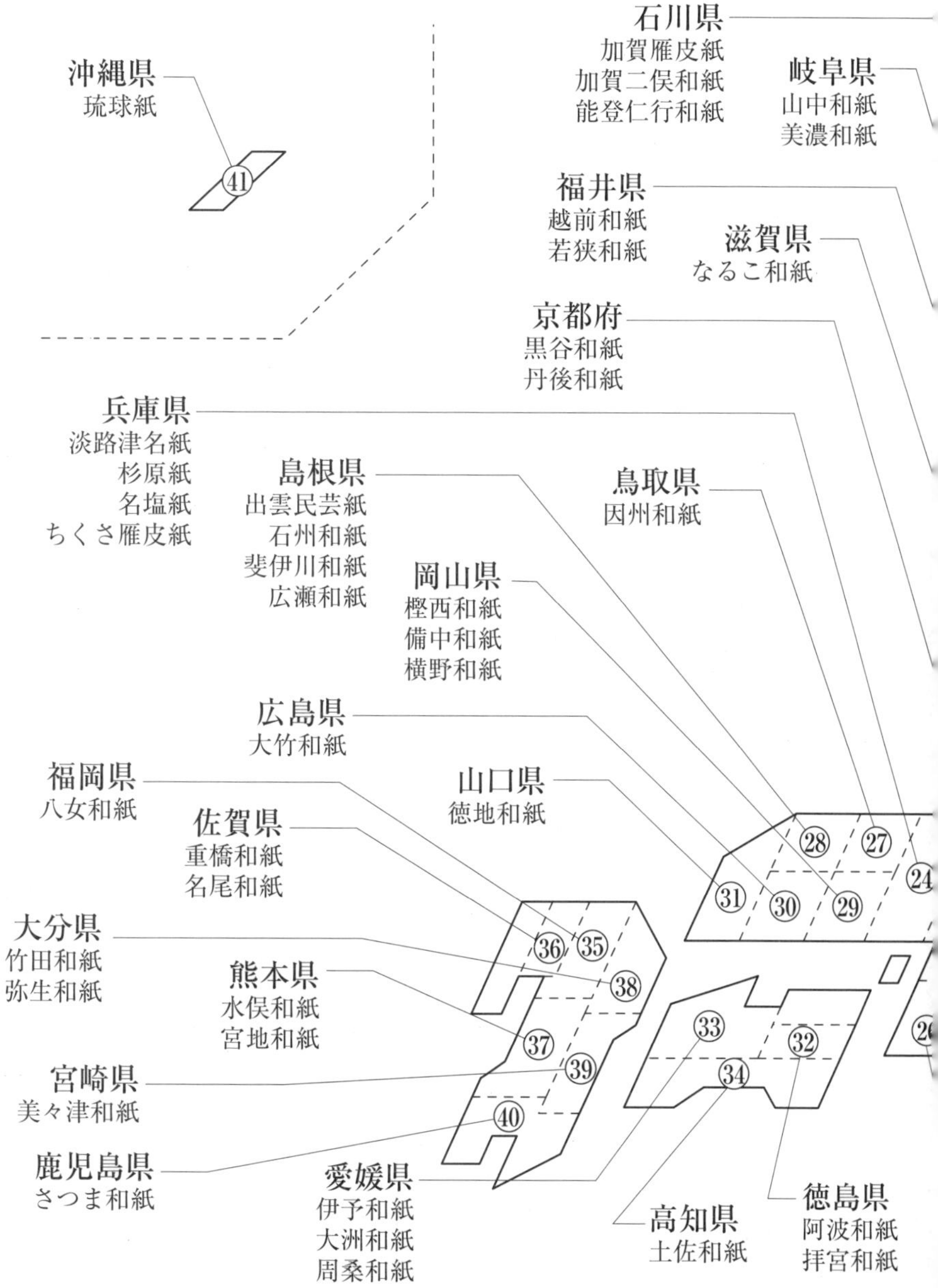

石川県
加賀雁皮紙
加賀二俣和紙
能登仁行和紙
岐阜県
山中和紙
美濃和紙
沖縄県
琉球紙
41
福井県
越前和紙
若狭和紙
滋賀県
なるこ和紙
京都府
黒谷和紙
丹後和紙
兵庫県
淡路津名紙
杉原紙
名塩紙
ちくさ雁皮紙
島根県
出雲民芸紙
石州和紙
斐伊川和紙
広瀬和紙
鳥取県
因州和紙
岡山県
樫西和紙
備中和紙
横野和紙
広島県
大竹和紙
福岡県
八女和紙
山口県
徳地和紙
佐賀県
重橋和紙
名尾和紙
28
27
24
31
30
29
大分県
竹田和紙
弥生和紙
36
35
38
熊本県
水俣和紙
宮地和紙
37
39
33
32
34
宮崎県
美々津和紙
40
鹿児島県
さつま和紙
愛媛県
伊予和紙
大洲和紙
周桑和紙
高知県
土佐和紙
徳島県
阿波和紙
拝宮和紙

## 全国和紙の里一覧

和紙の里は時代により変化しているが、ここでは、最新の全国手漉き和紙連合会の全国産地マップで取り挙げられている産地41県のを代表的な紙名の呼称で示し、それに番号を付けて表示した。同マップに漏れた産地については、菊池正浩著『和紙の里　探訪記～全国三百か所を歩く』で補完し、◎印で示している。

○印の数字と全国和紙の里マップ（前頁）の数字とは対応している。また、↓で示したのは、著者の単行本に再録されている紀行記である。

### 一．北海道・東北ブロック

(1)北海道
①笹紙　北海道雨竜郡幌加内町字平和
②富貴紙　北海道白糖郡音別町

(2)青森県
◎弘前の高野紙　弘前市紙漉沢

(3)岩手県
②東山和紙　岩手県一関市東山《とうざん》町

②成島和紙　岩手県和賀郡東成島

(4)宮城県

③白石紙　宮城県白石市　↓『和紙周遊』

③丸森紙　宮城県伊具郡丸森町

③柳生和紙　宮城県仙台市太白区

(5)秋田県

④十文字和紙　秋田県平鹿郡十文字町

(6)山形県

⑤月山和紙　山形県西村山郡西川町

⑤高松和紙　山形県上山市高松

⑤長沢和紙　山形県最上郡丹形町長沢

⑤深山和紙　山形県西置賜郡白鷹町深山

(7)福島県

⑥上川崎和紙　福島県安達郡上川崎

⑥遠野和紙　福島県いわき市遠野町

⑥山舟生和紙　福島県梁川町

◎茂庭和紙　福島県福島市飯坂町茂庭

◎鮫川和紙　福島県東白川郡鮫川村

## 二．関東ブロック

### ⑻茨城県

⑦五介和紙（西の内紙）　茨城県那珂郡山方町

◎助川郷紙　茨城県日立市助川

◎鷲《とり》の子《こ》紙　茨城県常陸大宮市美和　→本書第一章

### ⑼栃木県

⑧烏山和紙　栃木県那須烏山市　→本書第一章

◎鷲《とり》の子《こ》紙　栃木県那須烏山市　→本書第一章

◎飛駒（彦馬）和紙　栃木県佐野市飛駒町

### ⑽群馬県

⑨桐生和紙　群馬県桐生市梅田

### ⑾埼玉県

⑩小川和紙（細川紙）　埼玉県比企郡小川町／秩父郡東秩父村　→本書第二章

◎流泉紙　埼玉県比企郡鳩山町

### ⑿千葉県

### ⒀東京都

⑪軍道紙　東京都あきる野市
◎浅草紙　東京都台東区浅草
⒁神奈川県
三．中部ブロック
⒂新潟県
⑫小国和紙　新潟県刈羽郡小国町
⑫門出和紙　新潟県柏崎市高柳町門出
⑫小出和紙　新潟県東蒲原郡上川村／東蒲原郡阿賀町小出
◎十全紙・高松紙　新潟県五泉市村松
◎越後小国和紙　新潟県長岡市小国町
◎牧村和紙　新潟県上越市牧区
⒃富山県
⑬越中和紙（越中八尾紙）富山県富山市八尾町

↓本書第三章

⑬越中五箇山和紙　富山県南砺市東中江／南砺市上梨
⑬蛭谷和紙　富山県下新川郡朝日町蛭谷
⒄石川県
⑭加賀雁皮紙　石川県能美郡川北町中島

| | | |
|---|---|---|
| ⒁加賀二俣和紙 | 石川県金沢市二俣町 | →本書第四章 |
| ⒁能登仁行和紙 | 石川県輪島市三井町仁行 | |
| ◎市原紙 | 石川県白山市吉野 | |
| ⒅福井県 | | |
| ⒂越前和紙 | 福井県越前市大滝町 | →本書第五章、『和紙周遊』 |
| ⒂若狭和紙 | 福井県小浜市和多田／小浜市下田 | |
| ⒆山梨県 | | |
| ⒃西島和紙 | 山梨県南巨摩郡身延町西嶋 | →本書第六章 |
| ◎市川大門和紙 | 山梨県西八代郡市川三郷町市川大門 | →本書第六章 |
| ⒇長野県 | | |
| ⒄内山紙 | 長野県飯山市瑞穂／下水内郡栄村／下高井郡野沢温泉村 | |
| ◎信州松崎和紙 | 長野県大町市社松崎 | |
| ㉑岐阜県 | | |
| ⒅中山和紙 | 岐阜県吉城郡河合村 | |
| ⒅美濃和紙 | 岐阜県美濃市蕨生／関市武芸川 | →本書第七章 |
| ◎揖斐谷の美濃和紙 | 岐阜県揖斐郡揖斐川町 | |
| ㉒静岡県 | | |

⒆駿河柚野紙　静岡県富士宮市芝川町上柚野

◎修善寺紙・色好紙　静岡県伊豆市修善寺

⒇愛知県

⒇小原和紙　愛知県豊田市小原地区

四．近畿ブロック

㉔三重県

㉑伊勢和紙　三重県伊勢市大世古／伊勢市粟野町

㉑深野和紙　三重県飯南郡飯南

㉕滋賀県

㉒なるこ和紙　滋賀県大津市桐生二丁目一四―二六

㉖京都府

㉓黒谷和紙　京都府綾部市黒谷町

㉓丹後和紙　京都府福地山市大江町二俣

◎網野和紙　京都府京丹後市網野町網野

㉗大阪府

◎湊紙　大阪府泉北郡（現・境市堺区東湊町・西湊町・出島町）

↓本書第八章

㉘兵庫県

㉔淡路津名紙　兵庫県淡路市里二九五
㉔杉原紙　兵庫県多可郡加美区鳥羽
㉔名塩紙　兵庫県西宮市塩瀬町名塩　→本書第九章
㉔ちくさ雁皮紙　兵庫県宍粟市千種町河内

(29)奈良県
㉕吉野和紙　奈良県吉野郡吉野町窪垣内
◎国樔《くず》産紙　奈良県吉野郡吉野町国樔

(30)和歌山県
㉖高野紙　和歌山県伊都郡九度山町
㉖保田和紙　和歌山県山県有田郡清水町清水
㉖山路紙　和歌山県田辺市龍神村

五．中国ブロック

(31)鳥取県
㉗因州和紙　鳥取県鳥取市青谷町青谷
㉗因州和紙　鳥取県鳥取市佐治町福園　→本書第十章

(32)島根県
㉘出雲民芸紙　島根県松江市八雲町

㉘石州半紙　島根県浜田市三隅町　→本書第十一章
㉘斐伊川和紙　島根県飯石郡三刀屋町
㉘広瀬和紙　島根県能義郡広瀬町
◎石見和紙　島根県鹿足郡津和野町
㉝岡山県
㉙堅西和紙　岡山県真庭郡久世町堅西
㉙備中和紙　岡山県倉敷市水江
㉙横野和紙（美作紙）　岡山県津山市上横野　→『和紙周遊』
㉞広島県
㉚大竹和紙　広島県大竹市防鹿
㉟山口県
㉛徳地和紙　山口県佐波郡徳地町

六．四国ブロック

㊱徳島県
㉜阿波和紙　徳島県吉野川市山川町　→本書第十二章、『四国は紙国』
㉜拝宮和紙　徳島県那珂郡那珂町拝宮字井ノ元　→『四国は紙国』
㊲香川県　→『讃岐の紙』

(38)愛媛県

㉝伊予和紙　愛媛県四国中央市　↓『四国は紙国』

㉝大洲和紙　愛媛県喜多郡内子町／西予市野村町　↓本書第十三章

㉝周桑和紙　愛媛県西条市国安地区／石田地区　↓『四国は紙国』、『和紙周遊』

(39)高知県

㉞土佐和紙　高知県土佐市／吾川郡いの町／高岡郡／加美郡／長岡郡

↓本書第十四章、『四国は紙国』、『和紙周遊』

七．九州ブロック

(40)福岡県

㉟八女和紙　福岡県八女市／筑後市溝口　↓本書第十五章

◎甘木和紙　福岡県朝倉市秋月

(41)佐賀県

㊱重橋和紙　佐賀県伊万里市南波多町

㊱名尾和紙　佐賀県佐賀郡大和町名尾　↓本書第十五章

(42)長崎県

(43)熊本県

㊲水俣和紙　熊本県水俣市袋

㊲宮地和紙　熊本県八代市宮地
(44)大分県
㊳竹田和紙　大分県竹田市吉田
㊳弥生和紙　大分県南海部郡弥生町
◎九重和紙　大分県玖珠郡九重町
◎湯布院紙　大分県大分郡湯布院町川上
(45)宮崎県
㊴美々津和紙　宮崎県日向市美々津町
(46)鹿児島県
㊵さつま和紙　鹿児島県始良《あいら》郡始良町
◎蒲生和紙　鹿児島県始良市蒲生町上久徳
◎伊崎田紙　鹿児島県志布志市有明町
◎鶴田和紙　鹿児島県薩摩郡さつま町神子
(47)沖縄県
㊶琉球紙（芭蕉紙）　沖縄県那覇市首里儀保町

# 序章　和紙技術探索のガイダンス

## 〜近代化と競う紙漉きの気概〜

民芸運動の提唱者柳宗悦は、運動推進に当たって、発刊する機関誌『民芸』のデザインに凝った。特に装幀、用紙及び印刷を重視していた。最初の一年の本は洋紙を採用したものの、第二年目以降は和紙に改めている。そして、その意図を次のように綴っている。

「和紙を活かして使いたい年来の希望の第一歩である。広まりさえすれば、かなり安くできる見込みがある。産業にまで発展させたいものである。日本人は和紙に冷淡過ぎる。西洋崇拝の余弊である」（『工芸』第十三号「編集余録」）。そして用いられたのは、因幡楮紙、雲州椏紙楮紙、越前鳥ノ子紙、石州市山椏紙、野州烏山楮紙、武州小川楮紙、丹波東八田紙、越中八尾楮紙であった。

宗悦が好んだ、上記のような紙は、どのようにして造られているか、紙に関係する仕事に従事され、その分野に興味を持っている方々は無性に心を惹かれるところではなかろうか。

このような柳宗悦の運動に共鳴されて、手漉き和紙の研究に従事された壽岳文章、町田誠之などが愛された和紙は美しく、たおやかで、強く粘りがあり、その用途も書写材料だけでなく、多方面に使われている紙で、日本文化の形成にも大きな影響を与えた。

もともと製紙技術は中国から導入された技術ではあるが、長い間に日本の工人が、その緻密なセンスで改良改善し、研ぎ澄まされた技術として日本文化の根底をなす工芸材料として全く別もの物につくり変えていたのである。世界中の手漉き紙を調査研究されたダード・ハンターは和紙を最も美しい紙だとし、久米康生によれば「和紙の用途は極めて広範囲にわたる」と論評されておられる。

平成二十六（二〇一四）年十一月を目指して、文化庁は和紙技術を世界に強くアピールするために、島根県の石州半紙（二〇〇九年に無形文化遺産登録済み）に加えて岐阜県の本美濃紙及び埼玉県の細川和紙をユネスコの無形文化財遺産としようと提案し、予定通り平成二十六（二〇一四）年十月末決定された。また、越前和紙も「その製作用具及び製品を文化審議会が、平成二十六（二〇一四）年一月付で重要有形民俗文化財」に指定することが答申されている。和紙の文化財としての役割を振り返れば、十分承認が期待できるであろう。

和紙をこよなく愛された壽岳文章は和紙を使いたいと相談されると、必ず「紙漉きの現場を訪ねなさい」と忠告されたと聞いている。民芸のスタートは、まず「見る」ことから始まるからである。和紙を使い、楽しむためにも、まず、造られる現場をよく観察することである。

筆者は、偶々旧通商産業省工業技術院四国工業技術研究所（現経済産業省産業技術総合研究所四

国センター）に籍を置き、製紙技術を担当し、機能紙分野の研究を行ってきた。

同所には中小企業の問題として、県立製紙試験場（当時）と連携して、技術指導、技術相談、巡回指導という制度があり、県の製紙試験場職員とともに製紙現場に赴き、色々と技術的な問題を話し合う機会が多くあった。機能紙の規範になるのが、和紙技術であった。

当時、私達の研究所では海外の研究所と研究協力をしており、外国産の製紙原料や靭皮繊維の発酵精練（生化学パルプ化）についても研究をしていた。そのような背景で、現場を訪れては、紙漉きの工人たちと話し合う機会があった。そのような機会を活用して、現地事情を色々教えて頂いだき、同時に、現場を見学させて頂く機会が多々あった。

紙漉き場は、多くは水源の多い、林木の豊かな、過疎の環境にあり、静寂な里にあった。当時はアクセスするのに時間がかかった。しかし、そこで職人魂に触れると、心が和み、また紙の研究の意欲が湧き上がるのを感じた。

しかし、反面、その仕事は、当時は特にわが国の高度経済成長期にあり、科学技術は日進月歩で、一般庶民の生活スタイルが変わり、手漉き紙は高価なものとして受け取られ、紙漉き職人の生活を圧迫することが多かった。現場で、その苦労話に耳を傾けていると、彼らの仕事に対する意気込みは高く、民芸運動にもいたく共鳴し、品質としては、千年は持つ和紙をつくろうと努力していると滔々と語る方が多かった。

多くは一回きりの訪問が多かったが、該当県の研究者が案内役、相談役として同行されることが多く、このような機会を持てた職場に勤務出来たことは幸いであった。訪問に当たっては、手漉き業者は仕事の手を休めて、貴重な時間を割いて、真摯に対応して下さった。

筆者は、漉き場から帰ると、現場の記憶が薄れないうちに出来るだけ迅速に現場の事情を中心に書き出し、探訪記の形式にしてまとめて、紙の博物館の機関誌『百万塔』、『民芸手帳』（現在廃刊）、『かみと美』（現在廃刊）、『くらしと紙』（現在廃刊）などに投稿を続けてきた。

この貴重な調査記録の一部は、先に『和紙周遊—和紙の機能と源流を尋ねて—』として発刊した。その調査はその後も引き続き行ない、その範囲も全国にわたっているので、新たに「和紙の里紀行」を探訪される方々の指針となることを目途に体験的記録に基づくガイドブックとして編集した。訪問した和紙は全国にわたるが、紙幅の関係で、代表的な和紙の里十五箇所にとどめた。再録できなかった和紙の里は巻末に掲載誌のリストを掲げているので、見て頂きたい。記録時と編集時の時間的ずれで、時代背景は若干違うところもあろうが、紙漉きの工人達の思想は基本的には子孫に継承され、また「和紙の里」としての環境も変わってはいるが、基本的な背景は大局的にはあまり変わりはないと思われたからである。しかも、車社会になり、高速道路網が整備され、かつての辺鄙な「紙漉き村」は、交通の便利な、環境に恵まれた「和紙の里」へと変身しているように思われる。

「和紙の里」の訪問録は、古くは壽岳文章・壽岳静子『紙漉き村旅日記』（明治書房、一九四五）が著名で、他に訪問のためのガイドブックは久米康生『私の和紙地図手帳』（木耳社、一九七五）、『手すきの紙郷』（思文閣出版、一九七八）、林正巳『和紙の里』（東京書籍、一九八六）、最近では菊池正浩『和紙の里　探訪記』（草思社、二〇一二）などあるが、本書とはそれぞれ視座が異なっている。

本書は、殆どが県の製紙試験場の技術者というガイドが付いて、この足で現場を訪れ、抄紙技術、紙漉きのあり方など現場の人たちの声に耳を傾け、色々議論したりしているところを虚心坦懐に綴ったのが特徴である。本来の訪問の目的は技術指導、技術相談であるべきであったが、それは遙かに筆者の能力を超えているとわきまえ、紙漉きの工人たちの技術、生き方の紹介にとどめている。

本書で取り上げた訪問地は、すべて紙の博物館の機関誌『百万塔』に掲載されたものを書き改めたものである。その時期は高度経済成長期の我が国の科学技術が急速に伸びた時期に当たり、紙漉きを止める方も多くあった。ただ、紙漉き技術やその思想はその子孫に受け継がれており、漉き手は変わり、漉く環境も変わってきているが、その違いを配慮すれば、技術の進歩を推し量ることができるであろう。

# 第一章　那須烏山程村紙の里（那須烏山市＝栃木県・下野）

## ―手漉き和紙の新しい経営戦略―



### 程村紙の里探訪ガイダンス

那須烏山市の程村紙の里は、和紙原料のコウゾの最高品質である那須コウゾを使っている紙郷である。同じ原料を用いて和紙づくりをしているのは茨城県の常陸大宮市嶐郷《りゅうごう》の「鷲の子紙」と山方町の「西の内紙」がある。これらの紙は水戸光圀公が『大日本史編纂』を手掛けられたお陰で江戸時代は大きな需要があり盛んであった。昭和にあっては「西の内」では、菊池五介、菊池一男など紙漉き職人の努力で名をなし、その後も五介氏の後継者浩氏や菊池正気氏など活動的な後継者を得ている。しかし、旧烏山の程村紙の生産・販売体制が最も安定しているように見える。

その根源は何かということで、昭和六十二（一九八七）年八月に同地を訪ね、和紙会館に合名会社福田製紙所の当時の社長福田弘平氏にお会いした。そして、同氏は紙の生産者であると同時に和紙押絵の家元として、紙の需要もつくりだすという生産と流通をマネージメントする新しい経営戦略を推進されていることを認識した。

それから二十年ほどたち、その間烏山町は南那須町と合併し、那須烏山市となったが、福田氏はお元気で、下野手仕事会第四代会長を経て現在は相談役をされ、同市の名士になられているように拝見した。

和紙会館の運営はすでに御子息に譲られているが、インターネットで調べた限り、殆ど昔をしのばせるものが残されていて、伝統技術だけに記事には古さを感じさせるものは少ないように感じた。ただ、訪れた時は製紙作業場は和紙会館の中にあったが、会館とはあまり遠くない那珂川沿いに新たに造られているようであった。

訪問時、「鷲の子紙」の御神体を祀る鷲子山上神社にも立ち寄ったが、丁度栃木県と茨城県の県境にあり、不思議な神社であったとの印象を今でも持っている。

## はじめに

手漉き和紙が機械漉き和紙や洋紙の競争に敗れていった現在、今、生き残って引続き手漉きをやっている人達は、それぞれ個性のある経営手腕を発揮している。そのパターンを眺めると、いくつかの類型がある。第一は最高級紙を指向するものである。第二は加工紙、美術工芸紙、染紙など付加価値のある紙を狙う考え方である。第三には、できる限り省力化し、人間が手を下さなければならない限界まで機械の助成を借り、効率をあげる方法である。第四は手作業を体験実験と結びつけ、観光と連携する方式である。

川口松太郎の「蛇姫様」で知られる栃木県烏山町（当時、現・那須烏山市）の合名会社福田製紙所を訪ねたとき、もっと手漉和紙の特長を巧みに活かし、現在の技術社会の欠点、弱点を攻めて成功している積極的経営方式があることを知った。当時の社長の福田弘平氏は語る。「私の家は昭和二十五（一九五〇）年に機械漉き抄紙機を入れて、障子紙を漉いていましたが、今は全くやっていません」。今迄、機械漉きが手漉きを駆逐したことは、数多く見ているが、機械漉きが手漉きに敗退した例はあまり多くない。何故、このようなことになったのか。那須烏山の訪問で、その解のヒントを探ってみたい。

## 烏山への連絡

廃藩置県の行われる以前、茨城県山方の西の内紙と栃木県旧烏山の程村紙とは、兄弟であり、姉妹であった。あるいは双児であったといっても過言ではない。それまでは、いずれも佐竹藩や水戸藩に属しており、同一藩内の手漉きとして、距離的にもそれ程遠いものではなく、交流が続いたからである。

古来、栃木県の紙漉きの中心は、この旧烏山と隣町の馬頭町であった。以前、茨城県山方町に西の内紙を訪ねた時、栃木県側の調査を行わねば片手落ちになると思った。そこで、あまり期間を置かず、この程村紙の現状を調べようと思い立った。

筆者は、この程村紙の伝統を守っている福田弘平氏とは何度かお会いしているが、埼玉県製紙工業試験場長（当時）の高橋邦夫氏に仲介のお願いをした。

車の便は、西の内紙を訪問したときの案内者、土浦の尚恵学園（当時）の飛田保一氏と青山高久氏であった。「土浦から烏山までどういう行き方をしたらよいのか、青山が最良のコースを練っています」とは飛田さんの電話での答え。これで出発の用意ができ上った。

## 下野の紙

下野地方の紙漉きの記載は、推古天皇十八（六一〇）年から天平宝字二年（七五八年）までの一四八年間、「千巻経並びに金剛般若経」により、その紙料が書誌の材料になっていることがあげられる。天平宝字四（七六〇）年の「奉写一切経料紙墨納帳」や延喜式のなかに下野の名があげられているところをみると、奈良時代頃までに紙の産地形成ができていたと考えられる。

興味あることは、歴史的にみて、他産地の技術導入を積極的に行っていることである。建保年間（一二一三～一二一八年）に那須十郎が主君、那須肥前守の命で、烏山町大字向田に下の庄を開き、越前から奉書漉き立て職人を招聘して、那須奉書を創製したとの伝がある。また、紙の神様として知られる天日鷲命を阿波から分霊してもらっている。大同二年（八〇七年）のことで、宝珠上人によると伝えられている。鷲子《とりのこ》山上神社の起源である。つまり、よいことは他から学べという研究心の旺盛な土地柄として考えてもよいのかも知れない。

下って、水戸藩時代の「常陸《ひたち》紀行」、「諸国紙日記」には、紙郷として那須烏山市では大木須村、下堺村、上堺村、向田村、興野村、馬頭町では大内村、大那地村、谷川村、矢又村、岡組村、松野村、富山村が、その他茂木町の生井村、小川町の谷田村などの名がでている。これらの産地でできるものは、那須物、又は那須紙と呼ばれた。西の内紙は別格であった。

明治に入っても、再び外部からの技術導入を行っている。明治二十八（一八九五）年、高知県から土佐和紙の教師を招いて、野州産紙の改良に努力したと記録にある。かくて、那須烏山市には、大橋清吉の大橋商会、島崎製紙工場などができ、一時期隆盛を極めた。この時、結成されていた組合の加入者は九三四人、紙販売業者二八、原料販売二五人を数えたという。

だが、訪問時では、栃木県では合名会社福田製紙所と野州麻紙工房の二軒と茨城県の西の内紙も二軒を数えるのみとなった。

## 土浦から烏山へ

案内役の飛田・青山両氏とは、ＪＲ東日本・土浦駅で落ち合った。昭和六十二（一九八七）年八月六日。午前九時十分。コースは大別すると、西の内紙の山方町経由と土浦をほぼ直線的に北上するコースとが考えられる。ここでは後者をとった。このコースでは筑波山を眺め、益子焼きの産地益子町やかつての産地茂木町などを経由し、あまり山道は多くなく安全だからであるという。果樹園の多い、フルーツラインを北上して大増で一休止。ここには、浄土宗の板敷山大覚寺があり、桂離宮を模して作った回遊式の庭「裏見なしの庭」を見学した。

県境を越え、益子焼きで知られる益子町に入ったのは十一時十五分。那須烏山の手漉き和紙と益子町の益子焼を結合すれば、一つの民芸観光ルートが形成できる。

益子町から茂木町へ、そして烏山に入ったときは、天気が崩れ雨も本降りになっていた。十二時二十分。「烏山和紙会館」を見つけた。

旧烏山町は那珂川を水源とする清流に富んだ城下町である。和紙の第一の要件は水。福田製紙所の程村紙の紹介には、いつも「山あり、水清きところに和紙は生まれる」と巻頭を飾ってあった。旧烏山町は明治八年に武家の住む烏山屋敷町と商業地区の酒主村とが合併されて作られた町であった。その後、平成十七（二〇〇五）年十月に南那須町と合併し、那須烏山市となった。現在、人口約三万である。

昼食に入った郷土料理屋「松月庵」は、造りは民芸調。「ここは、一四〇年の歴史を持っています」と仲居さんはいった。ここでの郷土料理の一つに紙鍋があった。紙鍋の紙は、厚手の和紙にカゼインなどを塗布し、耐水性を与え、細孔を塞いで作る。紙のなかに水が存在する限り、摂氏百度を越えることはなく、従って燃えることはない。烏山の程村紙というのは、いわば西の内紙の厚手の紙の類を指すので、紙鍋用にはもってこいの紙なのだ。加えて鮎料理。那珂川にやなを作って取るのである。やなも、今ではこの地の観光の対象になっている。

ＪＲ烏山駅名の別称を当時、アンドロメダ駅と呼称していた。松本零士作のテレビアニメ「銀河鉄道９９９」に因んだものである。国鉄の時代、東京駅から到着駅を決めずにチビッコを乗せて列車を走らせた。そこで、地元では、この時の列車の名称をそのまま、駅の愛称としているらしい。

和紙会館のことをたずねると、仲居さんは「福田さんは、色々と教えられているんですヨ。雅号を楮華といいましてネ」といったが、楮を袴と書かれた。楮はコウゾのことなのだが、ハカマと誤ったのである。コウゾ関連で古事記では、多久、多久夫須麻《たくふすま》、楮縄《たくなわ》とでている。日本書紀では楮《たく》衾《ふすま》、木綿之樹、万葉集では白木綿＝由布・楮と出ている(一)(二)。上田万年らの大字典や佐々木信綱の万葉辞典では袴は楮の誤記であるという。楮とは打って作るもので、タパと関連があるという説もある。

## 和紙会館

福田さんに指定された落合う先は、烏山和紙会館であった。これは「松月庵」と通りを越えた隣接地にあった。

十三時十分、入口で写真を撮っているとき、外出先から福田弘平氏、雅号でいえば、福田楮華氏

図１－１　大正時代の病院の建物を改造した烏山和紙会館

が帰って来られた。和紙会館は屋根が青、周囲はレンガ色に塗られた古風な建物であった（図１―１）。入口には大きな提灯、そして右手に大きな凧。突き当りが事務所であった。

「この建物は、大正五（一九一六）年に建てられた病院なんです」と福田弘平氏。どことなく古風な建物と見えた理由が判った。弘平氏の祖父、初代長太郎氏の土地に病院として建てられたのを買取られたのである。当時、和紙の製品、工芸品などの売り場、弘平氏の主宰している福長押絵会の教室、ビデオによる程村紙の紹介の室などに使用されていた。

二代目長太郎氏は、生前の活動は著しく、昭和四十五（一九七〇）年に烏山町重要無形文化財、五十二（一九七七）年には西の内紙とともに、国の無形文化財の指定を受けられた。

「私の兄弟は四人いるのです。上二人の兄は、桐生工専（現群馬大学工学部）の下田功先生の教室を卒業したのですが、家業を継がずに外へ出てしまいました。そこで三男の私と四番目の弟正彦とで、家業を継いだのです」と弘平氏はいわれた。大学で紙を専攻した兄弟が、紙をやらず、別な職業に就くとは、人生とは皮肉なものだ。丁度そこに四男の福田正彦氏が出てこられた。名刺をみると、彼がこの会館の館長さんであった。なお、現在は弘平氏のご子息長弘氏が合名会社福田製紙所の社長に就任され、製紙の作業場が和紙会館から少し離れた那珂川沿いに出来ている。

## 経営革命

弘平氏は昭和三十五年、宇都宮大学の教育学部を中退され、家業を継がれた。まず手始めにやったことは、流通改革であった。父に「自分の好きなようにやらせてほしい」と申し出たというのである。二代目長太郎氏も度量の大きい方であった。若い倅のやり方にあまり注文をつけなかった。「従来の問屋納めをやめて、紙を直接使用する人に売る」——つまり、直売方式に切り替えたのである。この点は、西の内紙でも同じであるが、弘平氏の方式はもっと積極的であった。

まず、栃木県下の観光地にある土産物に置いてもらうというやり方である。ここでは、紙をベースとする工芸品としての土産品店攻略である。「現在では、もう観光地のお土産店を選択する時代になりました。各観光地におけるお土産店は同一地で三軒に絞ることにしました」という。今迄、一つひとつ頭を下げて置かして頂いたのが、普及し過ぎたが故に、生産が需要に追いつけなくなったからである。「『持って来て下さい』と注文をつけるお土産店には置かないことにしているんですヨ」。当時売手市場になっていたのである。

観光との結びつきは、まず民芸として益子焼と結びつけ、観光コースに組み入れさせたこと。幸いにも栃木県下には著名な観光地が多い。那須、塩原、鬼怒川、日光などである。これらのところに行くのに、最近は高速道路の発達で、東京から出発しても、ゆっくり他の場所を巡ることができる。ここに、民芸の旅コースが入り得る余地ができてきたのである。しかも、我が国の一極集中の大都市圏からの観光。「年間十万人位やってくると推定しています」という。

観光と民芸との結びつきは、ここに限らず、手漉きの一つの重要な経営方針となりつつある。この観光に加えて経営を支えているのが、実習教室。手漉き手作り教室など体験できるような指導体制もとっている。

高齢化社会、余暇時間の増大、ゆとりという現代社会に観光は重要な将来性あるビジネスであるが、そこにまず着目して、成功させた。経営革新の第一歩は、これで成功である。

## 教育との連けい

弘平氏の新しい経営の方針の第二弾は、教育関連ビジネスとしての手漉きである。ＰＴＡの研修会などに手漉きの見学会を配慮してもらうことが第一段階。

第二段階は、小学校五年生の二学期の社会科の学習のなかで伝統工芸の時間があることを活用し、益子焼か烏山和紙を見学、体験してもらえるように働きかけていること。このようにして、小さい時から手漉き和紙に慣れ親しんでもらうことが大切なのである。これが将来、新しい需要を開拓してゆく鍵になるからだ。

その第三段階は県立高校の卒業証書に烏山和紙を使用してもらうこと。栃木県下には当時、高校が一一〇校あるのだが、少しずつ使用してもらって、昭和六十一（一九八六）年からは全校に採用された。実際、後で手漉き現場を見せて頂いたが、そこに置かれていた簀は、校名と校章の透しが入っていた。

「かつて、栃木県下では、集団就職者が多かったんです。この卒業証書を県外のどこかで眺めて郷里を思い出して頂ければ嬉しいですネ。和紙は永久保存性のある材料ですから」

第四の施策は、学校における美術工芸活動であり、その材料として使用して頂くという呼びかけなどである。

新しい施策を考えることの基本は、どういう形で程村紙を知ってもらうか、どうしたら、紙を使用して頂けるかということなのである。

「西の内紙の菊池一男（一九一九〜二〇〇四）さんのご子息もこちらに来て勉強していきましたヨ」

という。やはり、程村紙と西の内紙の連けいは強いのである。西の内では、昭和の時代、菊地五介が著名であったが、現在は「五介和紙」として、菊地浩氏が漉いている。

## 紙工芸の家元

以上のような考えは、現代社会の要求をうまく利用しているが、さりとて、ここ烏山だけの特徴とはいいきれまい。

福田弘平氏はもっと先を読んだ分野を開拓されていた。和紙押絵、漉き絵という新しい紙工芸を開発して、昭和四十五年から教室を開き、自らは福長押絵会、福長漉き絵会の家元として指導体制を確立したことである。

先ほど、割ぽう「松月庵」で聞いた弘平氏の雅号栲華という別名がこれで理解できた。これらの家元としての雅号であったわけである。

押絵というのは、「花鳥・人物などの形を厚紙で製し、これに美しい布帛を貼りつけて、高低をつけて物に貼りつけたもの」と『広辞苑』にはある。平安時代から宮中の女性が布を用いて行ったものだが、その典型は、羽子板にみられる。福田栲華氏は、この布を手漉き和紙に変えたのである。そこで、厳密には和紙押絵と書いて、区別しなければならないが、以下は単に押絵と記す。

漉き絵というのは、コウゾのパルプに日本画用の顔料などを混ぜ、着色して、簀の上に絵の形状にパルプを置いて行くものである。これに類似したものを、愛知県小原村の山内一生氏（三）のところで見たが、栲華氏は「小原和紙工芸とは違いますネ」といわれた。紙漉きが、こういう新しい工芸を自ら開発し、その家元としての会員制度で組織化したのは、類例がないのではないか。こうなると、単なる紙漉きでなく、一つの一貫生産、一貫使用組織の確立なのである。原料の生産から最終製品までを一貫して生産する体制を垂直統合と呼ぶが、この近代経営の手法がここに取り入れられていた。「会員は三千八百名、実質的に活動しているのは約千名です」と、栲華氏はいわれた。これらの会員になるには、まず研修で一定のコースを修了すること。評点七十点が達成できれば、修了証書が与えられる。修了後一ヶ年間は、毎週一回、烏山に来て研鑽して帰らねばならない。従って主として烏山に通える範囲に会員が限られる。栃木県内の近郊（八〇パーセント）を中心に、北は福島、南は東京、神奈川などである。

福田さんの着眼は正鵠を射ている。高齢化社会、高度機械社会、労働時間の短縮等で女性が何か新しいことをやりたいという願望が多いことに目をつけ、その願望を充足させる方法を家業である和紙に求めたのである。押絵にしても、漉き絵にしても、コウゾのように長く、強い繊維でないと工作できない。鳥の羽根の毛羽立ち、花の繊毛、葉のうぶ毛などは手漉きの和紙が最もよいのである。従って、会員は殆どが子育てを終えた女性といってもよい。

これらの会員による展示会は年五回行われる。会場として利用しているところは、日本橋の高島屋、池袋の東武デパート、渋谷の東急百貨店、吉祥寺の近鉄デパート、立川の高島屋、また近いうちに新宿の京王デパートでも開催する予定だとも聞いた。

展示会だけではない。実技の講習会も外部でも行っている。宇都宮市の東武デパートで一週間五十人を目標に和紙を判ってもらう人を育てていくのだという。

「押絵をやる人は、背丈程の色々な紙を整えて、そこから選んで作っていきますので、ストックの量も大変なものですヨ」と語る。

このように福長押絵会という組織で和紙の愛好者を作り、同時に着実な需要層を作り出した家元制度というのは、大変ユニークな経営戦略であるといえよう。

だが、今日ここまでくるまでに、福田さんは地味な、絶えざる努力で築き上げてきたのである。和紙の押絵の普及には、まず近所の奥様方を中心に栃木県下の公民館を利用してきた。県の教育委員会と連けいをとり、公民館活動として許可を得てやったり、心にくいばかりの気配りをしているのである。

「それに新聞もよく利用させて頂きました」。和紙会館の近くに地元新聞「下野新聞」社の烏山支局があったので、そこに月一回、押絵の紹介記事を寄稿してきたのである。

ここまでくるまで、福田さんの苦労は大変であった。「直販制度に切り替えた当初から六、七年間は人件費と売上高がほとんど同じで、収益なんて、しばらくでなかったんですヨ」

図１－２　ご尊父福田長太郎の名に因む福長押絵の創作展

## 本来の家業

今、父福田長太郎氏から引継いだ家業は、全く形態を変えて、安定化しているように思う。だが、当時、本来の家業はどうなっているのだろうか。

「漉く人は五人いましてネ、一人は女性です。常時は二・五人というところでしょう。もっとも冬場は少し増えます」という。最も若い人で三十一歳であると聞いた。

紙漉きをやる人は少なくなりつつある。この数は将来も確保できるであろうか。

「十年後は、私達家族でやらねばならないでしょうネ」。この私達とは、福田弘平、正彦両氏のご家族という意味である。

「館内をご案内しましょう」とうながされて、福長押絵創作展（図1―2）をやっているビデオ室に入った。壁には二十点ほど創作押絵がずらりと掛けられている。いずれもモチーフがよく出た傑作ばかり。家元賞など優秀な作品には賞がでていた。

もう一つの室は、製品の販売所その一隅に、丁度しかかりの漉き絵があった。

一寸変ったアイデアは、所有者の写真を貼り付けたガイドブックを発行し、パスポートと呼び、観光案内の役目とともに、町内各所でそれを提示すれば、割引きがつくようにしていること。チェーン店の形成である。

まさに、次から次へと需要を開拓するアイデアがくり出されている。

## 鷲子山上神社

福田弘平氏の車で鷲子山上神社に行く。飛田さんや青山さんも同じ車に乗った。折悪しく雨が降り出した。道は途中から山のなかに分け入るような形になった。神社までは旧烏山町からも馬頭町からも車で行ける。道程は一〇キロメートル、約二十分である。下車しようとすると、一段と雨が激しくなったので、休憩所でしばらく休む。十五時だ。

神社の正確な名称は鷲子《とりのこ》山上神社という。鷲子山は栃木県と茨城県との県境にある。そこで山門の道路をはさんで左右に社務所が二つある。山門に向って左側が栃木県側の社務所で、右側は茨城県のものである。開いているのは栃木県側だけであった。標高は四七〇メートルである。

山門の周囲は大杉が茂り、うっそうたる感じである。雨雲が低くたれ込めているだけに一層、陰うつさを倍加している。自然林に近いために、昭和五十八（一九八三）年元旦、朝日新聞社と森林文化協会は「二十一世紀に残したい日本の自然」として、全国百カ所の一つに選定している。

神社の建立は、前述のように大同二（八〇七）年。馬頭町の大蔵坊宝珠上人が阿波の国から製紙の神、天日鷲命をお祀りしたものである。ここで注目すべきことが三つある。一つは、その時代、既に紙祖神として天日鷲命が著名、かつ霊験あらたかとされていたこと。それと同時に、阿波が紙の先進国として、隆盛を極めていたという証拠になることである。第二の点は、既にその頃、この地区に紙祖神を祀る必要のある位、製紙産業が勃興していたという事実である。これは前述の延喜式等の古文書の記事の事項と対応させてみて、矛盾はないと考えられる。

第三の注目すべきことは、このトリノコという地名である。これが鳥の子紙、即ち雁皮紙の未晒で卵黄色の紙と一致している点である。烏山、馬頭といい、他に馬河内、蛭畑、鳥居土などこの辺には鳥・虫・動物などの名前がやたらと多い。

社務所で売っていた『とりのこ山』という案内書に面白い話がでていた。昔、石の道路標識に「はとうからすやまとりのこみち」と書いてあったのを、「鳩《はと》・鵜《う》・烏《からす》・山鳥の小路」と呼んで、人の通るべき道ではないと判断して帰ってしまった人がいたという話である。この正解は「馬頭・烏山・鷲子道」である。

「ここのお祭りは夜祭りなんです」と福田さんはいう。鷲子山の秋祭りは夜行うので、夜祭りというのだそうだ。本来は旧暦十月の十六日子《ね》の刻（夜零時）、十七日の丑《うし》の刻（午前二時）、同日寅の刻（午前四時）に寒風下で執り行われる古い儀式であるが、昭和五十三（一九七八）年より毎年十一月十六日、日没より行われるようになった。

三十分程待っていると、雨が止んだ。山門をくぐると、石段が続く。大杉が周囲を覆っていて暗い。百段程の石段を登ると、本殿がある。本殿は天文二十一（一五五二）年というが、改築されたのか、それ程時代のついたものではない。本殿の前は参拝する場所だけ石畳があり、その石畳の下は崖になっていて、しかも柵がない。

図1－3　鷲子山神社に奉納されている御幣とそれをもつ福田弘平（栲華）氏

御神体は天日鷲命の外に、大己貴命《おおなむちのみこと》と少彦名命《すくなひこなのみこと》をお祀りしている。大己貴命とは大国主命、つまり大黒様のこと、少彦名命は恵比寿様のことである。

本殿の左側に大杉がある。樹齢千年とある。直径は一メートル位か。大杉の横に小さなお宮さんがいくつか並ぶ。その一つ、三本杉神社の扉を開けて、福田さんは御幣を取りだした（図1—3）。この御幣は非対称にできているところに特徴がある。勿論、程村紙でできている。夜祭りの時に庭前で奉幣の儀があり、それをこのお宮さんに収納するのである。

ぐるりと本殿の裏までめぐると、稲荷神社があった。「本殿の裏側は、建てかえていませんから、古いんですヨ」と福田さんはいう。彫刻が木目細かく、時代がついている。

## 紙漉きの工場へ

再びもときた道を帰る。市内に入ったとき、突然、福田さんはコースを別にとり、宮原八幡宮に立ち寄った。本殿から一〇〇メートル余り離れたところに、一対の石灯籠がある。福田さんは、その柱の彫込みを盛んに読みとろうとしている。そこには「明和戌子年、江戸紙仲間」と書いてあった。江戸紙問屋がグループで二対の灯籠を寄進しているのである。当時は旧烏山は手漉きの一大産地であったことを意味する。

和紙会館に戻ってくると、福田さんには急ぎの仕事が待っていた。そこで福田さんと別れ、三〇〇メートル程離れた福田製紙所へ会館の事務員さんに案内されて行く。

ここは昔の造りであった。広い庭に、L字型に建屋が配列されている。それぞれの工程によって建屋が別れている。窓が大きくとってあるといった感じである。観光用に各建屋の入口に番号と工程が標示してある。

原料の説明のために、入口にコウゾ、ミツマタが少し植えられていた。

「那須コウゾは、最もよい産地が上小川付近で本場ものと呼んでいます」とは先程、福田さんの弁であった。那須コウゾの収穫は、昨年（昭和六十一年）はあまりよくなく、白皮ベースで二五〇〇～三〇〇〇貫であったという。

そのうち、当時、福田製紙所では六〇〇貫余りを使用したという。那須コウゾはコウゾの王様、価格は当時、貫当り八五〇〇円であった。高知産の本晒しで七〇〇〇円であったから、いい値である。

「那須コウゾを使った場合に、引き裂いたり、叩いたときの強度はともかく、折ったりしたとき、紙が切れないことが特徴なんです」と福田さんの弁であった。製紙科学の言葉でいえば、耐折強さが大きく、引裂き強さや破裂強さは普通であるということらしい。この経験則は、正しい。

## 程村紙の作り方

旧烏山のなかの程村というのはどこなのか。福田さんはいう。「久保というところで、三軒程の戸数が西の内紙と比べて、厚手の紙ばかり漉いていた。従って、程村紙というのは、西の内紙のなかで厚手の紙なのです」

福田製紙所の入口には案内書が置かれている。工程順に番号が付され、工場の標示は、この案内書で書かれている番号に一致している。

最初の工程は煮熟である。これは平釜で行われるが、蒸解薬品は炭酸ソーダと苛性ソーダである。偶々作業した人にたずねると、濃度は一五パーセントで、未晒紙の場合には炭酸ソーダ、晒紙では苛性ソーダを使用している。晒を行うときには、強い薬品を使用することは興味がある。当時はまだ薪で、かまどの周辺には薪が散らかっていた。煮熟においては、まず余熱時間が二〜三時間、グラグラ煮えたぎること約三十分、あとは自然冷却である。

煮熟のあとはあく抜き、即ち水流しである。これは、その隣にある細長い水槽で行う。晒を行うものは、その前にある円形あるいは正方形のコンクリートの水槽で行う。漂白剤は晒粉、つまり次亜塩素酸カルシウムである。

次は塵取り。これは室内作業である。室の中央に四つの木製の水槽があり、水が流れている。その水槽の前に婦人が四人、それぞれの水槽の前に正座して作業していた。頭には毛髪が入らないように手拭を被り、エプロンをかけていた。あく抜きや晒しを終えたコウゾを少しずつ水槽に浮かべ、塵を除き、除いた繊維を箸ですくい上げるのである。根気のいる仕事ではある。婦人たちは黙々として、この単純作業にいそしんでおられた。しばらくこの作業をし終えると、金網のザルのなかに入れられ、水を切って、コウゾパルプの山を盛り上げていく。この入念な作業を繰り返している。コウゾのすくい上げに箸を用いていることが面白い。純白な美しい和紙にするのに、最も気を使う工程である。

塵取り室と間仕切りはあるが、続いて叩解室がある。古くは手打ちと称して、板の上にのせたコウゾを樫の棒でたたいたものである。現在でも、最高級の紙ではこの作業で叩解をやっている。しかし、一般的にはナギナタビータを使っている。偶々いったときは、この作業はやっていず、大きなビータだけが一台置かれているだけで、室内も暗かった。

その隣りの室は間取りが大きく、ゆったりと作られている。周囲が全面ガラス窓になっているので明るい。紙漉きの室である。二人の男性が抄紙に余念がない。ここの漉き方も西の内紙とほぼ同一で、流し漉きに少し溜め漉きの要素を加味したものである。といっても、基本は流し漉きである。漉き簀の上に二回汲み込み、ゆっくりと前後、左右にゆすり調子をとる。次に大きく汲みこんで、激しく前後左右にゆする。十分によくゆする。前方から捨てる。四回目も深く大きく汲み込んで、前後左右にゆすり、ここで舟のヘリに桁をつけて、前方を上下にゆっくりと動かして数秒溜めておく。ここが溜め漉きの手法と呼ばれる所以なのである。このあと捨て水して終る。この間、約三十三秒。あと紙床に置く。

粘剤はトロロアオイで、九〇パーセントは茨城もの。簀・桁はもうこの地区では生産されておらず、高知県、静岡県で作られたものを使用している。ただ、簀の編み替えは、ここ烏山でもできるということであった。

紙床に置かれた湿紙をみると、高校の名前と校章が透しになっていた。もう来年の三月に向けての紙の生産が行われているのである。

紙床の紙は、圧さく機でプレスして脱水し、乾燥工程にまわされる。乾燥は、漉き部屋とは別の建屋である。ここの乾燥機は縦型で、湿紙を一人の老女が作業に余念がなかった。

乾燥室の次が、仕上げ室である。ここは選別、包装などを司どる。板の間に出来上がった紙が区分けされていた。

一通り見終ったのは午後四時四十分。雨が今にも降り出しそうな雲ゆき。各建物の間に植木が配され、伝統的な紙漉きの家といった感じがしたが、家が古い。冬の寒風は作業者にはこたえるであろう。

なお、インターネットで調べると、この作業場は、現在では和紙会館から少し離れた那珂川沿いの那須烏山市小原沢に移されたようであった。

## おわりに

以上で烏山では、和紙の生産者自身が和紙の需要を掘り起こし、和紙愛好者の輪をひろげてゆくという方向で成功しているということを知った。「会のメンバーには一日一回は和紙を見ないと眠れない人がいるんです」と福田さんがいわれていたが、そんなグループづくりにまで成功していた。

手漉き和紙が、機械漉きのなかで残っていくためには、単に紙を漉いて、それを問屋にまかせて販売するという、旧来の流通機構で対応しているのでは無理なのかも知れない、福田さんは、その一つの解決策を考え出していたことを教えられた。

（昭和六十二（一九八七）年八月十四日記）

参考文献

（一）中条　幸『楮の呼び名について』紙業シリーズ第四編（百万塔の別冊）㈶紙の博物館（一九六一）
（二）岡村吉右衛門『日本原始織物の研究』五六～五八頁、文化出版局（一九七七）
（三）小林　良生『紙工芸の里・愛知県小原村を訪ねて―過疎村から日展作家の村へ―』かみと美　三巻一号　八～一三頁（一九八四）

# 第二章　細川紙・小川和紙の里（比企郡小川町・秩父郡東秩父村＝埼玉県・武蔵）

## ―先端技術と観光に活路を求める首都圏の紙郷―

### 細川紙・小川和紙の里探訪ガイダンス

埼玉県比企郡小川町及び秩父郡東秩父村で漉かれている紙は「小川和紙」と呼ばれ、その主力製品は「細川紙」と称し、「国の無形重要文化財」となっている。その紙は団体指定で、「細川紙技術者協会」を結成し、規定に準じて紙をつくっている。最近のメンバー一五名の分布図は図2―1の通りである。この技術は平成二十六（二〇一四）年十一月ユネスコの無形文化遺産に登録された。

小川和紙の里は東京から六〇キロ圏にあり、東京の需要に合わせて、様々な原紙（江戸型紙原紙、障子紙、雲龍紙、書道半紙、画仙紙、鯉幟紙、文庫紙など）が漉かれ、首都圏から最も近い本格的な紙郷である。

高度経済成長期までは、この地に「埼玉県製紙試験場」があり、その場長は関東圏以北の和紙業界を統括して指導し、歴代場長は立派な業績を残された。そのため、筆者は関東の紙郷訪問時には、同場長に仲介の労を取って頂いた。太平洋戦争時の風船爆弾用紙（気球紙）に関係された中村和、文化庁で和紙の担当官であった柳橋真氏が尊敬されておられた小路位三郎などが著名である。

筆者の探訪は昭和六十（一九八五）年六月であるが、この頃、我が国ではテクノポリス構想が打ち出され、埼玉県ではテクノグリーン構想が提示され、製紙試験場の存続が問題視されていた時期で、首都圏に近い伝統産業の将来性が最も気になった時期であった。

結果的にみると、埼玉県の技術政策は先端技術を色濃く出した政策を提示し、行政としての製紙試験場の機能は埼玉県産業技術総合センター北部研究所の技術支援交流室の生活関連技術担当に圧縮され、大幅に縮小された。その代替策として、地域にその振興をゆだね、地域における伝統産業の関係施設を充実させた。製紙試験場の建物は和紙の研修ができる「小川町和紙体験学習センター」に転換、業者向けの施設から庶民が紙に親しみ、学ぶ教育施設になった。

一方、訪問時の「東秩父和紙センター」は、東秩父村などで行われていた紙漉きの用具の収集施設という感じを免れなかったが、訪問の二年後（一九八八年）に「東秩父和紙の里」が建設され、細川紙の技術の保存と育成の拠点として整理されている。外に訪問者の便を図って、江戸時代の建物を復元させた「細川紙漉き家屋」という県指定の有形民俗文化財がつくられ、また、道の駅「おがわ」には埼玉県伝統工芸会館が併設され、紙だけでなく小川絹なども学べるようになっているし、小川和紙資料館では紙の展示も見られる。このように、小川町は、筆者の訪問時よりも紙を学び、自然の散策なども楽しめる地域になっている（次頁図2―1参照）。

なお、筆者が訪ねた久保昌太郎氏及び関根隆吉氏は御健在であるが、他の細川紙技術者協会のメンバーは代が替わっているようであった。

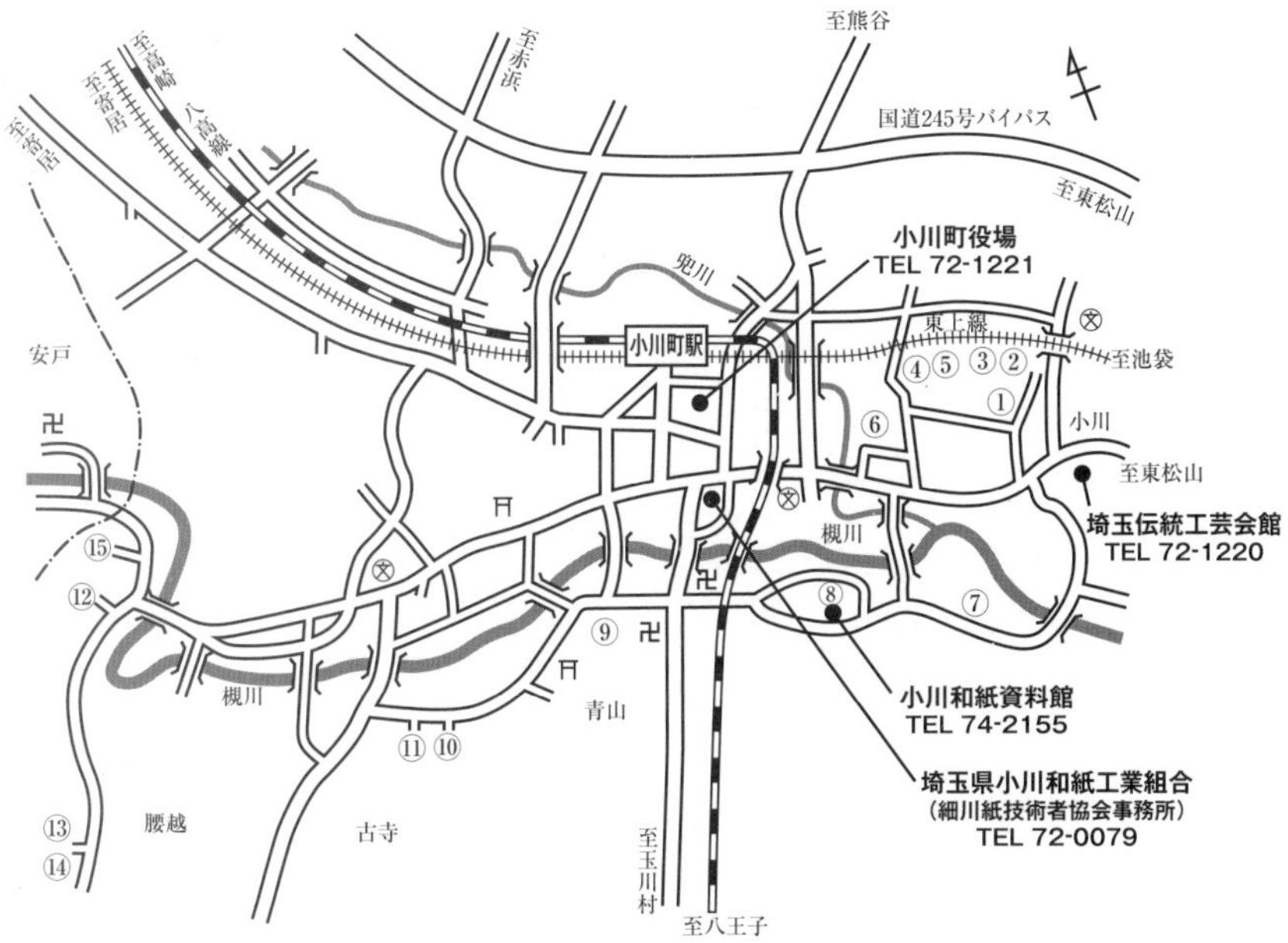


細川紙技術者協会

1．久保征一・2．竹沢章四郎・3．久保昌太郎・4．窪田宗三郎・5．吉田耕作
6．田中昭作・7．内野要吉・8．山本己代治・9．金子庫市・10．森良太郎・11．根岸敬一
12．関根好一・13．島野利秋・14．島野元彦・15．関根隆吉（数字は上地図の○つき数字をあらわす）

小川町の電話市街局番は（0493）

図２－１　埼玉県小川町の和紙地図

（インターネット検索による）

## はじめに

紙郷は、かつて、山紫水明な山里に位置しているのが常であった。それは辺境と同意語でもあった。しかし、国際化、高度情報化時代に進展して、我が国の首都機能は東京都に集中し、遠距離通勤を許す交通機関の発展で、以前の紙郷も都圏に入ってしまったというのが、埼玉県小川地区、小川和紙、特に重要無形文化財に指定されている細川紙の産地である。いうまでもなく、首都圏は、最大の紙の消費地である。一説によれば、大消費地を手近にひかえた、この小川は紙郷のなかで最も地理的条件に恵まれている、という考えが成り立つ。(一)だが、別の見方からすれば、情報機能が首都圏に集中しているだけに、新しい時代に対応した新しい技術を取り入れ、旧態から脱皮するチャンスも多く、従って伝統的産業である手漉きを捨て、より効率の高い産業を選択する確率も高くなるということも一つの考えである。

小川和紙の里の探訪を計画したとき、この二つの拮抗する考え方についての解を求めてみようと思った。

## 小川和紙の里

埼玉県比企郡小川町は、都心からは六〇キロメートル、西の秩父山系の山並の裾野にあたる。これから東は広大な関東平野なのである。この紙郷に行くには、東武東上線かＪＲ八高線を利用するのであるが、前者は地図を見る限り、ちょうど秩父山系の裾野を縫うように走っている。小川町は、この秩父山系の比企丘陵の盆地に発達した町である。紙郷形成の最も重要な条件である水は、笠山・堂平山に源を発する槻川が提供している。笠山は古く修験の社として知られた笠山権現を頂きに祀り、西には今は閉鎖されている国立天文台のあった堂平山と峠越しに対峙している。この辺り、東秩父は秩父への玄関口となり、都民のハイキングコースとなっている。都民の憩いの地が、紙郷と隣接していることは注目すべきことである。それは、この小川和紙の活き方にも直接、間接に大きな係り合いを持っているからである。

## 県の先端技術指向のなかで

小川への来意を告げるために、当時の埼玉県製紙工業試験場の高橋邦夫場長に連絡をとった時、氏は「朝はやく来て下さい」と告げられた。小川の紙郷は丸一日かけないと十分見学はできませんヨという意思表示であった。その指示に従って小川町入りは、昭和六十（一九八五）年六月十日、梅雨の真最中であった。池袋から東武東上線という、最もポピュラーなコースである。下りの乗客は、もっぱら学生さんであった。東洋大学、大東文化大学、文教大学など、この沿線に多くの私学が作られていた。沿線の宅地化も、ほぼ坂戸まで。ここからは、田植え前の田んぼ、緑豊かな畠が多くなってきた。小川町駅に到着したのは、午前九時。梅雨期の束の間の雨あがり、雲が重たくのしかかるようにたれ込めていた。灰色一色の空に対して、駅前の赤いレンガ畳の通りが華やいだ雰囲気を感じさせる。駅から歩いて十分余り。国道254号線から南へ、ゆるやかな坂道を下りかけたところに、当時、小川和紙工業協同組合事務所と並んで、製紙工業試験場（当時）が建てられていた。その道の脇の「紙の散歩道」と白地に赤く書き出した道標で、紙の町に来ているという認識を新たにした。この辺になると、もう家々の塀から緑豊かな木立が眺められ、閑静な住宅地の佇まいであった。人口二万九千の町（当時、現在は三万二千）の市街地は小さかった。入口には、小川和紙の由来を記し、木造と白亜の造りは、千三百年を誇る小川和紙の技術的指導機関としての存在を象徴するように時代ものであった（図2―2）。

この製紙試験場の歴代の場長は、戦前・戦後を通して、全国の和紙業界をリードされてきた方々であった。初代は永松清一郎氏で、横川禎三氏の設立した同業組合の製紙研究所を県立の研究所に移管させ、その基礎を作られた方である。二代目は、中村和氏。島根県工業試験場から転任して来られたが、島根の時代に安部栄四郎と柳宗悦との出合いを演出された方である。太平洋戦争時、風船爆弾用紙の設計・製作に盡力された方である。三代目は加藤嘉一氏。愛媛県製紙試験場を設置、初代の場長となられた後に、この地に転じられた。四代目は小路位三郎氏。文化庁で和紙分野を所掌されておられた柳橋真氏は、その著『和紙』(一)の見返しに、「和紙の道に導き、育てていただいた

図２－２　　当時、細川紙の技術的指導機関である埼玉県製紙工業試験場（現在は和紙の研修が出来る小川町和紙体験学習センター）

方」と書いている。文化財保護審議会のメンバーとして、手漉き和紙業界をリードしてきた方であるからである。五代帯川安彦氏、六代酒巻義牛氏、そして七代が吉田宏之氏と続いている。どの顔ぶれをみても和紙業界に大きな影響力を与えた人々であった。

第八代が筆者の訪問のときの場長・高橋邦夫氏で、「すべて先端技術指向で大変苦慮しているんですヨ」と述べられた。

「首都圏に存在することは、終戦後しばらくは有利に働いていたんですが、高度成長期では不利になりましたネ。第一次石油危機以降、工芸の面から見直しはありましたが、手作り品が貴重品視されてしまい、おまけに、後継者がいないということになっているでしょう」と高橋場長は続ける。

首都圏には、新しい仕事がいくらでもある。子孫は、皆新しさを求めて、後を継がないのである。「手作りには余り情報は必要ではないでしょう。ただ、交通網が発達したので、やたらに見学者は多いです。見学者の相手をしていたら、仕事にならないです」しかし、後述するが、そこを逆手にとって、観光客相手に手漉き業をするものも現れた。ビジネスの世界はアイデア次第である。

## 小川和紙の後継者

小川和紙の起源は詳らかではないが、古く八〜九世紀だという。それは、宝亀五（七七四）年の『図書寮解』「諸国未進紙並筆事」の条に「武蔵紙四八〇帳、筆五〇管」とあることから来ているのであろう。この地方に紙漉きが確立したのは、都幾川《ときがわ》村の都幾山の南側に建立された慈光寺の写経用紙の調達のためであったという。[一]今でこそ、小川和紙といえば、細川紙を思い浮べるのであるが、古くは大河原紙といったらしい。

細川紙というのは、コウゾだけでできた強靭で雅味に富んだ和紙の象徴であるが、特に、この区に細川という地名があったわけではない。高橋さんから頂いた『細川紙』[二]のパンフレットには、次のように書いてあった。「天保年代（一八三〇〜四三）に和歌山藩が編集した『紀伊続風土記』の高野山之部巻の部の産物の項のなかに、紀伊国高野山下の伊都郡細川村（現在の和歌山県伊都郡高野町）とあることから、この名に由来するのではないか」といっている。何故、高野の紙が、この地で漉かれるに至ったかについては、関義城氏が極めて穿った見解を述べられている。「紀伊国の細川村の産紙は、大阪商人の手を経て江戸に販路を開いていたが、需要増のため、江戸に近い武州郡下で漉かせたほうが便益だと考えて、この事業に成功し、武州郡下一帯が細川紙の唯一の産地を形成した」[三]。そして、この技術は、昭和五十三（一九七八）年四月二十六日に重要無形文化財の認定が得られている。石州と美濃に次ぐ認定である。細川紙の持つ伝統の重さと、その抄紙技術の優秀さが、改めて世に認識されたのである。この技術を守っていこうというのが細川紙技術者協会である。当時のメンバーは簀づくり一名、紙漉き二十名で、会長は窪田梅吉氏、全国手漉き和紙連合会の副会長を兼ねておられた。現在（平成二十四（二〇一二）年）では図2―1のように十五名である。

伝統産業は、後継者にバトンタッチして、その技術を伝承していかねばならない。現代では、紙漉きは家族相伝の秘技ではない。家族以外で、この伝統産業に身を投ずる人があってもいいのではないか。高橋さんはいわれた。「私もこの道に入って三十年になりますが、外部から入ってくる人は、一般に協調性がなかったり、個性的であり過ぎる傾向があるんです。私の在職中に、素人が紙漉きになったのは、静岡に工房をもうけた内藤恒雄氏位なものではないでしょうか。ここで紙漉きを学びたいという人は、大体が工芸家なんです。和紙は、その人達にとっては一種の素材なんですネ」。紙漉きだけを好んでやりたいという志望者は極めて稀のようだ。

紙漉きの技術を勉強したいというグループには、もう一つ、海外からの工芸家がいる。この代表は、当時では、米国ボストン生まれのリチャード・フレビン氏がおられた。ボストン美術大学を卒業し、上野の東京芸大に留学、版画を専攻したが、自分の作品は自分で作りたくなり、この小川で紙漉きを学んだ。他には、韓国人もいた。外国人が小川に紙漉きを勉強に来るのも、ここが首都圏にあるからであることは否めない事実であろう。

## 細川紙の規約

細川紙は国が認定した重要無形文化財であるが故に、厳しい管理下に置かれている。まず、その品質と技術を保護管理し、伝承させるために、管理委員会が設置されている。当時の構成メンバーをみると、町、村ぐるみ一丸となっていることがわかる。当時は小川町長、東秩父村長、埼玉県製紙工業試験場長、小川町教育長、東秩父教育長などから構成されていたからである。現在は埼玉県製紙工業試験場長はない。

その品質のチェックも厳重である。細川紙の認定を得るには、次のような要件が満足されないといけないのである。第一に原料はコウゾのみから成っていること。第二には伝統的な製法に準じ、伝統的な用具を用いて造ること。伝統的な方法とは、白皮を使用すること、煮熟は草木灰、石灰、ソーダ灰まで、苛性ソーダは不可である。未晒で、塡料は使用しない。叩解は原則として手打ち、トロロアオイを粘剤として使用し、竹簀を使用すること。第三に、上記の諸方法で得られたものが、伝統品と比較して、色沢、地合いなどで遜色ないこと。この品質検査は、顕微鏡を用いて試験場で行なわれていたのである。このような厳しい規定でつくられている故に、細川紙は、国の認定を越えてユネスコの認承する世界無形文化遺産にまでになったのである。

小川和紙は、当時、年間二億円程度の生産量であったが、そのうち細川紙は、約五パーセントを占めるに過ぎなかった。明治以前は、この郡下ではすべて細川紙であったことを考えると、生活様式の多様化とともに、和紙そのものも細分化したといえる。細川紙の主要な消費地は、いうまでもなく東京。用途別では、障子紙、文庫紙、表彰状用紙、絵画・版画用紙・襖紙・古文書修復用紙など多岐にわたっている。

この辺では、高校の卒業証書は自分達で作るのだそうだ。原料は、ミツマタとパルプとを混抄したものを用いるという。このような過程で、若い世代の人達が多少とも紙に愛着を持ってくれればよいのだが、前述のように、現実は厳しい手仕事の伝承事情ではある。

このような伝統技法の手漉きに混じって、当時、埼玉県下には機械漉きが二十社あった。さすがに小川地区の密度は高く、このうち十四社を数えた。県下での大手事業所は、熊谷市にあるリンテック㈱の熊谷工場である。近代化の波が、強く、大きく手漉き和紙の業界に揺すぶりをかけていることが読みとられるのである。

図2−3　小川紙譜碑

## 小川紙譜碑

高橋さんに案内されて、場内を一巡した。本館東側の庭に、小川和紙の歴史を記した紙譜碑（四）があった（図2―3）。「場所が悪くて、人目につき難いといわれているんですヨ」という。道路には面しているが、塀が前をさえぎって、心を留めて眺めないと、見過してしまう。「武蔵紙の発祥地は大河原の荘で、宝亀五（七七四）年のことである。下って文化十四（一八一七）年には三郡二十余ヶ村で紙漉きの家は七百五十軒であった」と冒頭に記されている。碑文は折からの小雨に濡れて読みづらかったが、小川和紙を語るとき、必ず飛び出す「ぴっかり千両」という往時の盛況を偲ぶ言葉も碑文のなかに出てきた。天気で、お日様がピッカリと照ると、千両の収入があったという。手漉き隆盛なりしころの言葉である。先端技術に押され、後継者問題に頭をかかえる現状は、やはり盛者必衰の理を改めて痛感させるものがある。更に碑文は続く。「明治二十六（一八九三）年に小川製紙改良組合が設立され、それが小川製紙同業組合になり、初代組合長は松本啓三郎氏が就任、四代目が横川禎三氏で、同氏の尽力で、この地に現在の製紙工業試験場の前身、製紙指導所ができた」ことなどが細かく記されている。「当時の協同組合理事長、小高友治氏や梅沢惣兵衛氏が寄金を集めて、昭和二十七（一九五二）年に設置されたんです」と高橋場長はいわれた。

場内は、訪問時はその名前の通り、製紙工業に重点のある研究設備で充満していた。印象的であったことは、この小川和紙が如何に世界に輸出されているかとのマップであった。当時、小川和紙は、世界を相手にできるほどの市場性のある製品であった。

## 紙漉きを訪ねて

小川和紙の漉き屋は、荒川水系の槻川《つき》に沿って、帯状に分布している。十三時、小雨降るなかを、高橋場長の車で、東秩父の福島善通氏の家を訪ねることになった。試験場からは、七〜八キロメートル、時間にして約二十分のドライブである。盆地であることは、周囲に山がせまっていることでわかる。槻川は、そう大きな川ではないが、連日の雨で水嵩は増していた。二毛作をやっているのであろうか、麦が黄色くなり、取り入れを待っていた。田んぼは、まだ田植えは始まっていなかった。あまり高くない山にも厚い雲がかかり、思い出すように雨を降らせていた。関根隆吉工房、千三百年の伝統を誇る小川和紙発祥の地・東秩父和紙センターの看板を左手に眺めながら、東秩父村に入った。約十分程の時間距離である。小学校、村役場の近くに目的の福島善通氏の作業場があった。（同氏のお名前は、現在の細川紙技術者協会のメンバー表にはない。）細川紙技術者協会のメンバーでは、最も秩父寄り、即ち槻川の上流にある家の一人であった。家の前には、大分時代がついている「重要無形文化財・細川紙」という立札がポツンと立っていた。福島さんは、当時、細川紙技術者協会の副会長を務めておられた。前庭を眺める大きな窓枠の下に大きな漉き槽があり、ちょうど漉いている真最中であった。簀を天井に走る四本の竹竿で四本のひもをたらして四か所を支えている。この支えの状態から判断すると、細川紙の造り方は、四国の各産地程、揺りは激しくないのではないか。一回目の汲み込みは、化粧水と呼ぶのだが、簀に満遍なく紙料を分散させるためのもので、二回目も比較的浅い汲み込みと揺りである。三回目の汲み込みが深く、分散も入念である。四回目の汲み込みは、これまたそう深いものでもなく、簡単に揺すって、前方から捨て水をして終る、というのがちょうど漉いていたときの手順であった。この間約五十秒から一分程度である。原料は、コウゾであるが、これは四国や群馬県から入手しているということだ。漉きはすべて注文生産によっているという。注文は大口は少なく、同じ製品でも何回かに分割されてくる、というのが最近の傾向だそうだ。福島さんは、仕事の手を休めて、話に応じて下さった。「細川紙は、昔は東京証券取引所のあった兜町のグラフ用紙として用いられていたものでしたネ」。株価の上がり、下がりを表示するためのものであった。「また、質屋の台帳にもよく使用されていました」ともいう。質屋では預かったことを証拠とするために記入するのだが、その下げ札にも使用されていたという。このような用途は、やはり首都圏にあるという地理的条件によっていたということが

図２－４　細川紙を漉く

できようか。時には畳紙《たとうし》の注文が小川の産地問屋を介してくることもあるという。畳紙とは、和服の包装紙である。だが、当時の傾向としては産地問屋や消費地問屋を経ないで、直接生産者に注文が来る機会が多くなった。生産体制ばかりでなく、流通体制も変革しつつあるということであろう。

いうまでもなく、福島さんのところで漉く紙は、細川紙が主体である（図２―４）。従って、原料はコウゾ一〇〇パーセントで、製品はすべて未晒である。前述の如く、細川紙では苛性ソーダの使用は禁止されているから、煮熟はすべて炭酸ソーダ、つまりソーダ灰である。原料は、コウゾの白皮であるが、黒皮は、篠庖丁を用いて丁寧に黒皮を削り落としたものを使用している。このあたりでは、コウゾのことを「カズ」といい、下の「ズ」を余り口を開かず、ずっと重く濁らし、アクセントもここに置いて発音する。カジの関東・東北地方式の訛である。以前は、秩父から群馬県にかけての傾斜面に栽培していたが、これも減り、四国産に不足分の供給を仰いでいるというのが現実のようである。小路位三郎氏のまとめられた『細川紙』（五）によれば、コウゾを麻葉《あさば》・要楮《かなめ》及び真楮《まかじ》の三種類に分類して、細川紙の主体は要楮であるとしている。

トロロアオイは、トロとかコンニャクカズとかいうらしいが、この秩父付近で生産される。「この辺のものはデカイので、トロの出もいいですヨ」と福島さんはいわれた。他の産地のものと比較すると分泌量は二割は多いのだそうだ。

漉き上げる枚数はとたずねると、「一日当り平均して四百〜五百枚でしょう。ものによっては百枚程度しか漉けないものもありますが……」ともいう。この辺では、紙床は「カンダ」と呼んでいることもわかった。昔の「ぴっかり千両」も、現在では板干しは使用せず、鉄板にたよっているので、「ぴっかり」も「千両」も無関係になっているのである。伝統的な乾燥では、干板にはマツ材を使用していたと聞いた。

福島さんの話を拝聴している最中も、奥様は、一時、お茶を出すのに手を休めただけで、鉄板に向って乾燥の作業に余念がなかった。

後継者はどうなっているのであろうか。どうやら二人の御子様は、両親のやられている細川紙の伝承者になる意志はないという話。ただ、一人、サラリーマンをやめて、この細川紙を漉きたいという人の指導と世話をしているという。実子でなくとも、その伝承者が現れただけ、福島さんは幸いであったといえようか。

## 東秩父和紙センター

福島さんの家を出たのは十四時半、もと来た路を小川町の境近くまで県道熊谷・小川・秩父線に沿ってバックし、ここで槻川を渡って南下する道を取った。東秩父村の経営する東秩父和紙センターに立寄るためである。槻川を渡って、二〇〇〜三〇〇メートル程の距離に目的とするセンターはあった。廃校になった小学校の校舎を利用したものである。小雨のなか、かつての校庭で老人達が熱心にゲートボールを楽しんでいた。ここは、当時、観光客のために手漉きが実習できるような施設と、小川和紙の製品の直売所から成っていた。実習室は、ビータや漉き槽、乾燥用のステンレス板があり、訪問時中年の婦人が一人、乾燥作業をしていた。折からウイークデーと雨とで、訪問者は他にいなかった。かつての教育施設であるために室内は広々としている。センター事務の当時の責任者、鷹野貞三氏に紹介していただいた。

ここを訪れる人は、大別すると四種類に分類できるということだ。第一のグループは当然のことながら、紙に興味を持っている人達、第二のグループは小学生である。埼玉県が編纂している、当時の小学五年の社会科の副読本には、伝統産業としての小川和紙の話が掲載されており、その関係の授業も行なわれていたとのこと。そこで、その見学会として、この地を訪れることが多いのだという。第三のグループは、完全に遊びとして、ここを訪れる人達である。秩父山系の玄関口として、ハイキング、ドライブなどの途中で立寄る人達である。昭和五十八（一九八三）年四月にオープンしてからは、大型バスで乗入れる観光客も多いということだ。第四のグループは、紙を素材として使用する人達、いってみれば、工芸家のたぐいである。ここでは、小川和紙の素紙が多種展示されているので、入手するのに便利なのである。

「この裏に、細川紙の製紙用具を収蔵した倉庫があるんですが、見学されますか」と高橋場長が尋ねた。「あそこは、一般の見学者には公開していないんです。見学には教育長の許可が必要なんです」と鷹野貞三氏が注を入れた。収納庫は、重要民俗文化財の指定を文化庁から受けているために厳重な管理下にあるのである。高橋場長が東秩父村の教育委員会に見学許可を求め、係員のもう一人の鷹野氏が駆付けてきて下さって、見学の栄誉に輝いた。厳重な管理もむべなるかな。ここは確かに圧倒されるような充実したコレクション、今では宝の山というべき貴重な道具の収蔵庫なのであった。

## 文化財収蔵庫

センターの建屋の南側、広い庭をはさんだ山の登り口に、この文化財収蔵庫はあった。鉄筋コンクリートの平屋建てで、屋根は瓦ぶきである。係りの鷹野さんが、重い扉を開いた。「随分、湿度があがっていますネ」。見学期間中、除湿機を二台、フルに稼働させて、既定の温度と湿度になるように努めていた。

東秩父村・小川町の手漉きが激減しはじめた、昭和四十（一九六五）年より、東秩父村教育委員会では、細川紙関係の資料が散逸するとして、和紙生産の用具の収集を小林徳男及び鷹野定次両氏が中心となり、積極的に行った。高度経済成長期にあって、いちはやく、それを収集しようと保存対策を立案された東秩父村の達眼は、敬意に値する。この時収集した一六五点が昭和四十六（一九七一）年三月末日に県の民俗資料の指定を受け、更に、その後も収集を拡大し、その時の収集品を整理して、五八五点が、この収納庫に収まっていたのである。これが、「東秩父及び周辺地域の手漉和紙の製作用具及び製品」として、重要民俗文化財の対象になったのである。指定を受けたのは、昭和五十（一九七五）年九月三日。恐らく、これだけきちっと産地の紙漉き道具を収集しているところは、他にあるまい。（これらの収蔵品は、東秩父村教育委員会により和綴の本となった。埼玉県秩父郡東秩父村教育委員会編『細川紙手漉用具』、東秩父村教育委員会（一九七〇）である。）

胸をときめかしながら、その一点々々を入念に見学させて頂いた。道具につけられた名前をみると、その地方の方言の特徴がわかり、また、その地方独特のくふうが読みとれるのである。プロセス順に高橋場長の解説と筆者の推測を加えて二、三の考察を加えてみよう。

まず、コウゾ蒸しである。これはカシキオケを用いる。四国ではコシキ（オケ）と呼ばれているものである。高知のものと比べると、丈が低い。ずんぐりむっくり型である。蒸したコウゾの黒皮を剥ぎ、ここから白皮にする場合に、実に多種の道具を使用しているのは、細川紙が良質の、よく洗練された白皮を使用していた証拠である。白皮はナゼカズといい、黒皮はスリッ皮と呼んでおり、スリッ皮からはヨゴ紙を作った。ヨゴとはゴミのことである。良質の細川紙を作るには、黒皮と白皮の二区分でなく、甘皮も分離しなければならない。マーリと呼ぶたくり台にかけて、本ビキ、カズッ皮などに分離している。カズを切断するのにも、色々な道具が工夫されている。メンバ、押切り、カズ引き鉋丁など。

カズ煮が終ると、カッサァシ、つまりコウゾ晒しである。これは川のほとりにあるカッサァシ小屋まで、セータにアク桶をかついで持っていく。セータとは背負い板のことである。小屋はむしろで囲んだ粗末なもの。かろうじて風を凌ぐだけのもの。関東のカラッ風に対抗するものはダルマ火鉢であり、手湯オケであった。カッサァシカゴに蒸解したコウゾを入れて、スグリ棒を用いて塵取りをするのである。また、オニ皮と呼ばれる表皮をとるのには、ヒイラギヌキカゴを用いている。塵取りの終ったコウゾはカズカツギオケに入れて、漉き場に持ち帰るのである。

トロロアオイは、トロと短く呼び、トロコシザルで濾過して異物を除去している。

漉き方も極めて入念である。簀はカヤ簀で、三枚一組で漉きあげるのである。漉き上げた簀は、一度簀立て台に立てかけて、濾水を十分に行い、次いでシキズメに移すのである。つまり、漉き槽にあるもの、簀立て台にあって濾水しているもの、シキズメにあるものの三枚が順ぐりに循環しな

図２－５　梃子の原理を利用したカンダシボリ

がら紙漉きを行なう、という工程をとっていたのである。

シキズメに置かれている紙床をカンダ、つまり紙田と呼び、これを圧搾してしぼるのをカンダシボリと呼んでいる。細川紙独特の造り方である。勿論、梃子の原理を利用するのであるが、大きな丸太を立て、その上部をえぐり、そこに棒を挿入して、一端を石で重しとして圧力を加えているのである（図２―５）

乾燥工程では、カミツケ棒を用いている。湿紙を棒にクルクルまきつけて、板に付けるのである。佐賀県の名尾で見た方法であった。更に、干板を平滑にするトクサタワシ、また、紙の耳をとるためのアテ板まで完全に整っていた。

「これ、何だと思います」といって、係員の鷹野さんが取出したのは、竹の皮でできた縄であった。こんな細かい細工ができる職人がいることが、精密な竹簀を提供し、それが、細川紙の品質の良さにつながっているとも思えたのであった。

このように、ほぼ完璧に近い道具の収集は、ほぼ完全に昔取られてきた紙漉きの工程を再現させるものである。収蔵庫には総額三千万円かかったというが、それだけの価値のある収集であった。この訪問から二年後の昭和六十三（一九八八）年に、「東秩父和紙の里」が建設され、収集されていた細川紙の用具が保存・展示された。また、「細川紙紙漉き家屋」も復元された。

## 観光の工房

素晴らしい収集に気をうばわれている間に、いつしか午後三時を過ぎていた。収蔵庫を出ると、雨は一段と強くなっていた。「近くの関根隆吉さんのところに立寄ってみます」と高橋さんは車を五分程走らせた。関根隆吉さんの家は、県道熊谷・小川・秩父線に大きな立看板を出し、その所在がわかるようになっていた。その県道から少し入った山手の傾斜地が、関根隆吉さんの家であった。ここは、伝統的な細川紙の外に、色々な染紙などを造っていた。ちょうど、赤の原着染めの紙を漉いていた関根さんが手を休めて、相手をして下さった。この漉き場は、見学者用に漉き場を開放していた。人柄のよい、ボードビリアン的な色合いを持つ関根さんの所には、子供を含めて多くの観光客が訪問していた。「年間一万人くらいはあるんですヨ」と、いとも簡単にいってのけたので驚いた。さすが首都圏なのである。ここで人気があるのは、見学者に直接漉かせるということである。先き程立寄った東秩父和紙センターでもそうであったが、昨今の観光客は、テレビなどの発達で見るだけの受身の姿勢では物足らない。やってみる、体験してみて、はじめて納得がいくのである。ここでは、もみじの葉を入れたり、花びらを入れたりしてハガキを作っていた。関根さんの乾燥室のドライヤーには、見学に来た子供達の漉き上げた紙がもう乾いていた。丁寧にそれを剥して束ねた関根さんは、それを造った人に郵送してあげるのである。見学者のサービスに徹しているのである。もう一つ驚いたことは、ここは年中無休なのだそうだ。こんなことが、関根さんの工房に多くの人々が訪問する秘密なのかもしれない。細川紙の特技と首都圏にある利点が融和した一つの新しい活路といえようか。

## 先端技術との融和

雨は益々激しくなってきた。関根さんのところを辞去して、細川紙技術者協会の会長（当時）を務める窪田梅吉氏の工場に車を走らせた。時間は三時半を過ぎていた。同氏の家は小川町でもずっと槻川の下手に当る。駅前通りから学校を通り越して、二、三分走った。国道からやや奥に入ったところにある。その極く近くにある久保昌太郎氏の漉き場にも立ち寄ってみたが、ここは生憎く留守だった。「今日は、月曜日ですネ。ここは月曜日は休みなんですヨ。日曜日には仕事をしますので」と高橋場長が解説した。小川地区は、日曜日には観光客が多く訪れるところから、仕事をする人が多い。ここでも観光は財源なのである。

久保さんのところと近接している窪田さんの工場は、丁度三時の休憩時間を終えて、仕事が再開したばかりであった。手漉きの工場と思っていたら、造っているものは、ホスター電気㈱の依頼で、スピーカー・コーン。木材パルプ、ミツマタパルプ、カポック繊維を適当に配合した紙料が自動的に円錐状をした金網のなかに注入され、湿紙ができると、これまた自動的に金網から、湿紙を損なうことなく取り出されるのである。これでは、細川紙とは無縁であろうと思っていると、高橋さんがいった。「もう一つ、手漉きでも、スピーカー・コーン用の用紙を造っているんです」。この手漉きを行っている所は、別室であった。一人の女性、安藤テルさんが、漉き槽に黒い原着の紙料を入れて、やはり、スピーカー・コーン用の原紙を黙々と漉いていた。先端技術の一つ、エレクトロニクスの分野と直接深い関係を持つ音響の世界の仕事を手漉きが行っているのには唖然とした。細川紙固有の均一で、繊細な地合構成を作り上げる技術が、先端技術に応用されたといってもよいであろう。ここまでくると、手漉きは単に工芸の領域を越える。手漉きは、決して過去の遺物ではないことを教えられた。やはり、現代の産業、生活に対応した生き方をしないと衰退の一途をたどることになるのである。重要無形文化財の細川紙の技術が、このような活路を見出していたことに、深い共鳴感を抱いた。

高橋さんが最後に案内して下さったのは、関根シール工業㈱の山崎工場である。もと来た道を大分東秩父の方に引き返した。もとは、細川紙を漉いていたのかも知れないが、今は自動車のパッキングを造っている会社である。コウゾがアスベスト繊維（現在はアスベスト繊維の使用は禁止されている）と置き換えられ、手漉きは長網抄紙機と円網抄紙機に切替えられていた。更に、現在ではセキネシール工業と名称を変え、金属と非金属のガスケット、非金属ガスケット、ヒートインシュレーターの工場に発展していた。これは社会の変化に対応した転換がなされた結果であろうか。昨今の、目覚しい自動車産業を反映して、ここはフル操業であった。

図２－６　かつての製紙試験場の跡に立っている横川禎三翁像

## 横川禎三翁の像

まだ小雨が盛んに降っていた。帰路、横川禎三翁の像（図２—６）が建立されているのを思い出して、高橋さんに立寄らせていただいた。横川翁は、今の全国手漉き和紙連合会の前身ともいうべき日本手漉工業連合会の初代の理事長を務められた。つまり、かつての和紙業界のリーダーであった。また第三十五代目の県会議長も務められた。柳宗悦の『和紙十年』には、同氏と親交が厚かったとある。その像は、さみだれに濡れて、熊野神社の入口の空地の中央に、こんもりと庭木の茂みを傘にして立っていた。かつての翁の屋敷跡だとは聞いていたが、胸像の台座の下は、雑草が丈高く生え、最近は顧みる人も、手入れをする人もいなくなったのではないかとの印象を持たざるを得なかった。その昔、現在の製紙試験場の前身が、この地に建てられていたことを思うと、身をひそめるように立っているこの胸像から、時代の流れが感じられた。

## おわりに

東秩父和紙センターの収蔵庫に収集されていた細川紙の道具は、同じ細川紙といっても、現在の製造規定と大幅に異なることを教えてくれた。一口にいえば、昔のプロセスは原料処理が入念であったし、また、三枚の簀を一組で用いたということは、濾水性の低い紙料を使用していたこと、つまり、これまた入念な叩解を行っていたことを証明していた。現代の方法は、紙質は昔と同様に保持しながらも、かなり合理化されているのである。重要無形文化財といえども、その基本的骨格をそのままにして、近代的な進歩がなされていることが理解できた。しかし、考えてみると、これは当然のことである。科学技術の進歩、社会生活やそのテンポの変化を手仕事に取り入れるなというのは、アナクロニズムといわざるを得ない。細川紙の製造規約が、細部を規定していないのはこのためであろう。

変化していたのは、製造プロセスばかりではなかった。細川紙の技法は、最新の技術と結びついて新しい展開をとげていたのである。伝統的技法と近代的技法とを見事に融和させ、衰退の一途にある細川紙に歯止めをかけようとする姿を見ることができた。

更に、小川和紙の産地が首都圏にあり、多くの観光客の訪問のあることを利用し、細川紙の技法の一端を体験させるという経営を行っているところもあるのを知った。

ハイテクノロジーを軸に、第三の産業革命の渦中にいる現代において、細川紙を中心とする小川和紙は、その伝統の技法を遵守しながらも、時代の流れに適応させる工夫をしながら、様々な形で生き残り作戦を雄々しく展開していた。

（昭和六十一（一九八六）年七月一日記）

（付記）　後日、埼玉県秩父郡東秩父村教育委員会編集の『東秩父および周辺地域の手漉和紙の制作用具目録』という手書きの冊子を古書店から入手した。B原材料関係用具、C製造関係用具、D服飾灯火用具、E製品に分類された五八五点がリストされていた。前述の『細川紙手漉用具』は、この本の整理前の原本であると思われる。

## 参考文献

（一）柳橋　真『和紙』、一一六～一二四頁、講談社　開きページに「小路位三郎、岩野市兵衛両師の霊にささげる」
と表記している。（一九八一）
（二）小路位三郎『細川紙』、一頁、細川紙技術者協会（一九六九）
（三）――『細川紙』、（パンフレット）「細川紙の由来について」細川紙技術者協会
（四）成田潔英『紙碑』、五三～五六頁、紙の博物館（一九六二）
（五）文献（二）四頁

# 第三章　八尾紙の里（八尾町＝富山県・越中）



## 八尾紙の里探訪ガイダンス

富山県は古く「薬売り」で名を売った。それを薬包紙として蔭で支えていたのが越中和紙である。古くは「八尾山村千軒、紙を漉かざる家なし」と言われ、代表の八尾紙は売薬用のコウゾの紙、薬包紙、膏薬紙、紙紐、帳簿など多方面の用途があった。しかし、戦中、戦後にかけて吉田圭介、吉田泰樹兄弟らが柳宗悦らの提唱していた民芸紙運動に傾倒し、型絵染の芹沢銈介に師事し、桂樹舎を設立し、芹沢の版木で絵付けをし、また、和紙文庫という展示館をつくり、作品をよく見ることで、旧八尾町を中心に八尾民芸紙を広めた。柳宗悦の言うように、「マズ見ヨ」という信念で集められたコレクションは廃校になった小学校を活用したものであるが、個人でよくここまで集められたと感心する。

高度経済成長の時期にあった時も、県の行政機関は山村特産物として、その技術の普及に熱心で、山村特産指導所で和紙と養蚕など山間部の産業として指導体制を整えた。その時、技術職の指導者として活躍しされたのが山口昭次氏、窪田三郎氏などである。本章の探訪記は、八尾民芸紙の展開を中心に、県の指導体制の一コマを垣間見たものであり、その後、間もなく八尾民芸紙業社は業を止めた。

一方、県の体制は、その後農林水産業も先端技術の開発に重点が置かれ、山村特産指導所は農林水産総合技術センターに統合されて廃止され、和紙の分野の指導体制は消えるが、民芸紙を広めた吉田桂介氏（平成二十六（二〇一四）年七月逝去）らが方向付けした民芸紙を柱にして、県から離れた山口昭次氏は民間に下って活躍され、お陰で富山県には現在八尾紙の他にも、平村の五箇山和紙、蛭谷《びらだん》紙が創設された。五箇山はユネスコの世界遺産に登録され、合掌造りで有名な秘境であったが、近年自動車道の発達で、合掌造りと紙漉きが容易に見られるようになった。和紙の活路は、ここも観光と民芸である。

## 八尾紙の変容

友のせし吉野の旅をおもいゐぬ
　　八尾の町も紙漉きの町

戦時中、戦火を避けて八尾に疎開した吉井勇は、その町の至るところにあった紙漉き風景を目の当りにして、美栖紙の産地、吉野の漉き場を想起したのであろう。

それから四十年余の後、筆者は同地を訪問、漉き場を求めて尋ね歩いた。それはやっと見出さねばならぬ程稀有になっていた。当時八尾には、専業の三社、㈱越中紙社、㈲桂樹舎及び八尾民芸紙業社が残っているだけであった。

その三社の一つ、八尾民芸紙業社の社長黒川花枝さんは、「主人を亡くしましてから、この会社の経営をみておりますが、昭和五十四（一九七九）年以降、毎年売上げは下降線です。越中紙社さんも、四十人もの人を抱えていますので、大変なんだと思いますヨ」と語った。

八尾紙は、元禄年間売薬紙として大発展したが、明治二十（一八八七）年頃から洋紙に押され、傘紙や障子紙へと転身させた。昭和になって、紅柄紙からヒントを得て、再び染色紙や民芸紙に転換した。雪なだれ的衰弱をたどる和紙の活路を民芸紙に求めてきたのであったが、ここに至って、その民芸紙にも陰りがあるというのである。

同時に、八尾紙の技術的指導機関であった富山県製紙指導所は、製紙単独の指導機関としての存在を昭和五十五（一九八〇）年四月より失い、製紙は山村特産品の一つと位置付けられ、特産指導所の業務になり、製紙指導所に昭和二十六（一九五一）年末、埼玉県製紙試験場より招かれて指導にあたられた植松茂氏も、筆者には製紙よりもむしろ、天蚕のことを多く話された。昭和二十八（一九五三）年来、同県五箇山から招請され、手漉きの実践指導にあたってこられた山口昭次氏も、当時は高岡市にある同県工業試験場（当時、現富山県工業技術センター）にあって、包装関係の指導や板紙、古紙などの技術開発にたずさわり、和紙から遠のいておられた。そして、訪問時には県内には和紙の技術指導機関はなくなった。

八尾を訪れて深く印象に残ったことは、八尾の民芸紙、染紙もまた一つの大きな試練と転機の時代を迎えつつあるということであった。

## 旧八尾町

旧八尾町は、富山から約二〇キロ南にある。ＪＲでは、富山線越中八尾駅から入る。富山駅からは四つ目。一七キロ、二十二分の距離である。しかし、一般にはバスの便の方がよく、駅前からは成子、堤防、熊野、長沢経由で路線バスが走っている。大体小一時間の所要時間である。人口二万二千人（当時）。

筆者の訪れたのは、昭和五十六（一九五一）年十月八日の午後。折り悪しく、小雨が降り出していた。富山県工業試験場（当時）の山口昭次、窪田三郎の両氏の案内で、中小企業庁（当時）の山崎昌邦氏とＪＲ富山駅の裏にある富山製紙㈱から直行した。

旧八尾町は、当時の山村特産指導所から井田川南岸沿いの山手にそれを長軸として約二キロに市街地が展開していた。井田川は、上流に向って南下すると、東から野積川、仁歩川、そして室牧川の三大支流に分かれる。かつて、これらの川々の流域の村落が八尾紙の生産地であった。旧八尾町からは旧大長谷村、仁歩村、野積村、室牧村、黒瀬谷村、卯花村、保内村、杉原村及び旧八尾町からなっていた。これらの村々で漉かれた紙は、旧八尾町の商人の手で売られていった。それ故、八尾紙とは、本来は旧八尾町の周辺、俗に野積四谷、つまり、野積、大長谷、仁歩、室牧の紙のことであったようである。このうちでも中心をなしたのが野積。製品の種類、産額、製法の研究、大釜法の採用、雪埋め法の開発で他地域を圧した。版画用紙が主体であった。大長谷は、長谷《ながたに》八寸の産地で主体は障子紙、仁歩は松倉紙という提灯紙、つまり質の緻密な透明の薄物、室牧は野積と並び八尾紙の中心となった高熊紙という厚手のもの、卯花は売薬用の赤笠、相竹、道市などの袋紙、合紙などあった。（一）

しかし、訪問時の八尾商工会に紙パルプ関係者として名をつらねておられた業者は、㈱越中紙社（玉生孝久）、㈲桂樹舎（吉田桂介）、八尾民芸紙業社（黒川花枝）、俊映紙業（吉田俊亮）、平野製箱所（平野信雄）、及びボール箱製造の坂上製紙所の五社しか入っていない。手漉きは、前者三社が専業として残っているだけであった。

因みに、八尾という地名の起源については、町史によれば、次のような諸説がある。①八は数の多いこと、尾とは山の尾のことという、②延元四（一三三九）年から暦応二（一三三九　北朝方で使用されていた元号）年、南朝の忠臣八尾別当顕幸が越中に来て、北朝の桐山城主、諏訪左近入道を討ち亡ぼした戦功を記念した、③市街の中心をなす城ヶ山の古名「竜幡山」に因む、つまり、古事記に「高志八岐大蛇《コシノヤマタノオロチ》」によるという。ここで高志は越の国、八岐は八谷八尾の集まることだという。④ヤチオで、オとは峰で谷合いの上に成長した町の意であるという。

図３－１　旧富山県山村特産指導所

## 旧富山県山村特産指導所

久婦須川に沿って登り坂をあがると、県の保健所と同居して、旧山村特産指導所があった（図３―１）。右手の白亜の建物がそれであった。昭和五十五（一九八〇）年三月から、蚕業試験場の業務と製紙業のうちの和紙部門とが統合されて、山村特産品を指導する機関に転じてはいるが、かつては製紙指導所として規模は小さかったが、独立した機関であった。

その前身をさかのぼると、昭和七（一九三二）年婦負《ねい》郡製紙改良研究会までさかのぼれる。昭和の農業恐慌による不況に見舞われ、その対策として同会は発足していた。[二] 昭和九（一九三四）年に八尾町上新町に製紙講習所を開設した。実質的にはこれが指導所のはじまりであったという。指導技師として、製紙の先進県である静岡県から小長谷豊氏を迎えた。

昭和二十六（一九五一）年には、訪問時、和紙関係の技術の指導にあたっておられた植松茂氏を、これまた埼玉県製紙試験場から移入人事された。そして、二十八（一九五三）年には、五箇山で手漉き業の経験と、製鉄会社で化学分析や東京での製材の経験を持つ山口昭次氏がスカウトされて、実質的な技術指導体制ができあがった。そして、昭和五十二（一九七七）年から三ヵ年程、窪田三郎氏も衛生試験場（当時）の方から転じられて、このグループに加わった。

「この近辺の農家のよい嫁の条件の一つは、紙漉きがうまいということでした。その年、結婚された新婦は、刈入れが終った後、冬には必ず私のところに手漉きを習いに来たものでした」と山口さんは、その夜、八尾の「富久志満」旅館で一泊した筆者に昔話を色々と語って下さった。新婦は、数里の雪道を遠しとせずやってきたものだという。

「お嫁さんには、そのお母さんが皆ついてきましてネ、自分の娘が手漉きがうまく習得できるか、心配そうに眺めているのが常でしたネ」

自分の娘がよい嫁であってほしいというのは、等しく母親の願いである。よい嫁とは、手漉きや野良仕事のできる嫁ということだ。必死で練習している情景が瞼に浮ぶ。

「舟が五杯ありましたので、五人の人に同じ楮パルプを何回も繰返し使って練習させました。三日もすれば大体習得し、そうすれば新しいパルプで湿紙を紙床に付け、翌日乾燥ですワ。そして、出来上がった紙を評価し、修了となると赤飯を炊いて喜びました。時には新郎の方も、心配の余り姿をみせることもありましたネ」

こうして、習得した人達の技術を、山口さんは、そのあとで個人訪問をして調べて歩いた。「私がいきますと、家中あげて接待をしてくれましたヨ。池にある鯉をとったり、偶々山で獲れた兎をひねったり、当時のことでしょう。何もなかったなかで、気持よく歓迎して頂きました」。何里もある山里を雪踏み分けてまわった山口さんの苦労は、大変なものだったのであろう。その苦労が、当時の八尾紙の品質と技術を保持してきたのである。

「越中紙社でも新規採用の人は、必ずこの指導所でトレーニングを受けて配属されたものです」このように、昭和二十（一九四五）年代から五十（一九七五）年代はじめ頃まで、指導所は八尾紙の漉紙技術の学校といった存在でもあった。

しかし、旧八尾町の周辺の農家では、副業の製紙をやめた。それに伴って、製紙指導所の業務も、洋紙部門に重点を置かなければならなくなった。そのような行政改革の波が、昭和五十五（一九八〇）年度からの特産指導所への改組であろう。

改組の時、建物も改造された。内装は新しい。所長室に隣る応接室に通された。そこには、八尾紙で作られる製品、おわら人形、紙の草履、小物入、デンデンダイコ、紙盆などがガラスケースに展示されていた。植松さんが来られた。当時、和紙関係は二名であったが、山村指導所は当時、所長以下十一名、所長は養蚕の専攻なので、比重はどうしてもそちらに力が入っているようであった。八尾町は、養蚕業は、和紙と並んで盛んなところであったから、それも自然の流れかも知れない。

植松さんに案内されて、所内をまわった。試験棟は和紙試験棟と蚕糸試験棟からなっていた。前者の一部は抄紙室であり、あとは原料処理排水処理装置と、懸《けん》垂短網丸網のコンビネーションの抄紙機が設置されていた。試験棟の裏側の畠には、楮、三椏、山菜の王と呼ばれるユキノシタなどが植えられていた。

## 天蚕《てんさん》

指導所で、当時力を入れて研究していたのは、天蚕であった。これは、長野県、島根県など中部、中国地方の六県で見直された事業である。天蚕まゆの糸は家蚕糸に比較すると、太くて丈夫で軽く、光沢がある。その織物は軽く、織物としては優美である。量産ができないために貴重品とされ、繊維のダイヤモンドといわれた。家蚕の糸の十倍の価値であった。和服、帯、ネクタイなどにすると何十万円もする。天蚕はわが国原産の野蚕で、学術的にいえば鱗翅目天蚕蛾科に属する。俗にヤマコ、ヤママユガと呼ばれている。山野ではナラ、クヌギ、カシワなどの葉を食べる一化性の昆虫である。植松さんは、そのまゆを示しながら「山で生育させると、外敵のために一〇パーセント位しか育たないです。それを人工的に生育させると、九〇パーセントも生育するので、これに力を入れているのです」と、淡黄色と緑色をした二種のまゆを前にして説明された。研究も、和紙より重点化されているようであった。天蚕は、家蚕の二倍位の大きさだ。穂高山麓など中部山岳地帯には広く分布していると聞いた。

この指導所での和紙の研究は今後どうなるのであろうか。そんな疑問は、その後の県の行政改革で的中した。この山村特産指導所は、昭和六十一（一九八六）年、農業試験場、農業機械研修所などと統合され、農業技術センターとなり、平成十一（一九九九）年に、同所は廃止された。ここに県の技術指導の対象から和紙ははずされたのである。

## おわら風の盆

植松さんと別れて、久婦須川を渡り、眼鏡橋と呼ばれる別荘川にかかる橋を越え、井田川に沿って車を進めた。井田川は八尾の町の北のはずれを流れている。ハンドルを握る窪田さんはしばらくゆくと、青塗りの橋を指して、「ＮＨＫの銀河小説『風の盆』のロケが行われたのは、この橋ですヨ」と説明された。八尾大橋である。旧八尾町は、現在では、紙の町、蚕の町というよりは、日本三大民謡の一つ、越中おわら節の本場といった方が有名であろう。

浮いたか瓢箪かるそうに流れる
行先きァ知らねどあの身になりたい

図3－2　おわら和紙人形

キタサノサー、ドッコイサノサー
八尾よいとこおわらの本場
　唄で糸繰《とる》るオワラ桑も摘む

毎年九月一日から三日三晩、老若男女が揃いのハッピとゆかた姿の編笠をつけて、ボンボリと万灯で飾られた町内を三味線、太鼓の合間になる胡弓の音に秋風をうけて流し歩くのである。以前は聞名寺の境内が常設の踊り場であったが、訪問時では八尾小学校の校庭にコンクリートの常設の踊り場ができあがっているそうだ。

テレビで『風の盆』が昭和五十六（一九八一）年三月放映されると、画面にでたおわら和紙人形（図3―2）の人気は上った。八尾民芸紙業社の黒川さん（当時）は、「毎年二千～三千個作り、大分返品があるのですが、本年は一個も返ってきませんでした。注文にテレビで放映されたものと同じ形のものをほしいというのが多数ありました」と話して下さった。おわら節が和紙民芸を救済した形になった。

## 越中紙社

井田川の吊橋、山吹橋の近くに越中紙社はあった。八尾の町は井田川にかかる急斜面に発達したことと、道幅が狭く不規則になっている。車のハンドルを握る窪田さんは、「坂と曲り角がやたらに多い町なんです。冬は雪おろしで、通行禁止になることが多いんです」という。越中紙社は坂の下の三叉路にあった。越中紙社と桂樹舎は、吉田桂介・泰樹氏兄弟が経営する会社である。桂樹舎の命名は兄弟の名前に由来する。この歴史をさかのぼると、この系列は昭和十（一九三五）年、林秋路氏が和紙封筒、便箋を漉く工場を作り、それを契機にして婦南農村工業購買販売組合が結成され、染物用型紙の生産をはじめたのが、始りであったという。もっと具体的には、その時製紙講習所の講習生であった吉田桂介氏らが和紙の着色加工を開発したことが発端である。そして、昭和十二（一九三七）年、その技術を実用化するために、彼は八尾生まれの板画家谷井三郎氏らと計って、上新町寺山に富山県美術紙研究所を設立、工芸紙を造り出した。この研究所は、八尾紙史上特筆すべきことであった。というのは、従来八尾紙は山間の副業という形態をとっていたものが、専業の生産工場の形態をはじめてとったからである。

そして、昭和二十二（一九四七）年、吉田氏は更に理想の和紙を求めて、越中紙社を設立した。更に、同二十八（一九五三）年、彼は姉妹会社として桂樹舎を設立し、紙の染色加工部門の会社とした。八尾紙の干板は赤松などが用いられたようであるが、桂の木も用いることがあるというから、興味あることである。これらの木は板の木目が紙に着かず、割れや反りがないというので、広く和紙には用いられてきたのである。そして、染紙は上村六郎、芹沢銈介両氏の指導よろしきを得て軌道にのったようである。(三)

ここで、越中紙の歴史を簡単にふりかえってみよう。文献学的に最も古いのは、『正倉院文書』の天平九（七三七）年の『写経勘寺解』に「越経紙中、可凡紙十四帳、可用三千」また「越経紙一千帳簿」とあるものである。ただ、古くは越前、越中、越後を区別していず、越の国と呼ばれ、分離したのは七世紀末というから、これが越中であるかどうかは明らかでない。(四) 明確に越中と記載しているものは、『正倉院文書』にある宝亀五（七七四）年の『図書寮解』の諸国未進紙並筆事紙麻の条に「越中の国、紙四百枚」という事項がある。平安朝時代の「延喜式」には「越中国の調及び庸」に「中年作物、綿花、漆」に混じって紙が入っている。八尾付近の紙が明確に書かれたものは、天明八（一七八八）年、「紙値段付書上中張」にみられる。

越中は、加賀藩に属しているが、八尾紙の代表とされている野積紙の技法は、越前や二俣から伝わったものではなく、美濃流であるという。古くから、八尾と飛騨との交流は盛んであったという

図3－3　越中紙社玄関

ことである。(五)

山口さんが越中紙社の事務所で、来意を告げた（図3—3）。専務（当時）の吉田亮輔さんは、筆者より僅かにはやく到着した団体客を案内して不在だと告げられた。勝手を知った山口さんは、「私が案内してあげましょう」と先頭に立った。越中紙社の庭先には〝旭神社〟という小さな社が安置されていた。同社設立以来、ここの社長は衆議院議員で玉旭酒造の社長でもあった、玉生孝久氏がなっていた。その脇から入ると、まず蒸解釜が目に映った。内部はかなりよく整備されている。団体とかち合わないように、ビーター類のそばを通って原料置場にいった。そこには、韓国、中国からの靭《じん》皮原料に混じって、米国産のパルプもみられた。再び今来た道を通って、大きなナギナタビーター二基をみながら、漉紙・乾燥室に入った。黒色の紙を三人で漉いていた。湿紙は紙床に置くのではなく、ベルトコンベアの上に載せる。大きなドライヤーに送られて、すぐに乾燥させるという形態をとっていた。次の室も抄紙室であるが、別の色合いの染紙を漉いていた。ベルトコンベアは三本走り、九槽の漉き槽でいそがしそうに漉いていた。更に、別の棟にゆく、ここも抄紙室ではあるが、ここには乾燥面の合理化はない。両側に三槽及び四槽の漉き舟があった。漉く時間は約二十七秒。四回程、簀に紙料をくみ込んでいた。ここで変っているのは、湿紙の間に一枚一枚綿布やネットを入れていること。これは、湿紙の間に入れたネットの模様を付けるためだという。乾燥した染紙は、枚数を数え、保管される。その種類は二百種以上あるということだ。色は、一連番号が付けられ、その番号によって注文を受けられるようになっていた。吉田さんは、製紙は越中紙社、民芸紙への加工は桂樹舎、そしてサンプル展示は和紙分庫で行うというように、作業工程で会社を分けておられた。

## 桂樹舎

桂樹舎と和紙文庫は、吉田桂介氏の私邸と同居していた。越中紙社の隣である。それは川添いに建てられていた。入口にはパピルスの鉢が二つ並べて置かれていた。「神戸のポートピアの出品を譲り受けたものです」と吉田さんはいわれた。団体の訪れで、舎内は混雑を極めていた。左手が桂樹舎、右手が和紙文庫である（図3―4）。事務所では、吉田さんが団体相手に多忙を極めておられた。桂樹舎はカレンダーの製作がヒットになって、発展したという。狭い階段を登り、二階の作業室に足を踏み入れたとき、一人の女性が型染めの「のりつけ」を行っていたが、それも芹沢銈介先生の絵柄のカレンダーであった。山口さんは、「このカレンダーは芹沢工房と半分ずつ作ってい

図３－４　桂樹舎及び和紙文庫の入口

るのです」と解説を加えた。紙型を置き、その上に、モチ米から出来た糊を塗布する。それを石油ストーブの上やロープに懸垂したりして乾燥させている。紙は手もみしたものを使用することも多い。丁度見学したときは、紅型《びんがた》であった。ここで造られているものは食品袋、紙幣入れなど。吉田さん自身のデザインで造られる。造られるものは、皮の風合いを持たせようとしているとのことである。

次いで、「色差直し」の工程。ノリがついているので、顔料の塗布は、大体でよい、元来、染物は植物染め、つまり草木染めが伝統的なものであろうか、ここで利用しているのは、もっぱら顔料のようである。吉田さんは「顔料は染料と違い、色相が深く、耐光度、変色度からみてみて完全なものに近い」と書いておられる。(三)

第三の工程は「水元」と称し、顔料を塗布し終ったものを、水に浸漬させて除去する工程である。これは階下にあった。ノリ抜きしたものは、ストーブで暖をとった室で乾燥させる。晴れた日であれば、大体二〜三時間で乾燥し終るとは作業していたおばさんの言である。

このプロセスの室の脇には、形ばかりの手漉きができるような一連の用具室があった。自分のところで評価できるような体制が作られているのである。特に、自家用の厚紙を作る時には、この施設が活躍するのであると聞いた。渡り廊下のわきに、タイコウゾが積み重ねられていた。

## 和紙文庫

吉田さんが、和紙関連の製品のコレクションを始めたのは、昭和三十（一九五五）年頃であったという。旧八尾町の周囲の部落では、コウゾはかなり作っていたが、急に入手困難になった。和紙業界の変化をいちはやく感知し、今収集しておかないと、和紙製品がなくなるのではないかと思って収集を始めたのだという。「収集だけの目的で、タイには四回も足を運んでいるんですヨ」と吉田さんは続ける。二日あとには、御夫婦でタイ国訪問の旅にでるという吉田さんとゆっくり懇談する時間はなかった。

このようにして収集してきた作品は、桂樹舎とは玄関を境にして、反対側の屋舎に展示されている。特に、資料館として作ったのではなく、個人の居室を展示室に改良したのであろう。

第一室は床の間である。壁面には、タパが数点、天井近くから吊下げられている。吉田さん自身は、当時ポリネシアには行かれたことはないというが、タパに関心の深い筆者には、その色合いのよさが気に入った。また、羊皮紙でできているマリア像はエチオピア、入口の左手のケースには韓国の民芸品、特に李朝の時代の帽子や籠は、紙のこよりを漆で固めたものである。針台、針箱などもみられる。パピルス紙もあった。中央のガラスケースには、昔使用された和紙からできた小間物、玩具等々。プラスチック製品のない時代の人々が、紙を如何にうまく工夫して使用していたかが偲ばれる。第二室は、畳の間、韓国の古経本、高砂族の布地、貝葉経、タイのチェンマイの古経典、百年以上も前のハワイのタパ、羊皮紙、パピルス片、十六世紀のトルコのコーランなど、世界中の紙製品、あるいはその関連品を収集されていた。それに混じって、芹沢銈介氏の紙漉き風景の版画が一寸場違いな感じで飾られていた。第三室は第二室に隣る小さな室。そこには、ビルマやネパールの古経典、スリランカやバリ島の貝葉など。個人でよくもこのようなものが集められたものだ、と感心しながら眺めた。そして、第二室の奥が洋間で椅子などが置かれ、石像、鳥、眼鏡などが安置されている。和紙を民芸という立場から眺め、自らもその実践者としての慧眼が生きている。氏の李朝の陶器のコレクションはすばらしいという。これらの美的モチーフは、また民芸紙としての八尾紙に反映されているのであろう。

## 城《じょう》ヶ山《がやま》公園

吉田さんに別れを告げて、桂樹舎を去ったときは、小雨はあがっていた。山口さんは、旧八尾町の最も小高い所、城ヶ山に案内して下さった。八尾の町は、いってみれば城ヶ山の山麓、井田川に至る傾斜地に発達した町である。旧八尾地域の旧記の起筆によると、六百数十年前、桐山城主であった諏訪左近が龍藩山と呼ばれていた、この山に砦を構えたことに始まる。その後、八尾村の肝煎り役であった米屋少兵衛が、桐山村の肝煎り役佐五右衛門を説得して「町建て」に成功、寛永十三（一六三六）年二月晦日に旧八尾町が誕生したのだという。八尾町の歴史は、ここからはじまる。少兵衛がいなければ、今日の旧八尾町はなく、従って、八尾紙もなかったであろう。

図３－５　米屋少兵衛の像

桂樹舎から狭い坂道を登り、若宮八幡宮の左手から入った。この八幡宮は、蚕拝宮ともいい、養蚕の繁栄を祈るお宮さんである。八尾町は、紙の町と同時に、蚕の町でもある。入口に置かれた石の形が味合いがある。左手の道はなだらかなスロープの坂であり、山をまわり込むように続いている。頂に至る石段の下で車を止めた。ここは城ヶ山グラウンドの入口でもある。幕末には調練場だった場所である。百数十段の石段を登る。二百三高地と俗称されている。この山の石段はきつい。山頂近くには、町祖米屋少兵衛の銅像があった（図3―5）。保内村生まれの彫刻家で、日展の参事であった横江嘉純氏の作である。同行の中小企業庁（当時）の山崎昌邦氏は、少兵衛とは遠縁の末裔とあって、感慨深げであった。木立に阻まれて井田川は見られなかったが、反対側に新興の梅花町団地の家並みがのぞかれた。こんなところにも団地化が進んでいたのである。他に、高浜虚子、吉井勇、橋爪巨籟《らい》の詩碑もあった。地にたれそうな曇り空では、夕暮れの訪れははやい。聞名寺のわきを通って、その日の宿「富久志満」に向った。

## 八尾民芸紙業社

翌九日は雨。山口さんは、八尾民芸紙業社の近所にお住いなので、筆者の訪問を連絡されて、高岡の工業試験場（当時）に向われた。宿から、八尾の町並み、雨中の井田川の激流を眺めつつ、やっと八尾民芸紙業社（当時）を探し当てた。宿の主人に地図を書いて頂き、三人の人に道を訊ねた。八尾の町は、そんなに入りくんでいるのである。

当時の社長は黒川花枝さん。「二年前に主人がなくなりまして、仕事をやめようかと思いましたが、県の方からも伝統産業を絶やさないように、とのご依頼もありましたので……」と語る黒川さんは、謙虚だが、芯のしっかりした感じの方であった。商工会の婦人部長を務められるのも、むべなるかなという感じの方である。

同社の出発は、王子製紙系の日本加工製紙であった。これが昭和十四（一九三九）年、八尾美術紙研究所を吸収し、日本擬革製造㈱を設立し、和紙を皮の代用にしたり、軍用紙、工芸紙を製造するようになった。これが八尾民芸紙業社なのである。縁は異なもので、筆者が後年平賀源内の金唐革紙の研究したとき、東京王子の紙の博物館にある日本日本加工製紙の擬革を見せて頂いた。

「私も主人も当時は、先生をしていましたの。偶々、王子製紙の支所長が宿を祐教寺に求めました。そのお寺の住職が主人と同じ中学校の先生をしておりましたので、その住職さんのすすめで、会社を創立いたしました」。当時教員の給与は安く、商業系の学校をでていた黒川さんの亡くなられたご主人政人氏は、紙工芸に多大の関心があったので、住職の勧誘にのったのであろう。日本擬革製造は従業員二十五〜二十六名で、主として製品は軍と東京に市場を求めたのだという。製品は主として売薬の大福帳、三椏紙、紐紙、つまり売薬業者のいう〝おんべり〟などの加工紙である。同社は王子製紙の系列であったので、毎月給料を貰いにいったという。

昭和三十五（一九六〇）年、王子製紙の系列から離れ、黒川さんはその会社を買取って独立した。この年は黒川さんの家は、大事件の連続であった。当時は金沢美大の助教授として工業デザインの教鞭をとり、また創作活動をしておられる長男が東京芸大に入学したし、長女で当時東京の羽田空港の近くの羽田神社に嫁された方が就職され、また、次男でピアノを専攻し、現在ヤマハに勤務されている方が高校に入学するということが重なったからである。

かくて、八尾民芸紙業社が独り立ちして、歩きだした。その翌年、昭和三十六（一九六一）年、花枝さんも小学校の先生を退職された。民芸紙業社は、抄紙から民芸品の作製までの一貫性を求めた。黒川さんのご一家には、芸術家の血が流れている。花枝さんのご尊父は画家であるというし、ご自身は教師ではあるが、ピアノを嗜まれるという。民芸品の作製は、亡くなられたご主人が考案されたということだ。この血の故に、二人のご子息も芸術分野に進まれた。「この人形の顔も、息子がきたとき書いてくれたものですの」と黒川さんは示す。剽軽な、安来節にでてくるどじょうすくいのような顔が描かれていた。

一昨年（訪問時からみて）ご主人が亡くなられてから、従業員を三分の一に縮小、訪問時は六人の人が働いている。「それまで働いていた方はすべて越中紙社に引取って頂きました」という。現在は、染紙、雲竜紙、強化紙をつくっている。強化紙はコンニャク糊を塗布して手もみする。薄手のものは和紙人形の着物、厚手のものはバッグ用である。製品は主として京都に行く。小松商事などの紙問屋である。

「民芸品は、いつまでも同じものでは駄目なんです。絶えず新しいもの、新しいものを求めて考案していかねばなりません」。民芸の世界も芸術の分野・新たなる創造が絶えず求められているのである。黒川さんは昨年は湿紙にコウゾを流し模様を着け、乾燥させた紙を取出してくれた。全和連の会長から表彰を受けておられる。「越中ものは、福井や京都のものに押されますの」といわれるが、これだけではない。韓国もの、台湾ものといった品質のよくない紙が流布していて、染紙、貼紙などではこれらの紙で充分対応ができるのである。

黒川さんは、小学校の教師時代の思い出も語って下さった。「私が退職する昭和三十五（一九六〇）年にかけて、この山手の方には、手漉きをしている家は二十～三十軒程ありました。これらの家々のための共同作業場もありました。『今日はコウゾ煮だから休ませて下さい』と生徒達がいいにきたものでした。共同作業場で蒸した楮の皮をむく。これは一種の紙漉きの家々のお祭りでした。お団子を作ったり、稗をたいたりして楽しんだものでした」物資のない時代の共同作業は、親睦の場でもあった。

黒川さんの事務所には、ここで作られている作品が並べてあった。人形類、札入れ、名刺入れ、小銭入れ、銘々皿、メモ帳、便箋、封筒、ダルマ、干支に因んだもの、富山に因む雷鳥など。事務所の二階が加工工場、事務所の裏は製品の倉庫である。漉き場に案内して頂いた。事務所の隣りの別の舎屋である。漉き舟は五舟、そのうち普通使用しているのは三舟。ビーターは三台で、そのうちの一台はナギナタビーターである。手漉き用の水はもっぱら水道水と井戸水の両方を使用する。もみ紙は、乾燥機には単に置くだけ。皺がのびてはいけないからである。更に奥に入る。三人の人が手漉きをやっている。地合いをとるのははやい。二回程の汲込みしかやらない。大体、一人平均一日当り三百枚程度ということである。染紙は顔料が混じらないようにするのが重要であるが、多種の染紙を作るには、うまく舟を使い分けてゆかねばならない。色を変えるときは、次亜塩素酸ソーダで洗う。漂白剤を使用するとは面白い。経験が教えたのであろうか。

黒川さんは、工場の隅々まで丁寧に案内して下さった。原料倉庫にある国内産、タイ産、韓国産のコウゾはすべて美濃から来ると聞いて、やはり、八尾紙は美濃の影響が大きいのかということを改めて思った。

いつのまにか小雨があがっていた。黒川さんは、「この道は『お母さんの道』と娘が呼んでいますの」といいながら、近道で八尾町の中心境町のバス停まで送って下さった。

## 八尾紙の行くえ

越中紙は、八尾紙及び五箇山（平村）の他に、蛭谷《ひるだん》（朝日町）、床鍋（氷見市）、南蟹谷（西礪）、高岡（二上）でも造られていた。しかし、床鍋の輪島漆袋紙は昭和五（一九三〇）年に、南蟹谷の未晒障子紙、温床紙は昭和二十六（一九五一）年に、また、高岡の傘紙もかなりはやい時期に消えてしまった。窪田さんは、まだ蛭谷には一軒残っていますと話されたが、この稿を書き直している現在、越中和紙として残っているところは、八尾紙、五箇山和紙工芸研究館、蛭谷紙の三ヶ所のみである。八尾紙では八尾民芸紙業社はなく、越中紙社・桂樹舎のみである。

民芸紙の根底は、美の創造である。美的感覚は時代とともに変遷してゆく。他の芸術と同様に、民芸紙は絶えず新しい感覚を追求してゆかねばならない。その点、吉田桂介氏の感覚は鋭い。民芸品に対する慧眼のみならず、木俣修主宰「形成」の同人として、詩歌を嗜み、その美的センスに拍車をかけておられる。(六)

胸奥に秘めゐる希み遂げるには
あまりに小さき我の手仕事

越中和紙は吉田桂介氏が播いた民芸紙として、今後とも育っていくであろう。

残念ながら、校正中にご子息吉田泰樹氏から、ご尊父桂介氏が平成二十六（二〇一四）年七月逝去されたという訃報を頂いた。それには「慶介」とあったので、桂介は雅号であることを知った。

参考文献


（一）『八尾町商工観光名鑑』（一九七八年）
小笠原清、『百万塔』、九号、五一頁（一九五九年）
山口昭次、『百万塔』、二四号、五頁（一九六七年）
（二）『続八尾町史』、二六四頁（一九七三年）
（三）吉田桂介、『民芸手帳』、第二〇号、一八頁（一九六〇年）

（四）『八尾町史』、三四七頁（一九六七年）

（五）高田長紀、『北陸産紙考』、下巻、九四頁（一九七八年）

（六）吉田桂介、『百万塔』、第四三号、三一頁（一九七七年）

# 第四章　加賀二俣紙の里（金沢市二俣町＝石川県・加賀）

## ―バブル経済崩壊後の伝統紙漉きのチャレンジ―



### 加賀二俣紙の里探訪ガイダンス

加賀の紙の歴史は白山信仰に結び付き、医王山麓で養老年間（七一七～二三）まで遡れるが、前田藩が遺した美術工芸の技術に関連した紙、特に金箔に関連する箔打紙や藩主一族の使う御料紙をつくる二俣（現・金沢市二俣町）が中心であった。

加賀百万石の美術工芸の文化は、京都のそれと競い、金箔の生産を一手に引き受けているのが金沢であることから、御料紙を漉く技術は金箔を打つ箔打紙に変わり、筆者が訪問した平成七（一九九五）年十二月には小松秀雄氏が一軒それ用の紙を漉きいておられた。同所にはまた、その伝統技術を踏まえて、坂本宗一郎氏が紙子用の紙、斉藤博氏が加賀和紙を漉くなど紙漉き技能を伝統工芸の極限に挑戦する紙漉きが活躍しておられた。

そのような技術的な挑戦は二俣に限らず、輪島市三井町には杉皮からの紙（能登仁行紙）と能美郡川北長にはガンピ紙を漉くところがある。このように特徴ある産地故に、戦時中風船爆弾用紙（気球）の産地の一つとなった。

それ故に石川県の手漉きの里はバラィティに富むが、やはり金沢の金箔の生産と密接に関係している二俣の里に箔打ち紙を漉く、当時の小松工房の探訪記を紹介したいと思った。ただ、残念ながら、小松秀雄氏も坂本宗一郎氏も鬼籍の人となってしまったが、その伝統技術と精神は残された家族に引継がれていると考えて、あえて金箔に関連した和紙技術、特に金箔打の中でも仕上げ用の紙の技術を採録した。

## はじめに

北陸の石川、福井、富山の三県はひとくくりにされて呼ばれることが多いが、こと紙に関しては、三県それぞれ氏も育ちも違う。越中和紙は薬包紙からのスタートで、民芸紙への着実な歩みをした。越前和紙は、わが国の和紙伝播の拠点として奉書、襖紙、そして大型の美術紙など、わが国のトップレベルの和紙の技術を育ててきた。

石川県は加賀前田家百万石の城下であったために、京都と同様、伝統工芸が集中しており、その製造の一端を紙が担っていた。そこで、工芸技術の陰の支援材料としての和紙というのが、同県の和紙の特徴といってもよいであろう。

しかしながら、石川県の紙漉きも数が少なくなった。二俣の紙漉き、小松秀雄氏（故人）の言によれば、訪問時、二俣では三軒、能登の輪島の南にある輪島市三井町に一軒（能登仁行紙）、金沢から南に下った能美郡の川北町に一軒（加賀雁反紙）あるのみであると話された。

最近、白山市吉野谷に市原紙が復活したと聞いている。このように、加賀の紙も退潮傾向にあったが、面談した手漉き職人は天職と心得て一途に精進していることが強く印象づけられた。

## 二俣紙の由来

二俣は金沢市に属している。近年、交通の便がよくなり、金沢大学が金沢城跡から郊外に移転したので、この二俣から大学までは、車で十五分の至近距離になったとは小松秀雄氏の弁であった。二俣は金沢市の東、直線距離にして約一五キロほどのところにある。かつて二俣は、田島町と並んで、紙漉きが密集していた紙漉き部落であった。

北陸の紙を詳述したものとしては、氷見の高田長紀氏の『北陸産紙考』（上下）（㈶紙の博物館）がある。高田氏は学校の先生であったが、同著の執筆調査には小松氏の家に二日ほど泊り込んで調査されたとのことである。また、久米康生氏の『加賀の紙』（雄松堂、一九八六年）がある。これらの調査資料が、この地区の紙漉きの歴史・現状を詳述したものとしては、最も詳しい資料であろう。

小松秀雄氏宅に置かれていた「紙の里二俣」というパンフレットによると、二俣の紙漉きの歴史は、今から千三百年ほど前の養老三（七一九）年、加賀の白山を開いた泰澄大師（六八二～

七六七）が医王山を開いたころから始まると伝えられている。医王山は金沢市の東方、富山県の県境にある標高九三九メートルの山で、天台密教の霊場として知られる。二俣、田島は、この医王山の山麓になることから、岡山四十八ヵ寺をはじめとする山麓一帯の寺院が使う紙を供給するために紙漉きが始まったと記されている。従って、最初の目的は写経、布教用の紙であった。

別の説では、本願寺の蓮如（一四一五〜一四九九）が来られた時に技術を伝えたというのもある。小松さんはいう。「蓮如は本願寺の五ヵ寺があったこの地には、生涯で二回きています。三十九歳の時と五十九歳です」

二俣とは医王山から発する東西の流れ、森下川と田島川がこの地で合流することから起こったといわれ、西礪波《となみ》郡福光を経て礪波、そして富山に至る交通の要所でもあった。

写経用紙が、御料紙に転じたのは、加賀藩主前田利家公の時代だという。「御料紙」とは藩主の公式の礼儀用紙、藩主一族が日常の生活に使用する紙のことである。（二）これは「御留紙」とも称し、藩庁で用いる「御用紙」は一般の商用に用いる「商い紙」と区別された。

この二俣が御料紙を漉き出したのは、文禄元（一五九二）年のことである。「紙の里二俣」にも明記されているのだが、それは高田氏の著書に論拠を置いている。（二）その出典は『御献上紙等御料紙由緒覚書』によっている。

それを手短に紹介すると、次のようである。天正十一（一五八三）年、二俣村の次郎右エ門という紙漉きが、紙草、つまりコウゾの買い出しに越中へ出かけたとき、佐々成政軍の動勢を察知して、これを加賀藩に通報した。また、越中軍の侵入に備えて、二俣近くの高峠と枇杷落に砦を築いた時に、次郎右エ門は村人とともに手伝いをしたので、利家公から紙肝煎（紙漉きの組合頭）として御料紙漉きを命じられた。それ以来、同家は三百年にわたって御料紙を納め続けたという。

文禄二（一五九三）年には紙肝煎が検印（斉藤博氏によると検印は坂本宗一郎氏の生家にあるという）を貰い、その出来具合をよく吟味して、押印するようになった。紙の種類は、大杉原紙、御書杉原紙、大奉書紙、中奉書紙、幅広杉原紙、五色延御書杉原紙、五色布目御書杉原紙、御所上包紙、上の上包紙などで、これは後年四十数種に及んだ。この時、乾し板として桧板七百枚を拝領している。この村の技術は優れていたものと見えて、正保三（一六四六）年には、富山藩から紙の技術を習得に来ている。また、藩主は寛永年間（一六二四〜四三）には第四代の藩主、安政三（一八五六）年には第十三代の藩主が、それぞれ視察に来られている。

このように、加賀の二俣の技術は高く評価され、加賀和紙といえば、古くから二俣、田島が代表的な産地とされている。

前田家の御料紙は当初は二十一種で、いずれも奉書、杉原紙である。それが時代とともに、次第に複雑多岐になり、元文三（一七三八）年には四十品目に及んでいる。二俣では、一般商紙は十三種類であったと伝えられている。

高田長紀氏の著作に従えば、加賀奉書は、越前系統の紙ではなく、美濃経由のものであるという。加賀奉書は越前鳥子とともに最高であったと『雍州府志』は記している。加賀奉書が令名を馳せていた証拠である。

この加賀奉書の伝統を当時死守されておられるのが、この二俣の斉藤博氏で、その情熱は敬服に値する。

なお、二俣は現在金沢市に合併され、金沢市二俣となっている。

図４－１　金銀箔打ち紙を造る小松秀雄氏の和紙工房は、二俣の紙の博物館でもあった。入口の右脇の階段を上がると、すばらしい紙のコレクションがあった。

## 旧二俣へのアプローチ

「加賀奉書の見学をアレンジしました」と連絡を受けた。当時の福井県工業技術センターの前田俊雄氏からであった。旧二俣訪問は福井県中小企業大学校主催の「和紙抄造の高度化技術」の講習会の講演の翌日で、平成七（一九九五）年十二月二日であった。

福井駅前のユアーズホテルというしゃれたホテルを出発したのは午前八時半、雨模様の天気のなかであった。

金沢市内を通るのを避けて、車は金沢東インターで降りた。JR北陸本線の金沢駅から高岡に向かって二つ目の森本駅を越えて、福光に至る国道304号線に沿って深谷温泉に向かって進み、それから宮野から川沿いに南下して旧二俣に至った。山間部に入り込んでいくという印象の中で、集落が見えたところが旧二俣であった。小松秀雄氏の紙漉き場に到着したのは、十時十分であった。

小松秀雄氏の紙漉き場への入り口には、「紙の博物館」と「小松和紙工房」の表示があった（図4—1）。

## 箔打ち紙

応接間にはかなりの和紙関連の蔵書があり、窓越しに見える広い和風の庭はよく手入れが出来ていた。

ここは専ら箔打ち紙を造っていた。金銀箔の生産は金沢に集中している。そのシェアは九五〜九六パーセント程度に達している。それ用の紙を造っているのである。

箔打ち紙は二種ある。第一の紙は「澄打紙《すみうちかみ》」と称する西の内紙。金箔を造るには地金をストレートに箔にするのではなく、「打上澄」、略して「澄」と称する箔の中間品まで最初に打つ。これ用の紙が澄打紙である。これはコウゾと実子《にんご》という稲ワラの穂先の繊維質を打ち潰して入れる。斉藤博氏のコメントでは、その割合はニンゴ一〇対コウゾ九〇の割合だそうだ。

図4－2　紙漉き風景を描く金箔の屏風を背にした小松秀雄氏。

「ニンゴとは何ですか」と問いかけたが、小松さんは方言で、稲の穂の下の硬くて細い部分を苛性ソーダで煮たものであるといわれた（図4―2）。コウゾ紙にシリカ植物である稲の穂で最も堅い部分を混ぜ、叩き延ばすのに有効にしているのである。

第二の紙は上澄を打つ仕上げ用の「箔打ち紙」である。これはガンピにクレーを入れる。クレーは名塩で産する特殊なクレーである。箔打ち紙をつくるところは、名塩（第九章参照）とこの二俣の小松さんのところだけである。従って、小松さんのつくる紙は金銀箔生産の要となっているのである。

この箔打ち紙の漉き場は後で見せて頂いたが、実にゆっくりと丁寧に漉いていた。漉き槽はクレーで白濁している。この時の粘剤はノリウツギである。まずガンピ繊維とクレーの懸濁液を少量、簀桁に汲み込む。手前から先端に向けて懸濁液を少しずつずらすように均一に桁の上に載せる。そして再び多く汲み込んで、ゆっくりと簀桁の地の部分（手前）を漉き槽にあてがうようにして上下に揺する。十五～二十秒揺すったのち、前方に徐々

図４－３　二俣箔打ち紙を漉く。ゆっくりと振り静かに漏水する。

に懸濁液を進めて、残液を簀桁の天（前方）から静かに捨てる。もう一度、同じ操作をして抄紙作業を終える。正味漉く時間はこの操作だけで一分を超える（図４―３）。速い動作は湿紙が剥けてしまって、製品が駄目になるのである。そのテンポのゆっくりしていること、漉き場は窓ガラス越しに見るようになっているが、自由に出入りは出来ないようになっていることも、他の漉きものの職場とは環境が異なっている。箔打ち紙としては異物が入らないように環境を工夫されているのである。箔打ち紙は極めて薄い。簀桁は二枚取りである。紙床に置いて、一枚一枚、後から取りやすいように糸を入れていく。

　この湿紙の乾燥はガラス窓を隔てた、小松紙工房の看板を掲げた入口を入った土間で行われていた。この乾燥土間でも一人の女性が乾燥作業をしていた。クレー入りの薄いガンピの湿紙は薄く、切れやすい。乾し板の両端に板が張られ、両面に二枚ずつ付けていく。

　これを室《むろ》にヨコ向きに立て掛けて入れて、二十分掛けて乾燥する。この室には、加温された空気が流れている。ガンピなので急速に乾燥すると皺になるので、ゆっくり乾燥する。天候に恵まれない北陸での乾燥は、こうでもしないと収まらない。「何度ですか」との問いに対して、小松さんは「時間で処理しているので、はっきりしたことは判りません」との返事であった。摂氏六十～七十度ぐらいではなかろうかと推測した。

小松さんのところでは紙漉きに従事しておられるのは四人。乾燥に一人、漉くのは、小松さん夫婦。ガンピの内皮だけを取るために、白皮を削る人が一人である。白皮取りの作業は一部岐阜県美濃でも行って貰っているという。かつては旧川北村（金沢市北部、今は金沢市に編入された）に三軒あったが、今はないということであった。

小松さんのところの紙の生産は打ち紙が九〇パーセント、加賀奉書が残りの一〇パーセントで、殆どが打ち紙である。

「ここでも、大正三（一九一四）年までは奉書を主に漉いていました。この奉書も段々安い機械漉きに押されて手漉きの奉書は高くて売れないのです。昭和十三（一九三八）年までは、津山のような箔合紙を漉きました。昭和二十三（一九四八）年からガンピの箔打ち紙に転じました。今では、小学生の卒業証書も造っています」

## バブル後の不況

二俣村は終戦直後は百六十軒あった部落の中で、紙を漉いていた家は百軒あまりあった。それが昭和三十（一九五五）年頃になると、四軒になった。そして、訪問時では坂本宗一郎氏と斉藤博氏とここ小松秀雄氏のところと、合わせて三軒になってしまった。坂本氏のところは紙布、斉藤氏のところは加賀和紙である。

加賀和紙も不況の影響をまともに被っている。

「福井のように、民芸紙的なものは不況に強いですよ。あの地域は時代を先取りしているという感じです。金箔は仏壇、屏風に用いられ、小片は最近では、お酒などにも入れられています。箔自体は、潜在需要はあるのですが、機械漉きの硫酸紙を用いたものが、安い箔用として造られていますが、この紙では金の延びが悪く、風合いがないのです。トロッとした感じで、トケがないのです。光沢もガサガサした感じで、風格がありません。仏壇などに使った場合でも、光沢に深さがありません。職人だけでなく、見る人が見ればはっきり判ります」

手抜きの箔打ち紙としての硫酸紙が幅を利かせるようになると、手漉きの箔打ち紙は駆逐されていく。硫酸紙を用いて、機械で延展した箔は「断ち切りの箔」と称して安物の仏壇や屏風などの修飾品として使用する。この種の箔は千枚を重ねて包丁で周辺を切り落とす。一方、手漉きの紙で延展した箔は「縁付けの箔」と呼称し、箔の周辺を井型の竹ヒラで一枚一枚切り落とす。

この箔打ち紙の原料はガンピである。ガンピは十月から翌年の三月までの間に山へ取りに行く。このガンピは専ら冬の作業用の原料である。夏場はコウゾ、ミツマタを原料として紙を漉く。ガンピの北限は粟津温泉辺りだと小松さんは言われた。当時、ガンピは主に美濃市の原料問屋から入手していた。

加賀奉書のコウゾは、那須白皮コウゾと高知六分コウゾを用い、加賀ではこれを「真《ま》コウゾ」と呼ぶという。これは斉藤博氏のコメントであった。

「蒸解薬品は現在は炭酸ソーダを用いていますが、それまでは木灰を使っていました」

木灰では青スギ、ヨモギ、ソバ桿、木草灰を用いると斉藤博氏は筆者の本書粗稿に注釈を付けて下さった。

「この蒸解薬品はコウゾでもガンピでも同じです。このような灰を用いていたのは昭和二十五～六（一九五〇～五一）年までです。その後は、コウゾの黒皮を苛性ソーダで直接煮熟する方法になりました。この方法で障子紙を漉いたりしていました」

更に小松さんは続ける。話は、再び箔打ち紙の話に戻る。

「一グラムの金はガンピの打ち紙では〇・八平米まで延びるのですが、これに少量のミツマタでも混ぜては延びがでません。箔打ち紙は六枚取りで三〇〇枚、つまり一八センチ×一八センチの大きさのもので一八〇〇枚で十万円したとしますと、その加工費は二倍の二十万円もするのです。加工は灰のアクを染み込ませたり、卵白を塗ったりします。このようにした紙を『間々紙』というのですが、オマンマが食べられるような紙のように解釈されたりしています。この間々紙は、従って、三十万円で取引されることになるのです」

## 二俣の紙漉きの現状

二俣の紙漉きについては後で、他の紙漉きの家を訪問した。

坂本宗一郎さんと斉藤博さんである。小松さんは紙漉き仲間では燻銀的な存在であったが、この二人の紙漉きは、世間にはかなり華やかな存在として映っていた。

坂本さんは亡くなるまで執念を持って紙子、紙布に挑戦し続けた。訪問時、宗一郎さんは、ご子息秋央さんともども紙を漉いて、その後ご自分で加工もやっていた。二十年位前は二人ほど人を雇っていたこともあったと聞くが、その時は、家族だけの仕事となっていた。

斉藤博さんは、坂本宗一郎さんに師事して、越前鳥の子紙と並ぶ最高の加賀奉書を漉くということに情熱を持って努力されておられた。御養子さんが来て、後継者が出来た。加賀友禅の模様付けを漉き合わせで行った新しい加飾紙を始めていた。斉藤さんは、この種の紙を民芸紙ということを嫌っておられた。単なる民芸紙でなく、意気込みのある紙であると考えられていた。

この二人は小松さんの家からほど遠くないところに住まわれていた。

ところで、ここで度々出てくる加賀奉書については、地元での調査を小松さんは次のように述べられた。

「加賀奉書に関しては、小笠原さんという方が盛んに調べられておりました。この方は朝日新聞社の記者として出発されて、後に金沢市内の博物館の主任をなさった人です。昔からの製法を聞きに参りました。その調査結果は文化庁と石川県に提出されていると思います」

加賀の紙の歴史については、高田長紀氏やこの小笠原さんというような郷土史家がそれぞれかなり調べられておられるようだ。

二俣以外の地域では、どのようになっているのか。

「輪島市三井町仁行の遠見周作さんが、戦後杉皮紙・ササ紙などを始めました。ミョウガの皮などを入れた紙なども造っておりました。最近亡くなられたと聞いています」

遠見さんは、息子さんの奥さん京美さんが後継者になり、そのお子さんも和紙の道に入られていると、斉藤氏から聞いていた。平成六（一九九四）年には、能登和紙体験ハウスあすなろがオープンしたという。更に、能登半島には漉き場が残っている。

「能美郡川北町には以前は三軒あり、今も一軒残っています。ここは百五十年前に名塩から技術を習って箔打ち紙やガンピ紙を造っていました。ガンピ紙は西陣織の金銀糸の台紙になるものです。金沢市の田島町には冬季だけ漉く家があります。ここは箔打ち紙のなかでも澄打ち紙で、コウゾとニンゴからの紙です。一カ月か二カ月の短期間で、箔屋の必要量しか造っていません」

この小松氏の話に対して、斉藤博氏は川北での漉き手は加藤健一・瞳ご夫妻で、紙漉き二人、塵取り三人、乾燥一人で箔打ち紙を造っていると教示して下さった。加藤氏の箔打ち紙は名塩の先代の馬場孝良氏のそれと並んで優れたものであると語られた。馬場氏は、その技術に対して、平成七（一九九五）年十月六日に第四回日本紙アカデミー賞を受賞されておられる。

## 旧二俣の「紙の博物館」

小松さんに案内されて、漉き場の脇の階段を上った。二階は広々とした展示場となっていた。部屋は二室に分かれ、階段を上がった直ぐ側の部屋は福井の和紙研究家・前川新一氏の作成になる『和紙文化史年表』[三]や大きなパピルス紙などが展示されていた。ここは商品の展示もある。

その奥に紙の博物館と称する、小松さんのコレクションになる紙製品がズラリと並べられていた。昔からの紙幣、古文書、紙の漆工芸品、紙漉きを描いた屏風、ビルマ、タイの仏典、紙布、タパ、パピルスなど。大正天皇が北陸地域に行幸されたときに献上された紙の残り（御献上余紙）の杉原紙、気球紙と称する風船爆弾原紙などは特に珍しい。四周の壁と中央の長い陳列棚にガラス越しに様々な展示物が眺められる。天井には福井の今立町（当時、現越前市）から特別車で運んだという世界最大の紙・平成大紙である。加賀奉書に書かれた古文書は貴重な資料である。花押しの図柄も鮮やかである。

「御料紙を先祖は古くから漉いてきましたから、古文書は色々残っていました。二十四、五年前（訪問時から数えて）から本格的にコレクションにかかりました。収集していると、骨董業者が黙っていても持ってくることが多いのです」

裏日本には本格的な和紙の展示場が多い。八尾の吉田桂介氏がコレクションされた桂樹舎、鳥取の青谷の塩義郎氏の博物館、そして人間国宝だった安部栄四郎氏の記念博物館などは広く知られているのだが、旧二俣の小松秀雄氏のコレクションはあまり知られていない。どうやら目録などを整備するには至っていないようであるが、加賀ならではのものもあり、一見の価値のある展示である。

小松さんが当時、情熱をもって推進しようとしていたのが、ニュージーランドとの国際和紙文化交流会の実現であった。人口三万ほどのワカタニ市との交流であり、訪問した一九九五年の十月に会が発足していた。

## 紙布と加賀奉書の神髄

小松さんに連れられて、旧二俣で紙漉きを続ける二軒の家を訪問した。まさに向こう三軒両隣的な軒並みで、川の近くに両家はあった。小松さんの家を出ると、五〇メートルほどのところに川が流れている。この川は豊吉川で、この二俣で二つの川が合流して、森下川になるという。一本の川は医王山から流れ、もう一本の上流は紙漉きの部落がある田島町である。

坂本宗一郎氏のお宅は、この川の縁に面していた。橋の直ぐ脇であった。訪問したときは、紙漉きは休んでいるようであった。

「体調が悪いので紙漉きは休んでいます。ここに私のことを書いた雑誌があり、二部ありますので、お持ち下さい」と言われて、『ＰＡＵＳＥ』という雑誌の二十八巻を下さった。

それは日本債券信用銀行が発刊されている一九九五年十二月号、つまり近刊雑誌である。[二] 同冊子によると、坂本宗一郎氏は東京の商社に勤めた後、郷里の二俣に帰り、紙漉きを始め、紙子に魅せられて、専念された。紙子の帯などを始めた動機、そしてその後の展開と紙子への執念を燃やした同氏の姿が描かれていた。

次は、斉藤博氏のところである。同氏の家も川の側であった。坂本氏の家からは一〇〇メートルほどのところ。橋を境にして川が大きく湾曲し、大きな弧を描いて流れているのだが、その孤の縁にあるという佇まいであった。柳橋真氏の『和紙』[四] によると、斉藤氏は坂本氏に紙漉きの手ほどきを受けたとある。

訪問した時、斉藤博氏はご不在で、ご子息が対応された。ご子息は、コウゾの加飾紙の工程を説明してくださった。斉藤さんはコウゾ紙に高付加価値を付ける意味で、加賀友禅の模様を漉き合わせで造られていた。加賀友禅の花岡真氏とデザインの小林秀明氏の指導によるものであるという。コウゾは高知県産の六分晒しのコウゾを使い、数回の漉き合わせを加味しての作品であった。伝統工芸の加賀友禅を紙に応用しようという、新たな工芸品創造への試みがなされていた。最高品質の加賀和紙を意欲的に造ることを目標として来た斉藤博氏のチャレンジであった。

「料紙に字を書くとき、字に負けない紙を造らなければなりません。加賀友禅のお店で取引するには、その友禅染めの柄に合わせねばなりません。私の家では、父が加賀奉書、私が、この新しい工芸紙を造っています。総て家族での作業です。自分のところの食い扶持だけの米作の作業がありますが、専ら紙漉きです。このハガキにしても、三回も漉き合わせしなければなりません」

そんな説明を受けているときに、斉藤博氏が帰って来られた。

作業場は、漉き合わせ用のいくつもの簀桁が漉き槽の上に乗せられていた。

「加賀和紙の原料は専らコウゾです。高知産の六分晒しとかいう黒皮を取り除いた上等品、那須コウゾ、そして自分の家で栽培したコウゾです。私はタイコウゾのような輸入品は絶対に用いいません。輸入品を使うのなら、紙漉きを辞めた方がよいと思っています」

斉藤さんの紙との出会いは、越前の先代（八代）岩野市兵衛氏であった。産地の紙は、伝えられる技とその土地の原料と水で出来ると教えられ、紙漉きを天職と考えた。先代は斉藤さんにまず原料のコウゾから勉強するように奨められた。斉藤さんの原料へのこだわりは、ここに由来すると言えるのではないか。加賀の紙の原料は加賀のコウゾ、真コウゾを用いる。斉藤さんは原料ばかりか処理、漉き方にもこだわりをもって加賀和紙のよさを後世に伝えることに全力投球をされて来られた。

「コウゾはソーダ灰か、注文があれば、木灰でも煮ます。木灰のときは絶対に那須コウゾかこの土地のコウゾです。那須コウゾは、文化財の修復用紙の原料です。この種の表具用紙を造っているのは全国でも五、六人しかいません。今、金沢に表具を見直そうという会が発足しました。表具用紙には、薄美濃紙と呼ばれる薄い紙があります。この紙は流し漉きで造ると、簀桁の天の縁、つまり向こう側がどうしても厚くなります。そこで、耳は二センチほど切り取ります。この耳を何ミリ切り取り幅を小さくすることが出来るかというのが技術の差です。均一に漉けていれば、この耳の幅は小さくなります。年を取ると腕の左右の力のバランスから、普通の人では、特に七十歳過ぎると、左側の縁が厚くなる傾向があるのです。いいものを造るということは、高価な紙になるということです。

今、那須コウゾは十貫目が二十万円です。原料が高いから、どうしても高くなるのです。加賀コウゾで造った加賀和紙の厚いものは、大学の表彰状用紙、漢字やカナの書の紙、襖用紙などです。用途によって厚さは色々です。薄い紙の時は、厚みが違わないように漉き分けることが大切な技術だと思っています」

図４－４　現代の最高水準の紙を残すという目的で製作されている「日本の紙」

斉藤さんは、加賀和紙の神髄は何かということを事も無げに話してくれた。薄ものでも均一な紙、厚さむらのない紙。これが表具用紙には不可欠であるというのである。人間の力のアンバランスと漉くときの繊維懸濁液の流れの方向性などによるアンバランス。これが紙の均一性に大きく影響を与えるというのであるが、これは科学の理に合っている。これを勘で体得したものが職人芸であり、技量、技能である。

「現在、美濃で修行している長谷川君というのがいます。彼は金沢大学の工学部を出て、ここで一年修行し、更に美濃の亡くなった古田行三氏のところで、三年修行して、この分野に入ってきています。最近の文化財補修用の美濃紙と称するものでも木材パルプが一～二割ほど入ったものが出回っています。このような混ぜもののない純コウゾだけの本物を流通させるように、古田さんは京都の宇佐見さんとか山田さんなどと直接取引するルートを開きました。このような混ぜもののない紙を流通させようと今、努めているところです」

「薄い紙は那須コウゾでないと駄目です。高知産のコウゾは薄ものには適しません。いい紙を残すということを宮内庁の吉野さん、国立博物館の半田さん、そして金沢美大の柳橋さん、書家の竹田悦堂さん、日本画の林功、桑原さんなどと行っています。『日本の紙』という紙のシリーズを作っています（図4―4）。これは紙漉きがシリーズで自分の代表作品を五部本の形で残そうという運動です。第一回が漉き手として新潟の小林さん、加賀の加藤さんと私の三人、第二回目が高知の尾崎さん、第三回目が奈良の福西さん、第四回目が島根の久保田さん、第五回目が美濃の古田さん、そして第六回目が私、斉藤です。これは企画を石渡千秋氏が行い、装幀を大柳久栄さんがやってくれました。私のものはキハダで染めた紙、藍で染めた紙、古代紙と称してコウゾを醗酵させて造った紙などを収録しています。この本は最後には東京の博物館に収録されるとの企画です」

見せて頂いた斉藤さんのこの本は、友禅模様の表紙であった。

斉藤さんは理念を同じくする上記の三人の漉き手仲間と現在造られている最高の紙を造り、その紙の各分野の使い手、打ち紙、加工、漆工芸、紅型染め、書道、洋画、水墨画、墨彩画、紙布、日本画、版画、表具、型彫りなど、三十名の仲間に送り、その評価を求めている。

それればかりではない。古筆学研究所長（当時）の小松茂美博士他二千名の古筆研究会員へ九年間にわたり案内状を出し、古筆の立場からの紙質へのコメントを頂き続けた。

斉藤さんは加賀和紙を最高の紙とするべく、ひたむきに探求されていた。しかし、漉き手としては原料、人件費の高騰と戦い、良心的なよいものを残す志と現実の厳しさに苦戦を強いられている。このようなときに励ましとなるのは同好の士、仲間造りである。

斉藤さんは十二匠展に参画していた。十二匠とは岩野市兵衛、岩野平三郎、坂本宗一郎、斉藤博、古田行三、遠藤忠雄、久保田昌太郎、久保田保一、中村元、成子ちか、沼井淳弘、吉田桂介の著名な紙漉きのメンバーである。このメンバーで、昭和五十二（一九七七）年より日本橋三越本店で年一回、これまで十五年間にわたって展示会を行ってきた。また、北は北海道から、南は福岡までの各地のデパートで、十数回の展示も合わせて行ってきた。

前田さんに促されて、斉藤さんのところを出たのは午後二時を過ぎていた。外では雨が激しくなっていた。

## おわりに（二俣での印象）

二俣で会った三軒の紙漉きは、それぞれ紙に対するコンセプト、信念がそれぞれ違っていることを痛感した。小松さんは、金箔用の打ち紙という用途がはっきりしていて、そのニーズが明確な中で、数量的にも限られてはいるが、着実な生産体制を取ることで安定した経営下にあるように見受けられた。そして、紙の愛好者の層を少しでも拡げることをモットーに、紙のコレクションを開放して、紙の博物館を開設し、同時に、国際交流へと手を伸ばしていた。

坂本さんや斉藤さんは、ひたむきに和紙に入れ込み、紙にこだわりを持っておられた。今回の訪問では、坂本さんの話は直接拝聴する機会はなかったが、斉藤さんの加賀和紙に対する意気込みは厳しいものを感じた。いい原料で、いい紙を造るという人間国宝だった先代岩野市兵衛氏の思想を、そのまま受け入れて、ひたむきに進んできた。最高の紙を造り、その理解者を求めて努力している様をこの旧二俣で見た。しかし、作業現場は清貧に甘んずるものを感じた。

いい原料で理想の紙を造る、手漉き和紙とはそうあらねばならないという思想はラスキン、モリスの思想に影響された民芸運動の提唱者柳宗悦や壽岳文章の諸先生、そして柳橋真氏らの提唱する指導思想ではあるが、現実には経済性という巨大な壁が前途を大きく阻害している。斉藤さんの加賀和紙へのこだわりも、コストの厳しさが清貧に甘んずることを余儀なくしているような印象を受けた。

有り難いことに、こだわりでこの世界に飛び込んでくる後継者もいる。

だが、二十一世紀にはまた、新しい指導理念の提示が必要であると思う。手以上の精密さと頭脳よりも速い回転のコンピューター技術の進歩があるからである。手とコンピューターとのコンビネーションした新たなる技術が出てくると思うからである。

和紙の世界は多様である。それぞれの経営理念で円滑な生計が営めるような社会が二十一世紀に来ることを念願している。

（平成八（一九九六）年二月十八日記）

## 参考文献


(一) 高田長紀、『北陸産紙考』(下)、一六三〜一九五頁、紙の博物館 (一九七八)
(二) 坂本宗一郎、PAUSE、Vol 二八、『わが道この道、加賀に紙衣の伝統が生まれるとき』、八〜一一頁 (一九五五、十二)
(三) 前川新一、『和紙文化史年表』、思文閣出版 (一九九八)
(四) 柳橋眞『和紙　風土・歴史・技法』、六六頁、講談社 (一九八一)

# 第五章　越前和紙の里（越前市＝福井県・越前）



## 越前和紙の里探訪ガイダンス

全国にあまたある和紙の里の中でただ一つ選ぶとすれば、筆者は第一に越前和紙の里を推したい。その理由は越前の「生漉き奉書」人間国宝の九代岩野市兵衛氏、岡大紙の伝統の大型の紙を漉き、「打ち雲」、「飛び雲」などの模様漉きをする三代岩野平三郎氏、墨流しの技術を持つ福田忠雄氏など職人の構成は層の厚いことである。本来越前和紙は襖紙を狙った加工紙が基本であったが、美術工芸の基底となる素材として技術を磨き上げてきたのである。

更に、紙漉き場の風物を楽しむとすれば、岡太神社から山道をさかのぼれば、川上御前の伝説を垣間見て、紙の起源を訪ねることになり、和紙技術を総花的に見学し、体験するには和紙の里会館、パピルス館、最近は卯立の工芸館、更にいまだて工芸館に立ち寄るのがよいであろう。越前和紙は美術工芸との連携で、その拡がりは国内だけでなく、国外に及び、工芸の世界に至っては古典伝統から現在の潮流まで及んでいる。

明治政府は紙幣の発行に越前の藩札の技術を導入した関係で、財務省印刷局にその技術が影響を残している。

筆者は、この和紙の里についてこれまで、本章の他に色々と紹介してきている（参考文献（六）～（九））が、ここでは九代目岩野市兵衛氏の生漉き奉書に取り組まれている真摯なお姿とその信念を紹介することにした。訪問の記事は平成七（一九九五）年二月で、九代目市兵衛氏はまだ人間国宝の資格を授与されていない時であったが、その時からすでに二十年を経過している現在も、同氏の説くところは先代の教えをただひたすら守り通しており、その説明もほとんど変わりなく、真の紙漉き職人であるとの印象を心に焼き付いている。

## 越前和紙の新しい方向

福井県旧今立町で造られる越前和紙は和紙中の和紙である。わが国を代表する和紙である。今立町は平成十七（二〇〇五）年に武生市と合併して越前市となった。わが国の和紙の産地はこの越前市から技術を伝播されたところが多い。北から眺めると、青森県の弘前紙、宮城県の白石紙、栃木県の那須紙、石川県の加賀紙、岐阜県の美濃紙、大阪府の和泉紙、兵庫県の名塩紙、島根県の出雲紙、愛媛県の大洲紙、徳島県の阿波紙、福岡県の八女紙、佐賀県及び長崎県の肥前紙、熊本県の肥後紙などである。現在、和紙の産地とされているところはあらかた入る。

越前和紙の発祥伝説、川上御前を渡来人と仮定すれば、わが国の和紙の伝播経路の図式が明らかになる。越の国に渡来人のあったことは、例えば、『日本書紀』に「意富加羅国《おおからのくに》の王の子《こしき》」とする都怒我阿羅斯等《つぬがあらひと》が越の笥飯浦《けひのうら》（現在の福井県敦賀市）に来着した伝承があることで判る。

このように、越前和紙は、わが国に和紙の伝播に関して大きな影響を持っているだけに海外交流も活発である。

一方、旧今立町では訪問時美術工芸への指向と観光としての町造りの様相を強めていた。具体例をあげれば、「越前和紙を愛する今立の会」を設立し、機関誌「和紙の里」を発刊している。

その活発な活動のために、筆者はここを訪れる毎に新しい様相が変っているのを痛感する。加えて、重要無形文化財に指定されている越前奉書の秘技を見ることは楽しい。今回は珍しく雪の今立を訪れた。平成七（一九九五）年二月七日。いつもと同じく福井県工業技術センターの和紙担当の研究者・前田俊雄氏（当時）に案内して頂いた。

県道４７１号線から旧今立町近くになり、雪で白くなった三里山が眼前に現れると、「和紙の里」と共に「越前漆器」、「めがねの里」という表示が目に付く。雪の白さで、この標識がくっきりとしている。福井市内を十三時三十分に出たのであるから、四十分ほどの時間距離であった。そして、「漆器の里」である河和田に別れを告げると、もう旧今立町である。

前田さんは車をパピルス館の前に止めようとされたが、時間が限られていたので、和紙の里会館を選んだ。

越前和紙の指標は、県内の工芸品と結び、また、広く観光客の訪れを期待できるような町造りを指向していることが読みとれる。

## 和紙の里会館の展示の変化

限られた時間としては、和紙の里会館の方に興味があった。前田さんに頼んで、車を会館の方に向けて貰う。展示内容からいま今立が和紙をどのような方向にもっていこうとしているか、展示から眺めようと思ったからである。

会館の売店の前で、第三代の当時の館長・武安正行氏とお会いした。

武安館長はいわれた。「一階の展示は、越前和紙の歴史の展示ですから変えていません。二階の展示をいつも変えています」といわれ、率先して案内して下さった。

階段を上った右手が越前和紙の技法の展示で、これから訪れる岩野市兵衛氏の越前奉書の工程、岩野平三郎氏の打雲・飛雲・水玉などの漉き模様、山崎吉左右衛門氏の檀紙、山田幸一氏の墨流しなどのプロセスの紹介があった。また、器具では流し漉き、溜漉き用のものが、ガラスケースの前に置かれていた。

武安館長は、越前奉書の工程図を見ながら話された。

「岩野市兵衛さんはコウゾ部会を担当しています」

二階の奥には、越前和紙の当時の国際交流の展開の写真が飾ってあった。フィリピンと和紙原料の栽培などで、アキノ前大統領との交流、フランスのランデルノ市との姉妹都市関係の締結などが明示されていた。

越前和紙の国際進出は活発だとの印象を持って眺めていた。
前田さんが筆者を急がせた。今回予定した岩野市兵衛氏宅の訪問が遅くなるので気をもまれていたのである。

## 越前奉書は原料の選別から

大滝神社の一の鳥居は今までとは違って少し黒ずんだ赤に塗り変わっていた。この辺は雪が多い。

和紙工業組合の事務所、協同組合の理事長（当時）・石川満夫氏の工場を通り、三田村家の前の細道を山手に上った。岩野平三郎氏の工場は一本奥の道にある。昔の道であるので、狭い。道の脇には、小川が流れている。雪があり、狭いので、車は馴れていないと運転しづらい。三〇〇メートルほど上ったところで、奥の方に入っていった。山手の中腹に今回訪問目的の目的の岩野市兵衛氏の家があった。丁度午後三時であった。折しも煮熟作業しておられたご子息が「市兵衛さんは奥で仕事をしている」と教えてくれた。

岩野市兵衛氏の家は、作業場は三つにわかれている。漉き場・乾燥場と原料の煮熟場、そして、塵選りの場、それに水槽を挟んで住居である。住居では、紙の選別などが行われる。

訪れたとき、九代目岩野市兵衛氏は紙の輸送をするために梱包されておられた。その作業は片時も手を休めず、こちらの訪問の目的を尋ねられた。

「今日は紙漉きの作業はやっていませんよ」と冒頭に言われた。これは予め前田さんが電話で確認されておられたので、予期していたことであった。

岩野市兵衛氏の作業は週末の木金土の曜日が紙漉きである。一家四人で作業に当たっている。他からの手伝いはない。品質保持のために、他人の手は借りないのである。

## 原料の煮熟

梱包作業がひとまず終えると、作業手順を細かに説明して下さった。

「伝統的な紙は採算がとれないんです」と奉書造りの苦しさを真っ先に吐露された。

「原料は茨城で産するコウゾの白皮です。これは一貫目が一万八千円から二万円もするのです。しかし、それもこの通り、使いものにならないものが多いのです」

示された選別された屑は、コウゾの先端の細いところで黒皮が付いていた。もう一つは幅は広いが、大きな穴が所々に開いていていた。伝統的な越前奉書は、まず原料の選別から始まることを教示された。粗悪な原料は徹底的に選り分けるというのが市兵衛さんの奉書の基本である。

「茨城の段々畑で作るのですが、栽培する人が高いところまで行かずに芽吹き取りをおろそかにしているのでしょうか。そこで脇芽が出て、穴が開くのです。手入れが悪いのです。作業に手抜きは禁物です」

越前奉書造りは手抜きを知らない。そこにいい紙ができる原因がある。

原料の品質の話になる。

「日本産のコウゾは外国産のものより優れています。それは漆と同じです。四季があるために柔らかなものができるのです。タイやラオスのコウゾはヤニがあり、アクがあるのです。日本のものはしなやかで優しいのです」

選別した那須コウゾの白皮は一昼夜水に浸漬する。「煮熟は一回が八貫目、金額では十六万円もするのです」といわれた。原料四貫目を一丸と呼ぶ。

煮熟は釜を使う。釜はレンガ造りの炉の上に載せられている。原料に対してソーダ灰一二パーセント（対乾燥重量）を添加する。四時間煮沸するが、その間に三回裏返しにする。つまり、五十分毎にひっくり返すのである。沸騰するまでは、木の棒を入れてわき上がりを助ける。ひっくり返すのには熊手を用いる。原料が沸騰して浮き上がらないように木の棒を三本釜の上部に渡して押さえる。とにかくむらに煮熟が起こらないように最大の注意を払っているのである。息子さんが時々かき混ぜたりしている。

煮熟が終えると、釜に板の蓋をして一時間半から二時間そのまま蒸す。そのあとで釜から炊きあげた原料を引き上げる。これは桶に入れるのであるが、その桶には穴が開けてある。ソーダ灰の液が釜に入るようになっているのだ。引き上げるのには熊手を使う。このように古材を使い、時間をかけて丁寧にむらなく煮熟するのであるが、とにかくむらのないように煮熟中に三回もひっくり返し、労を厭わないというのが家伝である。

「最低の薬品で原料の繊維を傷めないように煮熟するという伝統技法を守っています」

伝統の技法は原料を選別し、できるだけ少量の薬品で繊維を傷めないように処理することからなっている。

「草木灰で行う時もあります。それには八貫目の原料に対して六〇パーセント、つまり、五貫目の草灰を用いてアク、即ちアルカリ分を取り出して煮るのですが、現在は草木灰を造る人がいないのです」

草木灰はソバ、ヨモギの灰である。これを下の方にコックを付けた桶にまず杉の葉を置く。その上にモミ殻を層状に置き、その上に草木灰を入れて、ソウケと称するザル、場合によっては、防虫網を通して熱湯を注ぐ。これらの網を用いるのは、灰の舞い上がりを防止するためである。草木灰はもうもうとなり、沸騰状態みたいになって湯が浸透していくが、コック（栓パイプ、栓パイプのことをノギという）を開けると、まず黒いアク汁が出てきて段々と薄くなり、最後に薄口醤油位の色になる。注ぐ湯は釜に入れてある白皮繊維の上五分位になる水量である。

さて、ここで引き上げた煮熟原料は機械漉きの古毛布を被せて水分の蒸発を防ぐ。以前は南京袋を用いていたが、現在は機械漉きがこの地域にも蔓延しているので、その毛布の方が入手しやすいのであろう。道具にも時代の変遷を感じさせる。

　このようにして貯蔵しておいたコウゾパルプは必要量アク抜きを行う。

## インスタント奉書

次が「塵取り」であるが、この辺では「塵選り」というのが普通である。この選別作業を岩野家ではキヨリと呼ぶ。「浄めて選る」の簡略化であろうが、これを訛って「キュウリする」という。

　このキヨリはお住まいと水槽を隔てた作業場で行う。この作業場は同家では「川小屋」と呼んでいる。キヨリのための水が常に流れている小屋だからだ。作業場には座敷とその前に水が流れている流し、その先に選り終えた原料を置く台がある。作業は背を屈めて、水の中にザルを置き、その中に原料を入れ、水中で一本一本表と裏を返して異物、結束繊維などを取り除く。この作業は二回別の人にバトンタッチして繰り返される。筆者は、このような塵選り

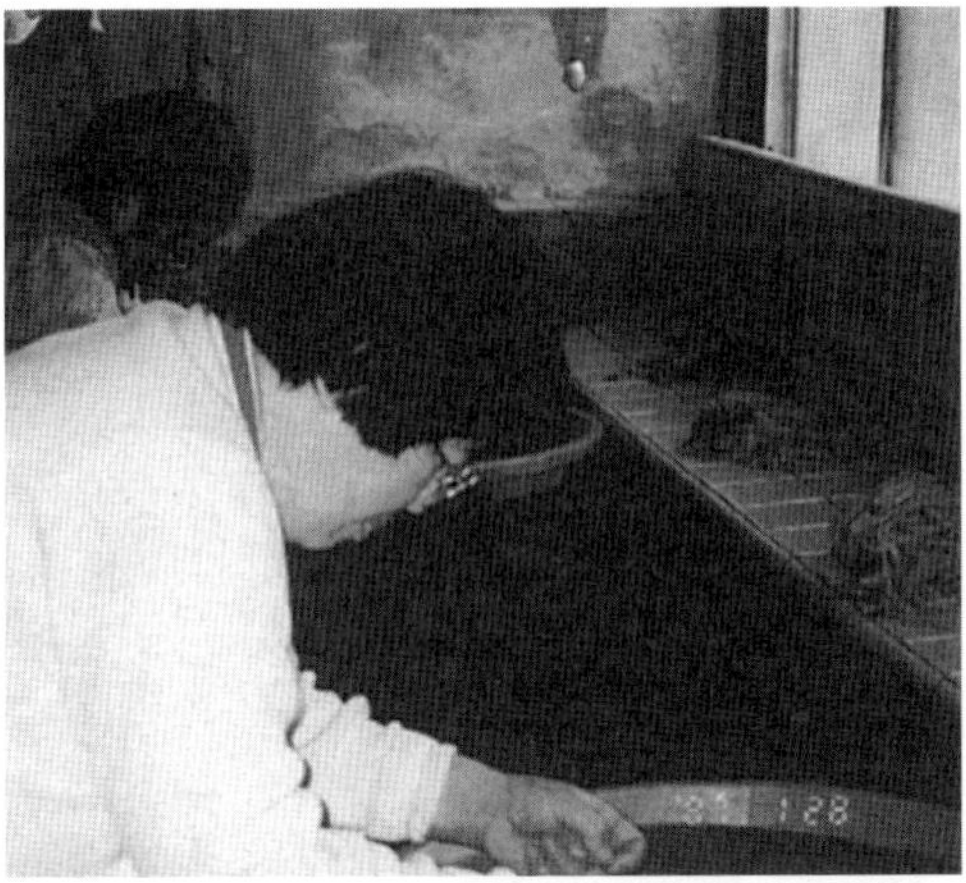

図５－１　念には念を入れる塵選り作業

は、色々見ているが、これほど入念な塵選りは初めてである。

訪れた時は、市兵衛さんのお母さんと奥さんが黙々と作業していた。唯一の楽しみはラジオである。ラジオを聴きながら、また二人で会話しながら、作業を進めるのである。水は湧き水が栓をひねると出るようになっていた。

「この場所には四人の座席がしつらえてあります。お母さん、奥さん、市兵衛さん、そして息子さんの順に並んでいます」といわれた。なるほど、座布団は四つあった。

女性はもっぱら塵選りであるが、奥さんは紙漉きもやられる。

「コウゾを苛性ソーダか次亜硫酸ソーダで煮熟し、晒し粉で晒すと、原料は真っ白になるのです。そうすると異物も除去できてきます。とにかく極めて粗いものだけが残ります。それを取ってやると、きれいなものができます。それでは白くなりすぎるので、今度は着色して色合いを加減します。このようにすれば手抜きした奉書ができます。〝インスタント奉書〟です」

インスタント奉書は外見では一見区別が出来にくいが、時期が来ると、化けの皮が剥がれる。長期の使用に耐えないのである。

「大量生産できないから駄目だとの批判をよく頂きます。手造りですから、私の方法では量産は出来ません。しかし、きつい薬品を用いれば、コウゾの中のデンプン質は洗い出され、薬品はいくら洗っても完全に除去することは出来ません。苛性ソーダと晒し粉は僅かかも知れませんが、残ります。従って、何年かあとには木版画に斑点が出るなどの故障が起こります」

強い薬品を使えば、コウゾの中のヘミセルロースは除去され、またセルロース繊維も重合度が低下する。市兵衛さんがデンプン質といったのは、ヘミセルロースのことである。斑点はフォックスという。狐の足跡みたいな形をしているからであろう。

市兵衛さんの方法は、アルカリ性の弱いソーダ灰を出来るだけ少なくし、ヘミセルロースは水洗いをよくして溶出するようにしている。そのために塵選りの作業が時間がかかるし、また丁寧に行う必要があるのである。

その座席の後ろにはトロロアオイの貯蔵庫があった。このトロロアオイの保存にも細心の注意が払われている。

クレゾール（ピケオールというのが商品名）は赤っぽくなるから使用しない。硫酸銅とホルマリンの混合物が防腐剤である。トロロアオイの値十貫目に対して硫酸銅七匁とホルマリン四合と水でトロロアオイが浸るまで加える。この作業は原料が入荷した十月に行う。暖かくなった四月以降入れ替える。この薬品は年四回くらい入れ替える。

「硫酸銅は薄目にしないと粘剤の効きが悪いのです。粘剤がギューとしまってしまうのです」。トロロアオイの粘剤は多糖類が三次的な網目構造を取るために粘度が上がるのであるが、金属イオンが介在すると網目構造が造り難くなるとの学説が一般的である。

## 軟水で造られた紙

　ここで塵選りの作業場を出て、漉き場へ移った。漉き場には叩解のためのケヤキの板とカシの棒を見せて下さった。板は一メートル×〇・五メートル位の大きさのケヤキの分厚い板である。カシの棒は長方形の部分でコウゾを叩くのである。バレーボール大のサイズのチリを取った原料の玉三箇分を腕力なら一時間半から二時間打つのである。現在はナギナタビーターの助力を借りているので、二十分の叩解で十分である。

「この繊維が一本一本割れて抜けるようになるまで叩かないといけないのです」

　市兵衛さんは少量の原料を取り出して実際に叩き、その叩いたものから一本の繊維をすーっと抜いて見せてくれた。

図5－2　大きな樫の木の棒で入念に叩解する

「コウゾは五〜一〇ミリの繊維長があると言いますが、私の経験では皆一〇ミリはありますね」

　とにかく結束繊維を出来るだけなくすように打つのである。その後で近代的なナギナタビーターを使う。これは繊維長を長い繊維を切断するためと溶出するヘミセルロースは出来るだけ除去するためである。ビーターにかけ終わったら、サランを張った篩にあけ、水を除去する。このビーターが作業としては最も近代的な機械といえようか。

「今、水墨画の紙をコウゾで造ることを依頼されているのです」といわれた。

元来、越前奉書は木版画用であった。これは人間国宝だった先代の（八代）市兵衛氏が大正十（一九二一）年に版画家吉田博（一八八八〜一九五〇）（太平洋美術学校長）との結びつきで開発したことに起因している。木版画から水墨画用の紙への展開は、新しい用途開拓である。ＮＨＫ教育テレビに出演されたのが機縁で、以前からお付き合いのあった岩崎巴人先生の求めに応じて研究中の課題であった。

そして、使う水の質が紙質に及ぼす影響に関して言及された。

「大野市巣原の千代紙、若生子の紙は硬い紙です。それは水が硬水だからです。山梨の障子紙は実にいい。何年経っても黒くならないのです。ところが、越前の障子紙は軟水だから、紙が柔らか過ぎてヨゴレを吸いやすく、一年もすれば真っ黒になります。だから、越前屋の障子紙はよくはないのです。水の質で、紙の種類を使い分ける必要がありますね」。「岩野平三郎氏の麻とコウゾで出来ている日本画用紙は軟質の水を使っているから、墨付きがよいのです。原料を工夫されているようです」。

漉き槽は叩解の道具の近くにあるのだが、今日は漉かない。機会を見て、再度訪問しなければならないと思った。参考文献（四）は、岩野市兵衛氏ご自身の講演録（平成五（一九九三）年九月）であるが、漉き方の技法は言及せず、漉いている姿と湿紙を紙床に重ねている写真が掲載しているだけであった。

そこで、乾燥室に移る。ここは漉き場の隣である。間仕切りを通れば乾燥場である。先ほど訪問時に梱包していた作業場である。この部屋の隅に干し板が並べてある。干し板は銀杏材である。干し板は紙の種類で使い分けられている。奉書判、菊判用、二×三判用などである。何年も使用しているから、自然に大きさの跡が付いている。貼るには馬の毛の刷毛を用いる。また、板に湿紙を張る前には、ヌイゴホウキ（ミゴボウキ）で板の上を払って張る。

乾燥には天日乾燥と室乾燥がある。乾燥室は四十五～五十度の風を送っての乾燥である。室にはヒーター用のパイプが走っている。干し板は長尺の一辺を着けるようにして、縦に並べて乾燥させる。

「長い繊維ほど温度を上げると剥がれやすいのです。剥がれると、凸凹の煎餅の表面のような紙になりやすいので低温でゆっくりと乾燥するのです」

天日は天候に左右されるし、訪問時は室乾燥ばかりになっている。

紙を漉いたとき、漉き上げた方が表で、その面を板に貼り付けるのです。簀に当たっている方は裏です。漉き上げたとき、一枚一枚手前の一辺にナイロン糸を入れている。これは昔は「いがら」

であった。「いがら」とはい草のことである。

越前奉書では漉くときには絶対にヨコ揺りはやらないとのことであった。紙の大きさであるが、大奉書はそのサイズが一尺七寸五分×一尺三寸であり、五分広とは一尺八寸×一尺三寸五分であり、紙の種類により、色々なサイズがあるとのことだ。ここで干し上がった紙は仕上げ工程に入るわけだが、その作業はお住まいの部屋で行う。

## 文化財記録の誤謬

お住まいの仏壇のある部屋に通された。そこには断裁した紙が重ねて置いてある。未晒しだが、白色度はかなり高い。コウゾの特徴は蒸解しても色が白いこと。コウゾの自然の色が出ている。漂白技術が完成していなかった古代紙にコウゾが重視されたのは、この点にあると大蔵省印刷局研究所長（当時）の森本正和氏からご教示頂いていた。

「どのくらいの厚さだと思います」と問われた。

版画用紙は手漉きながら厚み計で、厚さを測って規定のものだけを選別する。当然バラツキはあるのだが、その誤差は驚くほど小さい。個々厚さ〇・二六～〇・二七ミリの注文で漉いたものであるが、浮世絵用は〇・二〇～〇・二二ミリが普通であるという。厚いものは厚いものとして、また薄いものは薄いものとして分類し、ロスはないように調整する。

「この紙を引っ張ってご覧なさい」といわれたので、二つに折り、力一杯破ったのであるが、ビクともしない。さすがに洗練された技法で造られた紙である。

ここで、植村松篁《しょうとう》氏（一九〇二～二〇〇一）の版画と『手漉和紙〈越前奉書・石州半紙・本美濃紙〉（一）』の本を持参された。

植村松篁氏の絵は鶴が首を上げたものと下げているものが対であるが、「この絵は一対で五十五万円はくだらないでしょう」という。この木版画には、紙の製作者として岩野市兵衛と出ている。紙漉きの名前が出るのは殆どないので、筆者は以前「紙漉きは黒子である」と書いたことがある。（二）しかし、市兵衛さんの名があるのは、その評価が高いからである。当時、市兵衛さんは未だ人間国宝になられていなかった。このような細心の注意で漉き上げた紙だけに、その評価が出ているのである。これは逆にこの紙質に製作者としての責任を持つと言うことを意味する。

図５−３　奉書紙の特性を語る九代目岩野市兵衛

持参した書籍（一）は記載事項の誤りを正すためであった。

「この本には草木灰の抽出方法を桶に詰める

方法として、モミ殻、木灰、最上部に杉の葉を置くように記載されているでしょう。(三) これは間違いです」

同書は文化庁が無形文化財を記録し、参考資料として役立たせるために編集したもので、手漉和紙は「工芸技術編3」に収録された。その記録は、小路位三郎、帯川安彦、安部勇、古川江男の諸氏が従事された。

貴重な記録ではあるが、それが誤って書かれているという。後世、これが定着するといけないので、明確に記しておきたい。理論的に考えても記載の事項はおかしい。モミ殻が最下部では、コックが詰まってしまうが、それを杉の葉を下部に配することで避けているのである。是非とも訂正して頂きたい。

もう一つ抽出に使う桶に使うバルブは記録された図よりずっと短く切っているのだという。

また、取り残した結束繊維やゴミが抄紙時に発見されたときはどうするかということを教えられた。ユズの木の針で引っかけて取るのだと言う。ユズの刺を先を折り曲げてゴミを取りやすいようにしたもの、これをユズバラと呼ぶ。バラのような刺のあるユズの木という意味であろうか。このユズバラで、ゴミを取った跡は薄くなるので、タテ揺りして湿紙表面の跡が消えるように操作するのだという。

「金沢市二俣の斉藤博さんは、加賀奉書を造っているのですが、彼はいつも越前奉書を追い越したいと言っています。でも、彼の紙が追い越すことは出来ません。最も彼が私の家の隣に来て紙を漉けば別ですがね。二俣と五箇とは水が違うのです」

市兵衛さんはあくまでも水質にこだわっている。

「一昨年（一九九三年）の九月十九日に福井市の依頼で、福井市のフェニックスプラザで講義したのですが、そのときは、私の率直な意見を述べました。それを本にしたものが、福井市立郷土歴史博物館で売られています」ということであった。それは後に、前田さんが入手して送付して下さった。内容は今回の訪問の時に語られたことと重複も見られるが、紙漉きの方の体験記としては貴重なものといえる。(四)本稿と合せて読んでほしい。

市兵衛氏は物事を明確にはっきりと直裁的に表現される。それはすべて経験から来た自信に裏打ちされた発言と見ることが出来そうだ。

## 紙漉きの将来

「〈和紙の手帳〉に和紙の将来についての意見を求められた時、手漉きは独特の風合いの紙が出来ても、大量生産ができず、人件費の高騰によって売り難く、いくら伝統だと言っても、時代の流れには勝てず、各産地とも後継者の不足の今日、十年先は、大きく変わるであろう」と書きました。(五)

「あれから八年経ちましたが、この予言が現実になってきています」と述べられた。

岩野市兵衛家のよう古風の伝統的な紙漉きは少なくなった。労働の割に報酬が少ないところが問題なのである。

最近の若者は三Ｋと呼ぶ〈きつい、危険、汚い〉労働を嫌う。手漉きは典型的な三Ｋの仕事であるとの見方が強い。

岩野家は職人としての家風を守り通した。そこに職人の意地みたいなものを感ずる。筆者が九代市兵衛にお会いしたときは、未だ人間国宝ではなかった。同氏が生漉き奉書で人間国宝になられたのは平成十二（二〇〇〇）年六月のことである。

岩野市兵衛氏は大量生産、大量消費に酔いしれた現代の風潮を洞察されて警鐘としてのご意見を『和紙の手帳』に発表されたと筆者は素直に現状を見つめている。

この警告を我々は深く受けとめて、今後の対策を考える必要があるように思える。

市兵衛氏の技術は見れば見るほど、説明を聴けば聴くほど、世界の財産であるとの印象を持った。もの造りへのこだわりが家訓となっていると感じさせられた。

市兵衛さんは玄関口まで出て丁寧に筆者等を送り、名残を惜しんで下さった。

人間国宝であられた御尊父の薫風を受けられた職人の律儀さと、その技術の伝承の遵守を痛いほど感じた訪問であった。

（一九九五・二・十三記）

## 参考文献


（一）文化庁編、『手漉和紙〈越前奉書・石州半紙・本美濃紙〉』、一八〜九二頁（一九七一）
（二）小林良生、『淡交別冊・和紙』、〈和紙はうるわし〉、二六〜二七頁（一九九四）
（三）文献（一）、二一一〜二二二頁、七四頁
（四）福井市立郷土歴史博物館編、文化講演録第二輯『和紙のはなし』（一九九四）
（五）全国手すき和紙連合会、『和紙の手帳』、一〇九頁（一九九二）
（六）小林良生、「〝和紙の里〟越前五箇訪問記」、百万塔、四九号、六九〜七七頁、（一九八〇・三）
（七）小林良生、「福井の紙郷探訪記（一）越前和紙と若狭和紙のコントラスト〜」、「かみと美」、四巻二号、一二〜一六頁、（一九八五・十二・一）
小林良生、「福井の紙郷探訪記（二）越前和紙と若狭和紙のコントラスト〜」、「かみと美」、四巻三号、一四〜一八頁、（一九八五・十一・一（二））、（二）は分割掲載
（八）小林良生、「世界で最も大きな紙〜IMADATE大紙とIMADATE展〜」、「くらしと紙」、二六巻六号、四二〜四五頁、（一九九一・六）
（九）小林良生、フィリピンにおける今立まちの和紙交流事業見学記、「和紙の里」、第一三号、三二〜三八頁、越前和紙を愛する会、（一九九九・九）

# 第六章　甲州和紙の里（市川三郷町市川大門・南巨摩郡身延町西島＝山梨県・甲州）

## ―甲州和紙紀行―

### 甲州和紙の里探訪ガイダンス

甲州和紙の里は富士川の流域にある身延町西島（旧西島）と市川三郷町市川大門（旧市川大門町）である。旧西島は戦国時代に望月清兵衛が伊豆国田方郡立野村（現・修善寺町）でミツマタを原料とした紙漉きを学び持ち帰ったことに由来するという。つまり、起源は修善寺紙に由来し、藩主武田信玄に献上し、「運上紙」（「西未《ゆうみ》」印）として使用され、普及した。

それ故、旧西島を中心とする峡南地域ではミツマタ紙が基本であるが、戦後、画仙紙の生産に向かい、原料はミツマタ紙などの古紙をベースにする画仙紙、書道半紙が主体となった。そして、紙漉き業の笠井成高氏が開発されたセイコー式の抄紙法で造るところが多くなり、半手漉き半機械の漉き方が普及した。

平成十（一九九八）年、この地に町立なかとみ和紙の里（旧西島は合併前は中富町に属した）が設立され、全国の和紙の展示販売している「紙屋なかとみ館」、紙漉き体験ができる「漉屋なかとみ」の他に、「なかとみ現代工芸美術館」、「味菜庵」が併設され、観光施設も整った。また、この地区の業者の組合には共同処理施設が設置されている。

大変興味深いことは、この地の業者は紙祖として、中国の紙祖蔡倫、日本に製紙技術を伝えた曇徴、そして地元に製紙業を起こした望月清兵衛の三者を崇拝して祀っていることである。和紙の里会館の近くに三人の紙祖の石碑も建てられている。

一方、市川三郷町市川大門（旧市川大門）の製紙の起こりは、同地の南にある「天台宗百坊」と呼ばれる平塩の丘にあった寺院のための写経用紙をつくり出したことであるという。紙漉きの技術を伝えたのは、神明社に祭られている甚左衛門で、その後、武田家の御用紙をつくり出し、その紙は美人の肌に似た「肌吉紙」と評され、幕府へも上奉された。ここも旧西島と同じく三人の紙祖を崇拝している。神明社の花火大会は甚左衛門の命日に開かれている。旧西島と同じく障子紙、ミツマタなどの美術紙などが著名である。

なお、この地の訪問は昭和五十七（一九八二）年二月であったが、製紙業者は代替わりし、数も多少減少しているものの、製紙業務の内容は大きく変わっていないことを平成二十三（二〇一一）年再訪して確認した。

## はじめに

中国の製紙技術史の研究家潘吉星氏が昭和五十六（一九八一）年四月来日され、京都で和紙研究会のメンバーと懇談された席上のことである。寿岳文章氏は、「日本でも蔡倫を紙祖として祀っているところがあるのです。その事実を日本からのお土産にして下さい」と発言された。寿岳先生は紙の発明国である中国で、潘吉星氏が蔡倫紙祖説を否定した説を提唱されたことで、大きな論争が起る〔小林良生、科学史研究、四七巻、一五〇〜一五九頁（二〇〇八）〕とは予想されていなかったのであろう。このご発言通り、蔡倫紙祖説を信奉しているところがある。その一つが、山梨県の西島地区である。「画仙紙の西島」として、「障子紙の市川」とともに、全国的に著名な甲州の漉き場である。この二つの地区、身延町西島と市川三郷町とで造られる甲州和紙は、その生産額において、福井、岐阜、高知、愛媛、鳥取の諸県のそれと比して及ばないにしても、全国的には福岡と六、七位を競う地位にある。両地区は峡南地方に属し、ともに富士山系の豊富な伏流水に恵まれ、富士川及びその支流である笛吹川沿いに隣接した状態で位置し、相互に技術を影響されながらも、前記の看板通り互いに違った歩みを続けている。

## 紙郷探訪の前進基地

東海道本線と中央線を結ぶ身延線は、甲府盆地に入るまでは富士川沿いにのぼる。富士駅を十七時に出たときには、薄暮がせまっていた。昭和五十七（一九八二）年二月二十四日、小粒の雨が降り出していた。山々に雲がかかり、墨絵のような木立の茂る山道を列車があえぐように登ってゆくのは、身延という霊現の地を経由することも手伝ってか、幻想的世界に入ってゆくような感じを抱かせた。

旧市川大門町立製紙試験場の小林弘史氏（当時）に連絡をとったとき、「下部《しもべ》で下車して下さい」といわれていた。

山梨県に入ると、郷土の英雄と目されている武田信玄公の遺影を感ずる。西島で紙祖と仰がれている望月清兵衛が造った紙は、信玄公に上納し、賞賛されて、「西未」の紙改印を受けたというし、市川大門は武田氏の属した甲斐源氏の祖に淵源を持ち、また、下部は信玄公の隠し湯であったとかという話を聞くからである。下車した下部は、静かな温泉町であった。

翌朝午前九時半、市川大門町立製紙試験場の小林弘史さん（当時）が、山梨県派遣の和紙指導員の加藤嘉一氏（当時）とともに迎えに出て下さった。加藤氏は、当時高知の森沢武馬氏らとともに和紙業界の長老の一人であった。愛媛県製紙試験場設立時の場所選定時から関係し、初代の場長となり、後、招かれて、埼玉県の製紙試験場長に転じ、三転して当時の町立試験場に駐在しておられた。

## 身延町西島

下部から県道300号線で常葉川沿いに下る。下部川は下部駅のすぐ下《しも》で、この常葉川に合している。二キロ程下ると、この川は更に富士川に併合される。富士川を横断する富山橋を渡って、国道52号線に入った。これからは富士川を右に眺めながら登る。富士川は、日本三大急流の一つといわれたが、慶長十二（一六〇七）年に徳川家康は開削を命じ、水運を開いた。この水運は甲州と駿河を結ぶ重要な大動脈であり、下り荷「御廻米」、上り荷「御廻塩」などという言葉が残り、また、貨物ばかりでなく、人的交流による文化伝播のルートでもあった。

西島和紙も、恐らくこのルートで起こったのであろう。西島和紙の起源は、元亀二（一五七一）年辛未に、同地の望月清兵衛が伊豆田方郡立野村、つまり旧田方郡修善寺町（現在は伊豆市）に行き、そこで生産されていた修善寺紙の技術を学んできたことに由来するという。清兵衛の交通路は、恐らく水運によるものだったと思われるからである。清兵衛の技術が広く西島村に普及したのは、国守信玄公の褒称による。その紙を特に運上紙として認可し、西島の西と元亀二年が未《ひつじ》の年であったので、未の字を合せた印「西未」を使用することを許したのである。

午前九時五十分、旧西島に達した。かつての西島村は、町村合併によって、現在では身延市に属する。

西島という道路標識から、最初の信号を左折した。昔からの村の入口に相当するのだろうが、道幅は二車線はとれない程のものである。二〇〇メートル程入ったろうか、南にゆく細い道の角の家に車が止まった。仐《やまじゅう》（山十）製紙の笠井成高氏（当時、現在はご子息の笠井伸二氏）の工場の前であった。

## 西島和紙の技法

旧西島には笠井、望月、佐野姓を名乗る人が多い。当時、笠井成高氏は、この地区の手漉き和紙業界の技術上のリーダーであった。当時、この地区で手漉き業を行っているのは二十五戸であった。（現在の西島和紙工業協同組合の会員は十三社である。）そのうち、成高氏の考案になる、いわゆる「セイコー式」手漉簡易抄紙装置を使用した漉き槽を用いているのは六十五槽あった。伝統的な漉上げ方式で漉いているのは僅かに三戸、三槽に過ぎなかった。セイコー式を採用している家は、平均して漉き槽三槽を有している。成高氏の考案は圧倒的にこの地区の伝統技法を制圧し、西島和紙の製法に革命をもたらしていた。氏の考案は、特許第７１９０２号として登録され、その考案に創意があることを保証している。この装置の導入は昭和四十八（一九八三）年頃からであると聞いた。

案内の加藤場長は、「セイコー式の命名者は、私です。彼の名前、〝成高〟を音読しただけなんです」といわれた。

筆者らが成高氏の工場に入った時、煮熟を終った原料を釜から引上げているところであった。平釜に、原料に対して苛性ソーダ六〜一〇パーセント程度及び少量の界面活性剤を投入して煮熟液として、次に古紙を金網に張り廻らした籠に仕込んで、一時間程度煮熟する。一晩放置した後に、籠をクレーンで引きあげ、薬液を切って水洗するのである。訪れたとき、成高氏ご夫妻でクレーンを上げていたのは、この薬液を切るための作業であった。金網を釜から半分程浮かせたところで手を休め、クレーンを固定した。「薬液が切れるまで時間がかかりますから、工場をご案内いたしましょう」といい、成高氏は抄紙工場に案内してくれた。母屋と中庭をはさんで対立した位置にある。伝統技法からセイコー方式に切替えたため、コース的には、かなり無理した配置をとっていた。

ここの原料は、ほとんどが靭皮繊維類の古紙である。使用済の本改良半紙、電気計算機の使用済用紙、また、グリーン色をしたのは、現金輸送用の封筒などであると聞いた。要するに、古紙再生したミツマタ、マニラ麻からのパルプに、バージンの木材パルプや竹パルプを五〜一〇パーセント程度配合したものを使用しているのである。もっとも、現在は、ミツマタの使用は大幅に減っているという。つまり、ここでの第一の特徴は、靭皮繊維原料から直接パルプを作ることは殆んどなく、原料を古紙に仰いでいることである。換言すれば、宿紙《すくし》の思想の発展である。中国では宋元時代生産原価を下げ、物は使える限り使用するために、古紙を漉き槽に入れ、新しい紙料を混じて再生紙をつくる技術を完成している。これを「還魂紙」というが、死んだ紙を蘇生させて使用するという意味というより、むしろ経典用の紙に再使用するという義であろう。この方法は、『天工開物』

にも竹紙の製法に記載されている。(二) 旧西島の原点は、このように古いものであるが、その精神は合理性と省資源にあるといえるのではないか。古紙の再生紙は、フィブリル化が進んでいるために、墨付きも良好であるともいえる。ただ、紙に多少腰がないであろう。第二の特徴は、原料にコウゾの使用がないことである。ミツマタは、駿河で開発された原料であり、修善寺紙にはコウゾ、ガンピに混じって、ミツマタが使用されているが、後にこの地方では、ミツマタの栽培を奨励されていた。富士川という水路で文化交流のあった旧西島は、その影響を伝統的に受けてミツマタに転換した。コウゾを使用していないということが、この地区の紙の性質、従って用途を決め、セイコー方式の導入を許したといえる。つまりミツマタは画仙紙には最適な原料であり、そのための用途を更に工夫を続けて、画仙紙の西島の名を轟かせたのである。当時、旧西島地区での手漉きは画仙紙八五パーセント、書道用紙一五パーセントであった。

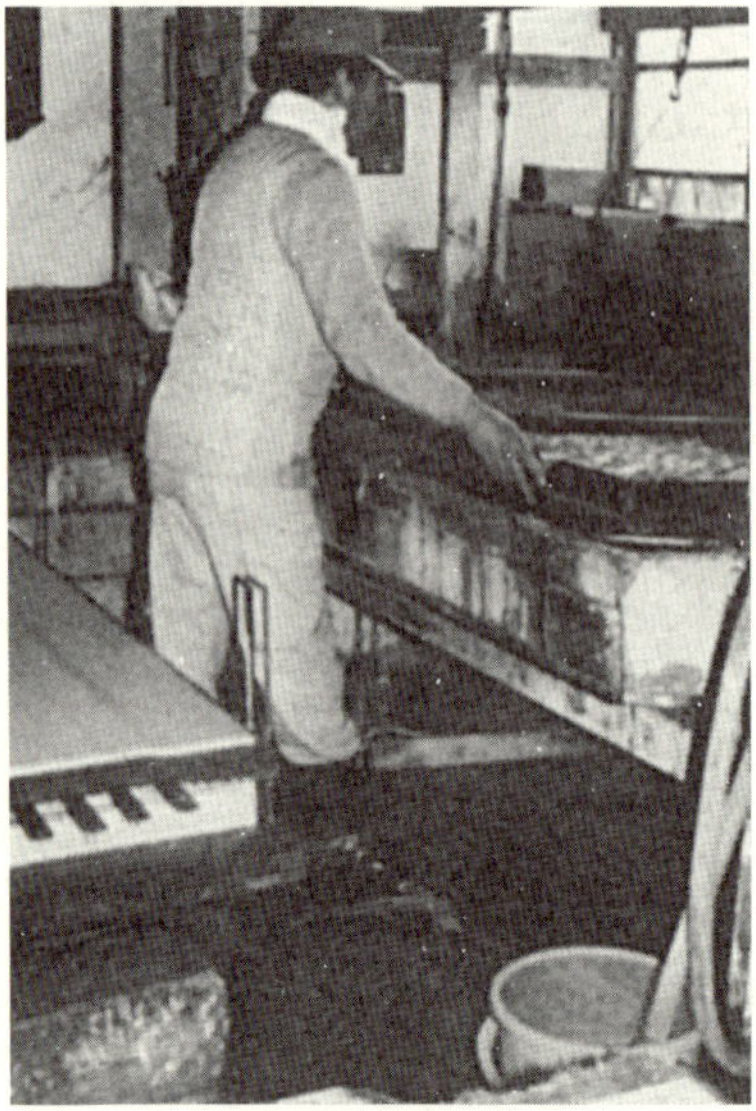

図6－1　半自動抄紙法と脱水を助けるために挿入された木板が存在する紙床

第三の特徴であるセイコー式というのは、予じめ調整した紙料液をダクトから簀桁の上に漉き手がペダルを踏んだときに、ドーッと勢いよく簀に平行に流れ込む方式である

（図6―1）。ゆっくり流れ込むようでは地合いがとれない。従来の汲込みによる地合取りを一挙にやってしまうのである。そして、そのあと五回程前後に揺する。その後、前方より捨水を行って抄造を終える。捨て水するとき、簀を持ち上げるような水切りの工夫も施されている。汲み上げは一回であり、捨て水も一回、迅速に行なうために、一枚漉き上げるのに十五～二十秒しか要しない。漉き槽は、腰よりやや低目であるため、漉きよいように漉き手の部分だけ、丁度腰の高さまで嵩上げされている。

紙料液の調整、ヘッドタンクへの供給、ダクト輸送を許しているのも、コウゾのような繊維長の長い繊維を用いていないからである。

煮熟、離解した古紙は、ビーターで叩解と同時に漂白を行ない、出来たパルプは地下に設置された調整槽に送られる。ここで、トロロアオイの粘液と化学粘剤を入れて、パルプの配合を行なう。捨て水によって戻ってきた紙料も一度槽に入れられてから、この調整槽に入る。調整槽は、攪拌機がまわっている。結束繊維が出来ないように、かなり粘剤の量を多くしている。ヘッドタンクへの供給はダルマポンプ、つまり、ストロークポンプである。バケットポンプなどを使用しないのも繊維が短いためであろう。

加藤嘉一氏は、セイコー式の原型は、昭和二十四（一九四九）～二十五（一九五〇）年頃、岡山県津山の中尾製紙で開発された流れ漉き法であるという。従って考え方の原理はかなり古いものなのであろう。これに類した抄紙法については、筆者は鳥取県の佐治（第十章）、タイのバンコクの新光華社などで見ている。

笠井さんの工場は漉き槽は三槽で、しきりに二人の人が漉いていた。二十年以上のキャリアの持ち主である。「このセイコー法は、一年もやれば完全にマスターできますヨ」と笠井さんはいう。このように合理化して、一人の漉き手が漉き上げる量は一日当り八百枚あまりだという。午前七時から午後五時半まで、昼食に一時間と、九時、十五時に十五分ずつの休みがあるということだ。

笠井さんは、紙床の取り方も工夫していた。湿紙は一般に周囲が厚く、中央部で薄くなる。従って、湿紙を重ねてゆくと、紙床の中央部が凹んでくる。これをカバーするために、目の粗い麻布の下に薄く長い、幅四～五センチ程のあて板を七、八本挿入している（図6―1の紙床に注目）。これは厚さの均整を取るためにも、また、湿紙の水切れをよくするためにも都合がよい。湿紙を二百～三百枚重ね、麻布をのせ、ある程度水切れができると、そのあて板を順次抜き取り、更に重ねている湿紙の層の下に挿入する。

湿紙の圧縮は油圧ポンプである。圧縮されると、湿紙は二センチ位の厚さになる。

西島和紙の第四の特徴は、圧縮脱水した湿紙の重なりを一度天日で完全に乾燥させることである。乾燥には夏場で一週間、冬場で二週間程かかる。一度湿紙を重ねたまま乾燥させるのは粘剤を分解し、紙を締め、強度を出すためであると笠井さんは説明された。湿紙を重ねたまま乾燥するの

図６－２　重畳した湿紙の乾燥

は、愛媛県の石田で作られていた伊予奉書で見たことがあるが、これとても完全に乾燥させるわけではない[二]。

旧西島地区の乾板風景は、旧市川大門地区でもそうであったが、板干しでなく、この重ね湿紙の乾燥風景である。庭に、玄関口に、垣根や塀に立てかけられている風景は、他の紙郷の風景と一風変わっている。丁度、白いベニヤ板を乾しているような風景だからである。

笠井さんのところでは、母屋の屋上に乾していた（図６―２）。工夫家の笠井さんは、ここでもスペースの節約を目的として工夫された道具があった。二本の角材を湿紙の幅に置き、適当な間隔で穴をうがち、そこに竹棒を挿入して、湿紙をもたれさせるという方式である。

冬のように凍結が起こるような場合でも、紙質は傷めることがないという話であった。

こうして、干し上がった重畳紙は、ブリキ製の水槽に一晩浸漬する。冬では二～三時間だそうだ。恐らく、この過程で粘剤などが抜けて、書道用紙としての墨との親和性ができあがるのであろう。

湿紙の乾燥は、鉄板で行なう。この地区の乾燥板は垂直型であるが、多少角度をもっていて、鋭角の三角形をなしたものである。下から石油バーナーで強く熱し、鉄板内に入った水を加熱している。刷毛は、幅広な左右対称型で、短いシュロを植え込んだものである。中央部に持ちやすいように、短い柄がついている。丁度、障子用の刷毛に似ている。この地区で作られたものであるという。同行の小林弘史さんは、作業をしているおばさんに訊ねた。「鉄板は何か塗布してあるのですか」。手でぬぐうと、油ぎっている。「何も塗っていません」との答え。パルプから来る油である。

裁断室に案内された。この地区では、紙切専門の職人がいて、各漉き家をめぐって抄紙された紙を切ってまわる。かつて生産量が多いときには数人いたが、訪問時では一人だ。睦月勅男さんといって、三十歳代の人であった。紙をそろえ、直角定規をあて、鈍角に曲がった柄を付けた刃物を、柄のところをおさえ、刃の部分を押しあてるようにして切ってゆく。足はすべらず、力が入るように昔ながらのわら草履である。当時半截ものが多くなり、画仙紙の七割を占めているということだ。一日当り二百反は仕上げるという。さすが見事な切断面である。

図６－３　正八幡社、山王社と同居する蔡倫社

図６－４　紙祖蔡倫社の碑

## 蔡倫社

小林弘史さんに促されて、笠井さんのところを辞去して、加藤さんの道案内で蔡倫社に向った。笠井さんの家の前のだらだら坂を南に下ってゆくと、西島小学校に出る。校庭をまわり込むようにして山手、即ち、西側に折れる。道のつき当りが蔵春山栄宝寺である。石柱が二本、ニョキリと立てられて寺の入口であることを示すが、木々も少なく、広い土だけの中庭に、一部砂利を敷いているだけのものであった。右手の寺も、寺らしくない。左手の奥に屋根をつけた休息所みたいなところがあり、そのわきに浄め水がある。

「蔡倫社は、八幡社と山王社と一緒に同居しているのですヨ」と小林さんが説明する。神社らしからぬ建物の正面に、「正八幡社、山王社、蔡倫社」と書かれており、小林さんの解説を裏付ける（図

6―3)。手漉きの関係者は、年に一回三月の第一日曜日に祭礼を行なうと聞いた。脇に紙祖蔡倫社の碑もあった（図6―4）。

神社の左側、浄め水と並んで石碑がある。だいぶ苔むしていて、その文字は読みづらいが、峡南造紙開祖之碑とあり、西島和紙の紙祖望月清兵衛の由来を書いてある。建立は明治四十五（一九一二）年四月で、岡実氏の撰及び書である。加藤さんが、寺の社務をやっている人にたずねると、わざわざ出向いて来られ、清兵衛の墓のあり場所を教え、また、碑文は清兵衛の末裔に当る望月弘喜氏が拓本にとられていることを教えて下さった。

成田潔英著の『紙碑』にその文面が掲載されている。[三] それによると、碑は山崎石で高さ一・八七メートル、幅一・二七メートル、厚さ一七センチ。望月清兵衛は、天文十（一五四一）年正月生れ、村内のコウゾの自生を見て紙つくりを思いついた。永禄年間（一五五八～一五六九）に伊豆国田方郡立野村で修善寺紙を学び、帰村して、自村のミツマタで西島紙を創製した。元亀二（一五七一）年、三十歳のとき、自製の紙を武田信玄に献上し、「西未」の朱印と武田割菱の紋章の使用を許されたことは前述した。武田は没落して、徳川の世に移り、天領となったが、西島和紙に対する保護は変わらず、市川大門とともに栄えることが出来た。清兵衛は八十九歳で天寿を全うして寛永六（一六二九）年九月二十三日に没している。碑文のなかに、印刷局技師佐伯君が碑文を書くように、撰者にすすめたとあるが、加藤さんは、「これは佐伯勝太郎博士ですヨ」と解説された。

図６－５　西島和紙の紙祖を祖先にもつ望月家

社務所のおばさんの指示された蔡倫社の右にある小さな階段をのぼりつめると、その正面に清兵衛の墓と望月家先祖代々の墓が並んで立てられていた。清兵衛の墓は見事な型の五輪塔であった。中央に最近立てられた卒塔婆があった。あげたのは望月弘喜氏であった。墓のうしろには白い蕾をつけたミツマタが二株植えられていた。

墓のうしろをまわって、裏手の道に出た。この道の四つ角に清兵衛の十二代目の末裔、先程の卒塔婆を捧げた主、弘喜氏の家があった。セイコー式が大幅に普及している旧西島において、清兵衛以来の伝統技法を守り続けている数少ない一人である。弘喜氏の向いの家も、同じく伝統的技法を守っている人の家だと、小林さんはいわれた。この両家ともにベニヤ状の湿紙の重なりを垣根、庭にたてかけて乾燥していた（図６－５）。

図6－6　蔡倫、曇徴及び清兵衛が同座する蔡倫宮の軸

望月さんとは旧知の間柄である加藤さんが声をかけ、同氏が持っている蔡倫・曇徴・清兵衛の図を見せてほしいと頼んだ。丁寧に表装された図は、お寺のお札なのであろうか、「木版なので、お寺には二十枚ほどありますヨ」。立姿の蔡倫は麻かコウゾか知らないが、紙の原料を持ち、前列右に曇徴が片膝を立てて直角定規を持ち、前列左の清兵衛は、正座して簀を持っている（図6―6）。曇徴の前には裁断された紙がある。題して「西島村蔡倫宮」とある。中国の紙祖、日本の紙祖、そして西島村の紙祖を同列においた当時の住民の意識がはっきりと読みとれよう。「もう版木は残っていません。お寺の版画には印がないんですヨ」と加えた。望月さんは、石碑の拓本ももってこられた。文字は一字一字しっかりととれていた。

丁度そこに外出中であった奥さんも帰ってこられた。望月さんのところでは、この二人が漉き手であった。

望月さんの家を訪れる人はかなり多い。氏はそれらの訪問者のリストを作られていた。氏から銀行のＰＲ誌に掲載されたご自分の紹介記事のコピーを頂いた。それによると、旧西島地区でも和紙産業会館の建設を計画し、そこに和紙試験施設を整えるという案があるとの由であった。

平成二十三（二〇一一）年十一月末、筆者は再び西島を訪れた。立派ななかとみ和紙の里会館と紙祖三者の同座した石碑が出来ていた。和紙の里会館は漉屋紙会館と現代工芸美術館と味菜庵が併設されていた。当時の建設計画が実行されていたのである。

## もう一人のリーダー

当時、旧西島地区には技術的リーダーである笠井成高氏と並んで、流通業界にも身を置く丹頂紙業の一瀬憲氏が販売面でのリーダーであった。氏の中国の紙の再現に対する情熱は大きく、「清国製紙法」の復刻を行ない、わらの発酵精練の開発の必要性を説いていた。そして、毎日書壇の指導者、竹田悦堂氏による適切な評価で、旧西島地区の紙質を引き上げた。(四)氏は一方で旧市川大門町にも山一和紙工業を経営しておられる。一瀬氏の家は、西島小学校の近くにあった。小林さん、加藤さんに案内されて、氏のお宅を訪れた。東の方に山間から富士山が頭だけぽつりと顔を出しているのに気付いた。氏の西島和紙に対する貢献は、県から昭和五十五（一九八〇）年十一月、功労賞を受賞し、また、和紙協同組合から贈られた彫刻が玄関に飾られていたことからも判った。

技術と販売は車の両輪である。旧西島地区にこの面の強力なリーダーが出たことが、今日の「画仙紙の西島」の地位を築いたといえるのであろう。

## 鰍沢《かじかさわ》

十二時三十五分、加藤さん、小林さんらに旧市川大門にあるご自分の会社山一和紙紙業に行かれる一瀬憲氏を加えて、旧市川大門に向った。十分程走ると旧鰍沢町《かじかざわまち》（現在は富士川町）鬼島。書道を愛するものであれば、誰でも知っている雨畑硯の里である。雨畑硯の真石の発見は、日蓮大聖人の弟子の日朗聖人が雨畑川上流で偶然発見した蒼黒色の一石に基づくという。石は重たく、密度の高い粘板岩で丁度今見てきた圧縮乾燥された薄紙の層を思わせるものであるといわれている。「原石はここから四十キロも離れた身延山の裏の硯島からもってくるのですが、最近は原石がなくなり、宮城県とか中国からも半製品を入れて加工しているようですヨ」と一瀬さんは云われた。和紙と同じく、この硯作製の手仕事も凋落の歴史をたどっている。鰍沢の住人は船頭か硯工かといわれた時代から、当時でも七軒ほどにまで減ってしまった。手仕事の前途の厳しさを感じさせる一面である。と同時に書道用紙の産地にはさまれて硯の産地があるコントラストが面白い。

こんなことを話しているうちに、旧鰍沢町の中心部に来た。富士川の終点である。これから上流は甲府盆地の東を流れる笛吹川と西を流れる釜無川に分れる。ここはかつて富士川の舟運により、甲・信・駿三国を結び物資、人を輸送する交通の要衝として賑わったところである。一瀬さんと小林さんは異口同音に「この家の造りをみてごらんなさい。昔の蔵の造りですヨ」という。甲州、信州からの米、駿河からの塩や魚貝類を貯蔵したと思われる米蔵、塩蔵が立並ぶ。

富士川を渡り、いよいよ市川三郷町市川大門に入る。旧西島から約三十分走ったことになる。今度は左手に川を眺めることになった。笛吹川である。遠く北方には雪を頂いた八ヶ岳を望むことができた。川にも別れを告げ、市内を走る。一瀬さんと、ご自分の経営する会社の入口で別れ、程なく旧市川大門町立製紙試験場（当時）に到着した。加藤さん、小林さんの職場である。

## 旧市川大門町立製紙試験場

旧市川大門というのは、かつて仏教の隆盛なりし頃、町の南部、紙業発祥の地といわれる平塩の岡付近に天台百坊といわれている多くの寺院があり、その寺院の入口に大門があったからだと聞いた。

旧町の当時の人口一万三千余。町を塵のないきれいなものにしようと「ノーポイ運動」を推進する町役場のすぐわきに、旧町立試験場があった。通りに面しては、市川和紙工業協同組合の事務所があり、その奥がこの試験場であった。事務室、恒温恒湿室、物理試験室及び化学実験室を持つ。当時の専任職員は、加藤さんと小林さんの二人だけ。加藤さんが自らストーブに火を付けて、茶を出してくださった。当時若かった小林さんは加藤さんの体験を一対一で学びながら、業界の若手後継者で組織する和紙技術研究会の仕事で飛びまわり、なかなか席の温まる暇もなかった。というわけで、長老自ら依頼試験などの手を下されていた。

この試験場をサポートする市川工業協同組合はその前身をさかのぼると、明治十五（一八八二）年五月に設立された市川製紙改良社である。(五) 明治十（一八七七）年頃好況を反映して、同地区の漉き家は史上最高の三百六十〜三百七十戸を数えた。そこで、量産による品質の低下、洋紙の輸入、製造によって需要が激減したことに対する防衛手段を目途として設立された。紙質向上、規格統一、原料の共同購入などが主目的であった。後、昭和十四（一九三九）年、旧西島と一緒になって山梨産紙組合となり、同十八（一九四三）年三月、商工法に基づいて山梨県手漉和紙統制組合に移行した。そして、戦後の昭和二十二（一九四七）年二月同組合の解散に基づき、現在の協同組合が出来上がった。当時、この組合のメンバーは、機械漉き製紙工場は二十社、手漉きは僅かに二戸に過ぎなかった。旧市川大門は機械漉きに転換したといわれたが、旧西島地区は機械漉きが五社、手漉き二十五戸と対比してみると、その性格は鮮明であった。

そして、平成二十三（二〇一一）年の再訪時、商工会にリストされている製紙会社は十六社であった。機械漉きへの転換は昭和三十二（一九五七）年頃より進んでいったようである。対象を障子紙を主体に、家庭紙、奉書紙、書道用紙に重点を置いている。このうち、障子紙は、全国シェアーで四五パーセントを占め、全国一を誇っていた。「障子紙の市川」といわれる由縁である。「市川の紙は、配合に工夫がなく、ビータも悪い。単に紙を漉いているだけだ」と同地の業者は卑下しているが、これは逆に現状の紙質の改良、新製品開発への意欲をのぞかせるものであった。

## 市川和紙の起源

翌二十六日九時に小林さんが宿に来て下さった。まず、旧市川大門の紙業発祥の地と考えられている場所に案内して下さるということになった。

延喜年間（九〇一～九二二）に、平塩の九戸、弓削に七戸の紙漉き屋があったと平塩山白雲寺旧記に書かれているという（六）。とすれば千年以上の歴史を有することになる。当時は平塩では鳴沢川、弓削では印沢川の水を利用していたらしい。平塩の岡は、同町の南部の高台にある。町の中央部から南下して、ＪＲ身延線を越え、東にまわりこむようにして着いた。旧市川大門町は甲府盆地の南端に位置するが、ここはその盆地の終りを思わせるような高台である。平坦な町の南端を東西方向にＪＲが走り、それは、芦川を越えると北に進む。平塩の岡は、ＪＲの南側からはじまるゆるい傾斜地にあった。ここに立つと旧市川大門町の町内をはじめ、甲府盆地とその周囲を囲む山々の鳥瞰図が展望できる。大門町の北側をゆっくりと流れているのが笛吹川、遠く日光に輝いているのが釜無川。冬の澄んだ青空には北方に八ヶ岳連峰が雪を頂いて、ゴツゴツとした山並をみせていた。北西部の錐のような白い頂きは、富士山に次いで高い北岳で、僅かに姿をのぞかせている。東北には秩父山塊の山々が望める。旧市川大門の紙業は、笛吹川などの水を使ったのではなく、御坂山山塊から発する芦川の水を用いて発達してきたと小林さんは説明する。平塩で紙業をはじめたわけであるが、高台で水の便が悪いために、芦川の水を利用するような場所に移住したらしい。

市川大門の紙漉き歌には

芦川土堤切れたなら

市川じゃ紙漉き舟でこぎ出す

とあり、芦川の水を鳥塚から引いて村内に数条の流水溝としたとあり、それから各家の溜め池に引いて利用していたらしい。水量の豊富な笛吹川の水が用いられず、芦川に依存したのは水質に依存するものだと小林さんは説明された。芦川の源流である御坂山山系は、富士山山系に属し、芦川を形づくる水は、多分に富士山の伏流水であろう。とすれば、市川大門町の紙業は、静岡と同質の水を用いて発達したことになる。

この平塩の岡で何故紙漉きが起こったか。それは需要供給の関係であったろうと、山梨県立図書館長の斉藤左文吾氏は「甲斐の和紙」(七)のなかで解析している。平塩寺という寺院があり、写経料紙等寺院が紙を求め、住民がそれに答えて生産したというのである。

平塩の岡も大分宅地化は進んでいるが、当時まだまだ畠であった。ただ、現在では天台百坊というような寺跡はない。織田信長に焼払われたのではないかという。芦川は、この岡の東側を流れている。

このように、紙業発達の条件は整っていたのであるが、その発端は、技術導入である。この地の紙祖といわれる甚左衛門による紙屋院系の京風の漉き技術の導入である。甚左衛門は源新羅三郎義光の三男である義清の家臣であった。彼がこの地に根をおろしたのは、義清の居館がここにあったからである。義清は甲斐源氏の祖といわれている人である。道路わきにあった甲斐源氏旧蹟の碑文によると、義清が甲斐の国へ下向したのは天元年間（九七八〜九八三）である。峡南市河（市川）庄、青嶋庄の庄司としてやってきて、この平塩へ館を築いたのである。これは義光が、後三年の役（一〇八三〜一〇八七）にて武功をたて、甲斐守に任ぜられたためである。小林さんは義清の居館跡に車をまわして下さった。岡のなかでも、中央部から坂道を下ったところである。周囲と比較してやや低く、この付近は平で畠になっている。近くには、熊野神社と甲斐源氏の碑が三条実美の揮毫で作られていた。明治十八（一八八五）年の作である。しかし、これらからは昔を偲ぶよすがはない。

甚左衛門は義清がこの地の下司として入峡した際に、京都より従ってきて、里人に紙漉きを教えた。彼は養和元（一一八一）年七月二十日に歿した。村人は神明社のそばに石祠を建てて、その遺徳を追慕したといわれる。

「甚左衛門の命日には、花火大会があるんですヨ」という。三河の吉田、常陸の水戸とともに三大花火祭の一つに数えられている。「花火の開き具合は、和紙を使わないとパーッと開かないんだそうですネ」と小林さんは畠を横切りながらいわれた。戦後しばらくの間は花火の他には相撲をとったりしたが、現在ではのど自慢をやったり、夜店がでてにぎわい、この土地に、夏祭りとして遺徳が偲ばれているのである。

「平塩寺の跡にいってみましょう。現在は、その跡に宝寿院が建立されています」という。車を東へ向け、芦川にかかる源氏橋をわたり、一たん三珠町に出て川沿いに町をまわりこんで、目的地に着いた。宝寿院は、ＪＲ身延線市川本町駅のすぐ南側の高台にある。この近傍の町家、近在の人々の檀那寺になっているのであろう。檀家の数は多いという。寺の造りは凝ったものではないが、境内には、しだれ桜が植えられ、夢窓国師が手がけたという庭園がある。松を配し、池には鶴が遊ぶという構図になっていた。この庭は平塩寺から引継いだものであろう。いずれにしても、昔は寺勢が強かったという証拠である。寺院の影響で紙郷が育成された典型は高野紙にみるが、旧市川大門の紙も、淵源は高野紙と同じ発達形態であるといえよう。

「次に、神明社にまわりましょう」と小林さんは先を急いだ。神明社は、もともとは紙明社といって、この平塩の岡にあった。現在は、町民館の近くに移転している。この地では八處女神社と同居している。保育園が八處女神社のあったところに移転してきたために、場所がなくなり、神明社と同居させてしまったのである。しかも八處女神社の方が格が高いために、神明社の名前は八處女神明宮と後方に付され、その社も後方に置かれていて、残念ながらまともには拝めない。八處女神社の脇と木立の間から伏し拝むだけである。社の造りは由緒あるだけに繊細な彫刻を施してある。福井・旧今立町（現・越前市）の大滝神社を想起させるところがある。

図６－７　市川大門の第二の甚左衛門、小林義次郎氏の顕彰碑

神明社は応和元（九六一）辛酉年七月に創立されたもので、祀られている神は天日鷲命、天照大神及び大山咋命《おおやまくいのみこと》である。コウゾ、麻の神様として知られ、紙祖神としてあがめられている天日鷲命を祀っている事実は注目しなければならない。つまり、この付近には紙漉きがこの時代既に行なわれており、それらの人々の守神としてあがめられたのであろう。この神社は、古くは紙明社といわれていたというのも、これを裏付けるものではなかろうか。「紙明」から「神明」に改名されたのは、神社は町の東北にあり、「東北は神明の舎なり」という史記の記載があるのを儒者座光寺南屏によって指摘されたからである。紙祖神である天日鷲命と神明といわれる天照大神が同居し、建立されたときは前者に重点があり紙明社と呼ばれたが、時代の変遷により後者が重視されて神明社となったものと思われる。

これと並んで弓削には白紙社というのがあるが、これも天日鷲命を祀っているという。

ところで、甚左衛門が亡くなったとき、村人達は紙祖神天日鷲命を祀る紙明社に石祠を建立した。平塩にあるときである。後、紙漉きが芦川の水を求めて平地に下るに従って不便なので、現在の地に神明社を移したのであるが、甚左衛門の石祠は移転させなかったらしい。「石祠は現在行方不明なんですヨ」と小林さんは説明する。神明社は現在は和紙工業協同組合の管理下にあり、甚左衛門の命日の七月二十日には組合で神事を行ない、紙業の発展、開運を祈願しているとの話であった。

この神明社の境内には、行方不明になった甚左衛門の石祠に代って、まだ真新しい別の石碑があった（図6―7）。「恥かしいんですが、実は父の石碑なんですヨ」と小林さんはてれながら話された。碑文には次のようなことが書いてあった。小林さんの父君、小林義次郎氏はポリ酢酸ビニール樹脂（ＰＶＡと略称されている）を漉き込んだ通称「ビニール障子紙」を発明した。昭和二十七（一九五二）年頃のことである。不況の最中にありながら、濡れても強い、このビニール障子紙は爆発的な売れ方を示した。これが原動力となって、「障子紙の市川」の地位ができ、当時、全国シェアー四五パーセントを確保するに至ったというのだ。義次郎氏は市川紙業史において、第二の甚左衛門なのである。その功績を賞してこの石碑が建立された。碑文には、昭和五十三（一九七八）年十一月と建立日が書かれていた。それを更に詳述すると、次のようである。

古く旧市川大門で漉かれる紙は市川肌吉紙と呼ばれた。

甲陽の清き流れにうもれし

今はまぼろし甲斐の肌吉

### 市川肌吉紙

#### 甲斐の璽《じ》紙

この肌吉紙は明の鄭舜功の『日本一鑑』に公家の用いる紙と書かれているところから良質の紙であったという。(五)肌吉とは、肌吉奉書紙からきたもので、糊入紙の上質紙であり、表面の平滑な白い紙という意味である。璽紙とは官印の用紙のことであろう。この紙が、現在は機械漉きを主体とした障子紙に変った。その契機は、ビニール障子紙の開発であった。西島地区と対照的な歩みをしたのも、このビニール障子紙のためである。爆発的な売れ行きを示したこのビニール障子紙について、当時の市川和紙技術研究会長の村松正氏はこう書いている「二十有余の協力工場が前日漉いた紙を〝丸亀〟（小林義次郎氏が経営していた工場の屋号：注筆者）に納入し、その翌日七時までに集まった販売業者（産地問屋のこと：注筆者）に限り割り当てたが、その数量は、注文の十分の一にも満たず、毎日のように戦争が絶えなかった」(五)。この需要が旧市川大門の紙を機械漉き指向に転向させたのである。

「父は多趣味の人でしてネ、色々なことに手を出しました。ポリ酢酸ビニールも偶々、これを利用してみないかといわれて漉き込んだだけですヨ」小林さんはあくまでも謙虚であった。

## 旧市川大門の手漉き

「これから手漉きにご案内しましょう」といい、車をまわした。神明社とは目と鼻の先である。ここは試験場からも左程遠くない、町内にあった。旧西島地区と同じく、入口の塀に重畳した湿紙がずらりと乾してある。表札には豊川喜造とあった。しかし、実際に漉いているのは、代がかわり、そのご子息である久雄氏であった。工場内に入って、まず目につくのは古紙。これらの古紙は、旧西島の笠井氏の場合とほぼ同じで、使用済のミツマタの改良紙とマニラ紙の古紙である。ビーターは、これまた通常のホレンダーであった。二槽の漉き槽を前にして漉いているのは、久雄氏とそのご子息であった。漉きものは画仙紙であった。ここの漉き方で特徴的なことは、第一に簀桁を支える弓が二本しかなく、簀の手前と後に支えられ、丁度簀を握る手のこぶしの前後に、簀桁を支えていること。離解、叩解及び漂白したパルプに対して粘剤としては、トロロアオイと化学粘剤を混合して使用している。一回軽く汲み込み、地合いを取ると、深く紙料を汲みあげ、五回程前後にゆすり、捨て水を行なって一枚完了である。これを紙床に移す時

図6－8　腰があたるところに座蒲団を入れて、漉く豊川久雄氏の漉き方

間を含めても、一サイクルまで約十五秒あまりであった。これを紙床に重ねる。用途はすべて画仙紙である。漉く時に身をかがめて、簀桁をゆする。そのために、漉き槽で腹が当らないように、座蒲団を入れて、ポリエチレンのシートカバーをしている（図6―8）。これも他にはあまり見られぬ新しい工夫である。腰をまげたり、上げたりしながら、一人では約五百枚程抄造できるという。セイコー式の能力は七百～八百枚というから、ここの非能率性がはっきり判るであろう。しかし、紙は能率だけでは決められず、その持ち味は微妙に違ってくる。この辺が手漉きが、機械漉き、あるいは半自動式に競合して生きてゆける理由である。

紙床にとられた湿紙の処理は、笠井さんのところとほぼ同じである。ここも水切れ板を使用している。そして、圧搾は油圧式のジャッキを用いている。圧搾した湿紙は完全に天日にて干し上げるのである。ただ、鉄板乾燥に多少の違いがある。ここでの鉄板乾燥機は垂直型でやや傾斜し、二つの乾燥面は鋭角で交叉しているのは、西島と同じであるが、燃料はオガライト。火はチョロチョロと静かに燃えて、鉄板内に入れられた水を加熱する。西島のそれが石油バーナーがガンガン燃やし続けるのとはわけが違う。半自動式で効率よく生産するのと、乾燥の面でも自ずと出てくるといった感じである。筆者らの訪れで、湿紙を乾燥していた久雄氏の奥様は手を休めて、説明してくださった。「用いる刷毛は、旧西島から買い求めたものです。毛はシュロでできています」つまり、市川大門と西島の紙は昔からお互いに技術の交流があったのであり、相互に類似した形のものであったのだろう。「乾燥は一日で五百〜六百枚です」と加えた。漉き手の一人当りの生産量と乾燥の処理量は完全に一致する。家内工業の息の合った生産様式を見せつけられた感じである。

豊川さんの家の他に、もう一軒あるのは、一ノ瀬真氏の家であると聞いた。小林さんは、「そんなに遠くはないのですが、時間がないので、機械漉きを見ましょう」と先を急ぐ。帰る時間もせまり、あわただしくなって来た。もう午前十一時を過ぎていた。

## 機械漉き

手漉きの豊川さんの工場のすぐそばにある丸井紙店に案内された。ここの特徴は、神社仏閣のお札を、その原紙の奉書紙から造っていることである。奉書紙は、懸垂短網抄紙機で漉く。抄紙工場は六人であるが、お札などの加工に二百名余の要員をかかえているという。付加価値の高い二次加工製品を世に送り出しているユニークな会社であった。

そのあとで、一秀紙工場、カセン和紙工業の二社をそれぞれの当時の社長さん、一瀬秀治氏及び村松正氏のご案内で、くまなく見せて頂いた。両者の共通点は特長のある障子紙を主力に漉いていること、並びに新製品開発に熱心であることである。村松さんは、当時、この地区の市川和紙技術研究会の会長として、この地区のリーダーであった。

## おわりに

一端製紙試験場に引返したとき、場長の加藤さんは化学実験室で実験をされていた。「机にぼんやり座っているよりも、ずっと楽しいですヨ。しかも、健康にもよいですからネ」と破顔一笑された。和紙業界の長老の方々は、高知の森沢武馬さんにしても、この加藤さんにしても、ともに若者以上に研究熱心であった。この熱心さを山梨県も認め、昭和五十六（一九八一）年秋に和紙技術振興の長年の功績をたたえ、県政功績の表彰がなされた。その後、加藤さんは、故郷長野に帰られて、天寿をまっとうされた。(八)

冬のおだやかな真昼の日差しをあびて、市川本町の駅頭で、筆者は遠く八ヶ岳を見ながら、次のような確信を持った。「この地区の新製品開発に傾ける情熱は、必ずや第三の甚左衛門や清兵衛を生むであろう」と。そして、「世界の紙祖蔡倫、日本の紙祖天日鷲命を祀るこの地区の祭事の伝統はいつまでも守られるであろう。しかし、その生き残り方は、伝統技術の遵守ではなく、新しい技術の開発によるものであろう」と。

（昭和五十七年三月二日記）

引用文献

（一）宋応星撰、薮内　清訳註『天工開物』、八四八頁　東洋文庫（平凡社）（一九六九）

（二）小林良生、『民芸手帳』、第二七九号、八～一五頁（一九八一）

（三）成田潔英、『紙碑』、七九～八四頁（一九六二）

（四）竹田悦堂著、『増補和紙要録、上巻本論編』、一九四～一九九頁（文海堂）（一九七一）

（五）村松　正、『くらしと紙』、一六巻五号、一〇頁（一九八一）

（六）加藤晴治、『和紙』、二〇九～二一八頁、産業図書㈱（一九五八）

（七）斉藤左文吾、朝日新聞（山梨版）昭和五十五年一月十三日、二十日、二十七日、二月三日、十日、十七日、二十四日、三月二日に連載

（八）小林良生、『百万塔』、第五二号、七〇頁（一九八一）

（九）岡田栄三郎、『くわんこんし、還偲紙—歴史にみる紙のリサイクル—』、中桜印刷（二〇〇二）

# 第七章　美濃和紙の里（美濃市＝岐阜県・美濃）

## ―移り変る障子紙の伝統―

### 美濃和紙の里探訪ガイダンス

美濃和紙の里は書院紙と称する障子紙で名高い。正倉院に残る最古の三種の戸籍用紙（美濃・筑前・豊前）の中で、美濃紙は漉きむらのない最もよい紙だとされ、渡来人秦《はた》氏の関与が注目されている。平安時代の延喜式では美濃は製紙原料の貢進が最も多い地域で、中心は中美濃の不波郡有宝郷（関ヶ原町有宝）だという。

江戸時代から現代までの美濃和紙の発達は、柳橋真の『和紙』[一]によれば、中美濃から東美濃に至る地域を横に広がる楕円として描き、それを縦に四本の線で区切り、左側、つまり西から東へ揖斐谷《いびだに》、根尾谷《ねおだに》、武芸谷《むげだに》、牧谷《まきだに》（板取川流域）と図式化して眺めるのがよいという。江戸初期は楕円全体に紙漉きがまばらで、中世以来の大矢田紙市を挟む武芸谷、牧谷の二つの線にやや多く集まっている。江戸中期は揖斐谷、根尾谷及び武芸谷、牧谷の線を中心に集まった。藩の御用紙、御留買制度などの影響で、紙市が上有知《こうずち》（美濃市内）に移動したためである。このように産地は水利のよい山間部に分布していた。その産する紙は明障子に最も適した書院紙として黎明を馳せた。

明治から戦後にかけては、武芸谷と牧谷以外の線は消えた。そして、近年は牧谷の線のみが残り、現在美濃市片知《かたち》、同市蕨生《わらび》、同市上野《かみの》、保木脇に集中している。その中では蕨生の密度が高い。手漉きは衰退ではなく機械漉き和紙、機能紙へと転換したのである。

このような変遷の中で、昭和四十四（一九六九）年四月に伝統的な書院紙「本美濃紙」は重要無形文化財に指定され、保存会が結成された。手漉き業者十五戸は美濃和紙ブランド協同組合をつくり、その中で沢村正氏、美濃竹紙工房などが伝統技法を守っている。その功績が実り平成二十六（二〇一四）年十一月にユネスコの無形文化財に認定された。他に落水紙、染め紙などの工芸紙なども造られている。

本美濃紙を漉く蕨生地区には、本章記載の訪問後、平成六（一九九四）年に美濃和紙の里会館が設置され、毎年世界のペーパーアーティストが集い、三か月作品づくりを競っている。また、往時の紙商のつくった美濃市のうだつの上がる家並みの中には美濃和紙あかりアート館ができ、川湊公園・上有知湊など美濃和紙の盛況を物語る文化財も満喫できるように整備されている。

このように保守色の強い美濃紙の伝統の中で、モルザ社より紙のブラインドが誕生したのも面白い。

## はじめに

「美濃紙」といえば、美濃の国、つまり岐阜県で産する紙の総称であると考える人が多いであろう。しかし、これは必ずしも正しくない。美濃判、即ち縦九・三寸（二八・二センチ）、横一三・三寸（四〇・三センチ）の大きさの紙ならば、どこで産しても美濃紙ということがあるからである。それは関西地方の京間を除いた障子紙の規格として、我が国内に広く通用させる程、量質ともに名声を馳せていたことを表示するものである。美濃紙は、まさに障子紙の代名詞のように使われてきているのである。

美濃国で産した、狭義の美濃紙は、濃紙、美濃雑紙、濃箋などとも呼ばれ、元来は書写用紙であった。そこで、区別するため、ここでは美濃和紙と呼ぶ。中世末期の美濃国産紙としては、森下紙、薄白、中折紙、白河、天久常、雑紙などの名が貴族の日記等にみえるが、その性質は詳かでない。障子用紙が美濃和紙の代表となったのは、江戸時代である。享保年間（一七一六～三五）の著である『紙譜』には「凡そ障子紙の類、美濃を最上とす」とあるから、この当時から、障子紙の質では、我が国で最高の質を誇ったのであろう。この質の高い美濃の障子紙のなかで、最も質の高いものを「書院紙」と呼ぶ。これは、また本美濃紙に他ならない。この高い技術を保存しようとして、国は石州半紙の技術と時を同じくして、無形文化財に指定した。昭和四十四（一九六九）年四月のことである。本美濃紙保存会が発足した当初は、メンバーは十三名であった。それが訪問時（昭和五十八（一九八三）年）では、五名。平成二十五（二〇一三）年には四名である。一方、美濃地方の手漉き和紙業者は、美濃和紙ブランド協同組合に加入しているのは二十八戸に過ぎない。業界が県立製紙試験場設置の請願書を出した大正十四（一九二五）年の「県下武儀郡及び山県郡の一部は、古来美濃紙の産地として全国にその名を博し（中略）、生産地域三十二ヶ町村に普及し製造戸数四千十七戸、職工数一万五千余人に達し」とある時代と比較すれば、雲泥の差である。

このような退潮期にあって、最高の和紙技術を誇った美濃和紙は、今どんな状態にあるのか。そんな目的意識を抱いて、美濃入りしたのは、昭和五十八（一九八三）年十月二十八日。紅葉にはまだ間のある山々を眺めつつ、名古屋から江南、関を経て、長良川沿いの国道156号線を北上、美濃市の中心街を通り過ぎ、新美濃橋の脇にある当時の旧岐阜県紙業試験場に着いたのは、午前十時を少し過ぎていた。試験場では、今回の訪問の案内をして下さる本田勝喜氏が待っておられた。

美濃和紙の紙郷は板取川に位するが、その川が長良川と合流したところから、やや少し南下した長良川にかかる新美濃橋の右岸の土手沿いに試験場はあった。当時は試験場が美濃和紙業界をリードしていた。しかし、その後、岐阜県はこの試験場を産業技術センターに統合合併し、紙業部として製紙技術を応用した成長が見込まれる分野を担当する部署として位置づけたために、手漉き分野は除かれてしまった。それ故、現在では対応は大部異なるであろう。

## 美濃紙の里

話は元に戻して、筆者が旧試験場に着いたのは、同場に手漉の部門があった時代である。本田さんが用意して下さった、当時の美濃の手すき和紙協同組合の会員二十八名の住所をみると、片《かた》知《じ》の人が三名、蕨生《わらび》の人が十九名、そして残り六名が上野であった。片知、蕨生は昭和二十九（一九五四）年の町村合併前は下牧に属し、上野は上牧に入っていた。いずれも長良川の支流、板取川流域にある。板取川流域を牧谷と呼んでいる故、現在の美濃和紙は、すべて牧谷で造られているといえる。平成二十五（二〇一三）年の美濃和紙ブランド協同組合のメンバーは美濃市片知二戸、蕨生八戸、上野三戸、保木脇一戸、長瀬一戸の計十五戸である。メンバー外では、揖斐川町坂内坂田に一戸ある。江戸中期の『濃陽志略』（一七五六年）、『濃州徇行記』（一七九〇年頃）、『新撰美濃志』等によると、武儀郡三十九村、揖斐郡十九村、本巣郡十八村、恵那郡六村等々の計九十六ヶ村で美濃和紙が造られたとあるから、江戸中期の主産地はむしろ武儀川沿岸、つまり、武芸谷《むぎ》の方が盛んであったのである。

美濃和紙は、古くは京都に近い西濃から起り、揖斐川とその支流根尾川沿岸から、東進して、中濃で盛んになった。それが今、中濃でも牧谷、特に蕨生地区を中心とした、極く限られた範囲に収斂してきているのである。

一方、原料はどうであろうか。訪問時は、殆んどを関東産又は高知県から入れているというが、古くはこの地に産するものを用いた。品質の第一が津保草といって、津保川流域で産するコウゾ、第二が恵那草、そして第三が郡上草であると聞いた。これらの地元原料の供給も、紙郷の崩壊と同時に、閉されつつあった。

## 蕨生

本田さんの案内で蕨生に向う。蕨生は、ワラビと読む。山菜の名が付いたように、昔はかなりの山村であったであろう、長良川沿いに北上、約二キロメートルで板取川である。秋の日ざしをあびてきらめく長良の川面に映るように、小倉山が眺められた。山が川岸近くまでせまり、金森長近が城を築いた理由が遠望するとよく判る。秋たけなわで、山は緑でおおわれていた。板取川を渡り、北岸沿いに西進する。

本田さんは、訪問先として、三軒連絡をとって下さっていた。美濃手すき和紙協同組合長の藤田一夫氏（当時）、傘紙を造る野倉登氏及び本美濃紙保存会の理事（現在は会長）の沢村正《まさし》氏であった。建設中の新蕨生大橋の朱塗りの橋を渡り、約十五分にして、矢坪川という細い小川にかかる蕨生橋を越えると、目的の野倉登氏の家はすぐであった。細い道の両脇の家は、以前は軒並み紙漉きの家であったろう。前庭の作りなどが板干しに適するように広く、また、漉き場は、大きな窓をとっているので、なんとなく紙を漉いていたたたずまいを感じさせるのである。

南側が板取川に面した中庭を眺めるように、野倉さんの作業場があった。中庭には、スレート作りの乾燥室が東側に、また川に面した南側にプール状の水槽がある。乾燥室には、あまり背の高くない竪型乾燥機が据えられている。水槽には晒した白いコウゾパルプが泳いでいた。庭から堤を下りて板取川の河原に出られる。ここの河原は中洲ができていて、もう黄色に色付いた雑草とすすきがゆらゆらとそよいでいた。美濃紙造りでは、河原に出られるということは重要なのである。原料のコウゾの白皮を川のなかに石で圧しをして浸し、清流で十分に洗うと同時に、日光で漂白をするからである。河原は重要な作業場の一つであった。

偶々、作業のために中庭にでて来られた野倉さんに紹介された。庭に面した漉き場では奥さんが、真赤に染められた紙料で傘紙造りに励んでいた。

## 美濃和紙造りのポイント

野倉さんの作る紙は蛇の目の傘紙であった。合成繊維の洋傘に押されて、その実用性を失った蛇の目傘は、今ではお茶席の装飾品だという。ここで造られた傘紙は、岐阜に運ばれて加工される。当時の美濃手すき和紙協同組合に加入している家、二十八戸中傘紙を造っているのは、野倉さんの所だけであった。因みに、訪問時の組合加入のメンバーのうち、障子紙を漉いているところが最も多く、未晒の在来書院紙を漉いているのが四軒、晒しの改良書院紙は三軒であった。他に、文化財の修復用の薄紙が二件、提灯用紙は鈴木竹一氏一軒、表具用紙はかなり多くて五軒、箔合紙は四軒であった。平成の美濃和紙ブランド協同組合のメンバーは本美濃紙、書院紙、美術工芸紙など工芸紙に特化している。

ここで書院紙について記しておこう。一説に、文化年間（一八〇四〜一七）に長瀬の武井助右衛門が尾張藩主に美濃和紙を納めたところ、殿中書院の明障子に適しているとして、その後用命されたところからきているという。しかし、これには異説がある。文化の前の寛政年間（一七八九〜一八〇四）に発行された『濃州徇行記《しゅんこう》』に既に、書院紙という名称が使用されているとの意見である。いずれにせよ、書院紙とは、上質の障子紙のことであるが、これは紙料によって、在来書院紙と改良書院紙の二種類に分けている。前者はコウゾ一〇〇パーセント、後者はコウゾ対木材パルプを九対一から七対三位の割合で混合したものを用いる。

野倉さんの言によれば、コウゾにパルプを混ぜるのは、地合いのよい紙を造りやすくするためだそうだ。障子紙の質は、明るいところに透かして見たとき均一に構成されているかどうかによって決まる。繊維長の長いコウゾだけでは、この均一性が極めて難しい。そこで、木材パルプと混抄するという改良法が生まれたのだという。美濃和紙を造っている人は、紙を評価する時は、必ず透かしてみて、その地合い構成を調べるのが習いになっているのだそうだ。「ほかの産地の人は、指で触って品評しますが、美濃の人は、必ずしもそれだけでは満足しませんヨ」と野倉さんは美濃人の気質を語る。

野倉さんの造る傘紙にしても、障子紙と同じように厚薄、むらのない紙であることが要諦である。傘紙の場合は、一枚の紙を台形状に二分し、これを十六枚張って一本の傘ができるのだが、坪量に差があると透かしたときにまだらになる。こうなっては商品価値がないのである。

野倉さんの技術の秘伝を教えて下さった。ポイントは、紙料調整後の漉き始めは、紙料中の長繊維部分が主として湿紙を構成することになり、後半になるに従って短い繊維が残って紙となる、という傾向があることを認識することである。一回四十枚分の紙料を粘剤（この地方ではネベシと呼ぶ）と混和して漉くのだが、たて口と仕舞い口の十枚分だけは、別にしておき、この十枚分のものだけをそれぞれ集めて、千枚にまとめるのだそうだ。「たてる」というのは、原料を漉き槽に入れて、水中でよく撹拌するなど抄紙準備することをいうのである。従って、たて口とは、この撹拌操作をしてから、漉き始めた初期のことをいう。また、漉き出したらば、間断なく漉き続けていないといけないともいう。漉かないで、一～二時間も放置すると、気泡などが入り込んで漉きむらができる。そこで、夫婦で交替に漉くのだという。一人の人が休んでいる間に、他の人が漉くのをマセ（合間漉き）というのだそうだ。このような細かい気くばりで、どこをとっても厚さも、地合いも均一になるように造っていくと聞いた。

考えてみると、美濃和紙は、紙を通して光の透過する挙動が深くかかわった分野にもっぱら用いられている。障子紙や傘紙、そして岐阜提灯で知られる提灯紙もまた然りである。人間の五感のなかで、目が最も鋭敏であろう。視覚に耐える紙を伝統的に漉き続けてきた美濃の紙漉きの腕は、野倉さんにいわせれば、「生漉《きず》きで勝負すれば、漉き方の技術は日本一ですヨ」

## 美濃和紙の危機

このように誇るべき美濃和紙でありながら、いざ後継者となると問題が多い。この蕨生地区でも、二十代、三十代の若者で紙漉きをやりたいと望む人が殆んどいないのである。美濃市の隣は「関の孫六」などの名刀匠を出し、現在は打刃物、ハサミ、洋食器などの金属工業で栄えている関市である。また、もう少し足をのばせば県庁所在地の岐阜市、縫製業の盛んなところである。これら周辺の工場は、車があれば三十分から一時間の通勤圏だ。若者は、家業よりもサラリーマンにあこがれるのである。

無形文化財に指定されている本美濃紙にしても例外ではない。当時、保存会所属の五人も六十歳代は三人、七十歳代が一人、そして最も若いという沢村正氏でも五十歳代であり、高齢化しているのである。しかも、本美濃紙を造っても販路が狭すぎるという。当時、本美濃紙は一枚三百円、在来書院紙で百七十円。機械障子紙の十倍以上の価格となっている。「本美濃紙を使ってもらえるところは、京都御所など限られた場所ですヨ。本美濃紙の生産量は月百枚位ではないんですか、改良書院紙でも五千～六千枚位なものでしょう」と野倉さんはいう。従って、保存会のメンバーでも便箋や封筒を漉くことが多くなるのである。当時、市場では品質よりも価格で取引きが成立しているところが問題視されていた。

## 傘紙造り

野倉さんの奥様は、話の間中、片時も手を休めず、漉き続けていた（図7―1）。天井から吊下げられた四本の糸が、手の動きに合せて張ったり弛んだりしている。簀桁に汲み込んで、最初の四、五回は、縦揺りだけであるが、それから十四〜十五回の汲み込みは主として横揺りである。縦揺りだけでは、どうしても手元側が地厚になるためだと野倉さんは解説する。横揺りにもコツがある。前方と手元の揺り回数は七対三にしないといけないのだそうだ。紙料はどうしても手前の方に流れる傾向がある。手前が低くなりがちなのだ。その傾向を打開するために、この横揺りの回数を前方と手元とで変えるのである。漉きむらのない紙作りはこんな細かい心くばりを必要とする。紙料の配合も、またその一つである。コウゾ七割に対して、麻パルプを三割配合する。傘紙は強さよりも地合いが求められているからである。コウゾだけの「生漉《き》き」は極めて

図7－1　傘紙漉き

難しいという。

真赤に染着された紙料が汲み込むとき、パット動く。一枚を漉き上げるのに、約一分程かかっている。

コウゾの煮熟は、コウゾ十貫に対して、苛性ソーダ一・八貫つまり一八パーセントを加え、丁度コウゾが水にひたる程度まで水を加える。煮熟には三・五～四時間かけるというから、充分に時間をかけた蒸解であるといってよいだろう。チリ取りは、ザルに入れて水中で選り別ける。十分煮熟しているので、打伸機（この地方では打解機をこう呼ぶ）は用いず、直接ナギナタビータにかける。十五分から二十分程度である。そして、出来上がったパルプを染色して、前述の漉きに入るのである。

このコウゾにも配合がある。四国もの、つまり、高知産のものは繊維が長く、地が荒れやすい。一方、本美濃和紙に用いる栃木県産の那須コウゾは、繊維長が小である。そこで、土佐対那須を六対四位の比率で混合するとよいのだそうだ。

ところで、紙床にとられた湿紙のことを、タネ紙と呼んでいた。漉き上がって重ねられた紙のことを生ダネ、そしてプレスして搾水した紙は押ダネというのだそうだ。

野倉さんの話は尽きるところを知らなかったが、本田さんに先を急ぎましょうと促されて、座を立った。対岸の誕生山の木々は、大分色づきはじめていた。

図７－２　板干しは本美濃紙の重要な要件

## 本美濃紙造り

次の訪問地は、沢村正氏のところである。今来た道を引き返し、伊勢洞川と呼ばれる、板取川に流入する小さな支流に沿った細い道を登る。道の両側は山である。本田さんの話では、「この辺は、美濃市よりも気温は二～三度低く、雪も深いですヨ」という。沢村さんのところは、そこから少し先は、畠と山林という、かなり奥まったところにある。

沢村宅の入口には、「国重要無形文化財本美濃紙」と書かれた白い支柱が立っている。庭の松越しに、板干し中の紙が並べられているのが見える（図７―２）。沢村さんが、その板干しのところに姿を現した。

「私の所はすべて板干しです」と沢村さんはいう。本美濃紙の製造規定には、乾燥は栃の板材を用いた板干しをしなければならないとある。この板材は、長年使用してきたものとみえて、僅か一センチ程の厚さにまで擦り減っている。「紙のアクが板に付くので、年に一度磨きます」研磨には、以前は籾殻に糠を混ぜたものを用いてきたが、現在は磨き粉である。月づきは、単に水洗だけで済ませている。なかには乾燥してひび割れができ、テープで応急処置をしているものもある。何か痛々しい。板材もなかなか入手難だという。

脇の乾燥室で奥様が乾燥の作業をしていた。天井が低い室なので、干し板を横に立てかけ、表裏それぞれ二枚ずつ貼ってゆく。柄刷毛を用いて手ぎわよく貼付ける。「この刷毛は美濃市の助川さんが作ったもんです」。毛は馬のたてがみの一番毛を用いるので、一頭で一本の刷毛しかできないそうだ。

本美濃紙は如何に造るか、沢村さんの話をまとめておこう。原料は茨城県産の那須コウゾを使用する。那須コウゾは最も質が高く、高価である。土佐コウゾは十貫目で当時五～五・五万円だが、那須コウゾは八万円もした。白皮を出発原料にしなければならない。作業は、これを川晒しすることから始まる。野倉さんがいっていたように白皮を石の重しをつけて川の流れで洗うわけだが、二～三日行なう。水洗したものは、河原で地べたに二日間晒す。これを天日晒し、又は揚げ晒しといっている。これに対して、川晒しのことは水晒しともいうのだそうだ。この天日晒しを行なうと、「パチッとした紙になる」という。

図7－3　しょうけに入れた紙料の異物を除去する

蒸解は、アク焚き、つまりソーダ灰である。規定ではソーダ灰の添加量は、白皮に対して一二パーセントである。本美濃紙には入らないのかも知れないが、漂白した紙を造るときには「渋川付き」、つまり俗にいう黒皮を用いることもある。

紙は、まず漉く人の真心が第一、次いで水と原料ですと沢村さんはいうが、煮熟を終った原料の水洗などの処理も、すべて井戸水か山水を用いなければいけないという。沢村さんの所では「処理には九九パーセント井戸水です」という。水洗が終れば、塵取りである。この作業は「しょうけ」と呼ばれる竹製のざるに入れて、水中で行う（図7－3）。原料を一つ一つ入念に見て異物を除去する、手間のかかる仕事である。偶々、乾燥の作業を終えて、奥様がこの作業をやっていた。漉き槽の脇の、南側に面した大きな窓の下が、この作

図7－4　石きぬた、木槌、両杵及び紙打ち棒

業場である。

除塵した原料は、石台の上に拡げられて叩解される。石台は石きぬたと呼ばれる（図7―4）。きぬたというのは砧と書く。普通は青石を用いる。御影石のように黒い斑点のある石である。木槌は打面は中央部がやや盛り上がり、放射状に溝が付いたもので、マツでできている。両手に一本ずつの木槌を持ち、原料を前方に向って打ちのばしてゆく。大きく広がったら、二×三尺の大きさに折りたたむようにして、再び打ちつづける。こんな操作を三、四回繰り返す。これが一サイクルの叩解である。この叩解は三～四時間つづく。根気のいる仕事である。この叩解のやり方は、武芸地区では別のやり方をとる。両杵といって、樫をアレー型にしたようなものを石臼のなかで打つのである。簀は竹ひごを用いて作るが、この地区で

作っていないという。ただ、編替えをする人は二人いるそうだ。

残念ながら、その日は午前中に漉きが終ってしまったらしく、漉き槽はきれいに片付けられ、紙床だけがうず高く積み上げられているのを眺めるだけであった。桁は二枚取りである。沢村さんの話では、一枚を漉き上げるのに三分から五分かかるとのことだ。随分入念に漉き上げるものだと感心した。出来上りの紙は、二三判、つまり縦二尺、横三尺の大きさで五～六匁、即ち約二〇グラム前後の厚さだという。換算すると坪量で三二グラム位に相当する。薄美濃紙は、この重さが約三分の一の二匁程度になると聞いた。

## 本美濃紙の用途

本美濃紙の本来の用途は、障子紙である。在来書院紙は、一名京間書院紙ともいって、二三判が基準である。京間判には大小があって、それぞれ大判、短判と呼ばれる。戦後、間取りの大きさは、団地サイズなどできて、自由になっているので、耳だけをとって、できるだけ大きな判になるようにしているのだという。本美濃紙の本領は雪見障子にある。雪見障子というのは、外側に障子幅のガラスをはめこみ、小障子が上下に移動できるようにしたものである。庭に降り積もった雪の白をガラス越しに眺め、障子紙の白さと対比して観賞するのは、日本人ならでは味わえぬ醍醐味だ。本美濃紙は未晒であるから、光に晒されて時とともに白くなってゆく。しかも、透過光は乱反射して、室全体をほんのりと明るくする。障子の張り方にも、日本人らしい細かい美的感覚が働いているといえる。この京間判を四十八枚用いると二間、四枚の障子に、丁度継ぎ目がレンガ積み状に揃うのだそうだ。透過光で眺めるとき、これも一つの図案になる。野倉さんが、「美濃和紙は厚薄のない、均一の地合でないといけないのです」といっていた理由は、この透かし、透過度、均一度が問題にされるからである。

しかし、この美しさを誇る本美濃紙にも、価格の面から危機がある。機械漉き障子紙に完全に圧倒されてしまっているからである。沢村さんはいう。「機械漉きの一日分は、手漉きの三年分に当るんですヨ」。抄紙機一日の生産能力は、一日で百七十から百八十丹《まる》だという。一丹とは、二三判の千枚分に相当する大きさのことで、巻物状にして市販するから、このように呼ぶのであろう。これに対して、手漉きは、二人がかりで一日二百枚。年間で五十丹であるという。この能率から考えれば、本美濃紙は京都御所などの宮廷などの装飾品など、限られた所しか用いられていないことがよく理解できよう。

従って、本美濃紙も障子紙以外の用途の開発を図っている。明治時代まで、障子紙一色であったのが、戦中は気球紙や軍用紙（チッキ）に転用され、現在はもっぱら書画用紙や記録用紙に用いられるようになった。「私の紙の墨付きを調べてもらったのですよヨ」といって、鏡仙というダルマ絵師のダルマの一筆書きの額を指さされた。また、美濃判を横に半分に切って大福帳、縦に半分に折って和帳になるんですといって、沢村さんはそのサンプルを裏から運んで来られた。

パラパラッとページをめくると、そこに詩歌が書いてあった。「よく墨付きはどうでしょうかとたずねられるので、自作の詩を書いてみたんですヨ」という。そこには、紙は真心で漉くことを信条にしている沢村さんの人柄が描かれていた。

昭和四十四（一九六九）年、本美濃紙が国の重要文化財の指定を受け、その認定書をもらいに行く車中での作という「祝歌」は、踊る心を押えるように、次のように唄い上げていた。

美濃の高嶺に　白雪が
　東の峰より　光さす
握りしテコに　真心を
　これぞ無形の　文化財

長い伝統技術は、親子相伝であり、紙漉きのつらい、厳しい技術は夫婦がお互いに協力して助けあって守っていなければならない。

父親が褒章を受けたとき、沢村さんは

小倉山　川べにそよぐ　紅ざくら

と詠み、また、母親に対しては

寒晒し　老いたる母の　手を拝み

と表現している。
そして、奥様に対しては数え歌のなかで、

一つとや　一人で紙漉き　味がない
　夫婦で漉くのを
　　楽しみに　楽しみに

と描いた。紙心は詩心、家族愛に相通ずるものがあるのであろう。

## 美濃和紙の行く手

本美濃紙は伝統ある技術ではあるが、その行く手は厳しい。現在の保存会の前身は、在来組合であったが、その時ですら二十二人しかいなかった。そして、保存会の出発当初が十二人、訪問時が五人。平成二十四年で四人。この技術を温存させるには、本美濃紙の技術と製品の展示資料館を設置すると同時に、販売方法を考え直さなければならない、と沢村さんはいう。「美濃の人は、よい紙を作らねばならないという意識は極めて高いのだが、それをいかに売るかという心掛けが欠けていた」との意見である。造ったものは、紙問屋が来て買ってくれるのを待つだけであった。商社を通じて間接的にしか、一般消費者の動向を把握していなかったというのである。従って、生産者と消費者の間に距離感があり、消費者の心を理解するのに半年遅れて反応する、という具合だともいう。考えてみると、美濃は生産地であり、卸売りが販売形態であった。しかし、本美濃紙を守ってゆくには、小売りの分野にも進出してゆく必要がある、というのが沢村さんの主張らしい。無形文化財の保持も大変けわしい時代なのである。

## 本美濃紙の沢村一族

長々と沢村さんの作業場を見、話をしているうちに、午後五時近くなってきた。別れ際に沢村さんの所を訪問した記念に、ご夫婦で造られた本美濃紙を買い求めた。沢村さんは、訪問の記念に和帳を下さった。帰って、箱をあけてみると、次のように書かれた紙片が入っていた。

「美濃長良川の川上、山峡の幽地牧谷で、千三百有余年の歴史を誇る技法を受け継いだ〝本美濃紙〟は、国の重要無形文化財の栄誉を得ております。わたくしたちは守ってきた特技において、はじめて楮のえも言われぬ自然色を現わし、そしてまた強いねばりを造ったものであります。わたくしたちは和紙の粋ともいえる、この本美濃紙の味わいを、お住いの中に活かしていただくことを念願して手漉したものです」

沢村さんの家を出たとき、道路を距てて、もう二軒、当時の本美濃紙保存会のメンバーの家があるのに気づいた。沢村登氏と沢村武氏のお宅である。本美濃紙保存会のメンバー五戸中、三戸までがこの地に軒を連ねていたわけである。しかも、すべて沢村姓である。この辺りには沢村姓が多い。そういえば、当時の美濃市長も沢村章氏で、これまた沢村姓である。

車が動き出すと、すぐに五年程前に訪れたことのある、美光紙工業所の存在に気づいた。落水紙を造っているところである。

山沿いの道から板取川の川畔に出る少し手前で、本田さんは車を停めた。「この辺りに、製紙紀功碑があると聞いていますので」。

岐阜県紙業試験場（当時）の方々でも、美濃紙の発展に寄与した歴史上の人物や、その人達の顕彰碑の所在を明確に知っておられる方は少なかった。殆んどどこの紙郷にも、その産地の紙祖とか中興の士がいて、顕彰碑が建てられているのが常である。その人々の存在は、その地域の製紙関係者ならば、誰でも知っている。ところが、美濃和紙の歴史においては、そのような偉大な有名人がいないのである。「美濃では、昔から質の高い紙を造ろうと、お互いに競いあって技術を磨きあげてきたのです」とは沢村さんの弁であった。紙業試験場（当時）の人達が必ずしも歴史上の名工を明確に知らないのは、それが個人名ではなく、紙漉き集団に与えられたものだからである。

しかし、『岐阜県手漉紙沿革史』や『美濃市史』などを繙くと、紙祖伝説や功労者はないわけではない。牧谷の紙祖として、太田《おおた》縫殿助《ぬいどのすけ》と羽場《はねば》蔵人《くらうど》秀治《ひではる》があげられているが、これは伝説の域をまぬがれない。製紙技術改良に努めたとして、あげられている近世の筆頭は、書院紙の名称を興したという武井助右衛門であり、他は須田万右衛門、そして、もう一人は沢村千松である。

本田さんが近くの人に尋ねると、碑の所在はすぐに判った。道路脇の消防車の車庫の隣の、木々

図7－5　蕨生の製紙紀功碑

でこんもりとおおわれた場所があった。「陸軍騎兵中尉古田吉之助碑」と書かれた忠霊塔が、大きく中央に置かれていた。その左脇に、大きな杉の木に遠慮するように建っている碑が、目的の製紙紀功碑であった（図7―5）。大きな岩の上に、ちょこんと据えられた碑の文面をたどると、「村人沢村千松氏、（中略）明治二十三（一八九〇）年私財を投じて、独力製紙伝習所を創設し、以て地方この業の発展に資せり（以下略）」と読めた。建設は沢村某及び古田某の手で、明治二十三（一八九〇）年に行われている。

ここで、またまた沢村姓に二人出会った。美濃和紙は、過去から現在に至るまで、ずっと沢村一族によって支えられてきているように思えてきた。

つるべ落としの秋は、午後五時をまわればもうかなり暗い。急いで帰途に就いた。その夜は、またしても本田さんのお宅にお世話になった。

## 小倉公園

翌二十九日も秋晴れであった。午前八時、美濃市北部にある小倉公園に向って出発。小倉公園を目ざしたのは、慶長六（一六〇一）年、同公園内にある小倉山に隠居城を築いた領主金森長近が、中世以来、美濃紙の産地として知られる牧谷、武芸谷の領地の接触点となっている大矢田で開かれていた紙市を、この公園のある上有知《こうずち》に移しているからである。上有知は、現在の美濃町で美濃市の中心部に当る。美濃町とは美濃紙の集散地として著名であったことから、その名が由来するという。美濃市の南端、関市に間近にある本田さんの家から、小倉公園に達するには、東西二キロ、南北四キロといわれる、この美濃市の中心街を通る。十五分余りで、長良川をバックにして、こんもりとした小山の小倉山の麓に着いた。

関ヶ原の戦で西軍に属していた佐藤方政にかわって、この地方の領主となった金森長近は、尾崎丸山を京都嵯峨の名勝に因んで小倉山と改名して、ここに築城したといわれる。天守閣や本丸、二の丸もなく、その石垣が、ありし日の城の面影をとどめているに過ぎない。本田さんは、「この石垣が最も絵画的ではないですか。『美濃市史』にも、この石段のところが写真にでてますから」という。城は山の南面に造られていたようである。その脊面は長良川である。

みなれたる　古城の
山や　　　月おぼろ

石段の左脇に句碑がある。碑を支える石は苔むしている。石段を登ると、その下は広場。そこには、美濃の生んだ漢学者、村瀬藤城の功碑がある。その碑は、藤城が上有知二之上町（現常盤町）の生まれ、頼山陽の第一の高弟で、梁川星巌と盟友であったと教える。

時間の関係で山頂に登るのはあきらめた。むしろ美濃紙の運搬に重要な役割を果した、上有知湊を見学したかったからである。小倉山城の北面にある、長良川の河畔のこの港は、金森長近がこの城下町を作ったとき、物資輸送の玄関口として建設したものである。朝日を山にさえぎられ、秋の日も大分高く昇ったにもかかわらず、薄暗く川面からくる風はもうかなり冷たい。今は水運の安全を祈る、水の守護神住吉神社とその献灯を兼ねた住吉灯台（図7―6）が、かつての港町の名残りをとどめるに過ぎない。案内板には、「番船四十隻が置かれていた」と記されていた。

図7－6　住吉灯台

灯台の脇の石段を下り川面まで出てみる。「長良川の形はよく変るのですが、ここはカーブした水が当るようになっていて、水が絶えたことはありません」と本田さんは説明する。従って、水深もあり、船の発着にも便利なのである。昔の人の智恵を見た思いである。その石段を逆に山側にゆくと、住吉神社。朱の鳥居だけは比較的新しく塗られたものと思われるが、小さな本殿は時代がついている。水運が電車、汽車、トラックの陸運にとって代り、船頭がいなくなった歴史をあざやかに描き出しているといえようか。

この水運は、美濃和紙ばかり運んだのではない。当然、人も運んでいる。従って、この湊は別れの場でもあった。川畔に建てられた村瀬藤城顕彰会の人は、詩碑でそれを教えてくれている。文政十（一八二七）年、藤城が恩師頼山陽と詩文を作り別れを惜しんだということを。

藤城は、美濃市史とは直接的には関係がないかも知れないが、間接的に極めて重要な文献を残している。藤城が地元の美濃和紙を大阪の漢学者、篠崎小竹に贈ったからである。小竹は、その返礼として美濃和紙の特質を巧みに表示した礼状を送り、それが現存しているのである。最近この付近の整備は進み、うだつのあがる町として美濃和紙あかり館、旧今井家住宅が美濃史料館となっている。

## 紙のブラインド

午前九時、一旦、旧試験場に戻り、午前中を岐阜県機械製紙では代表格だという大福製紙を見学した。整然とした近代的な工場の雰囲気は、また手漉きとは別世界の味がある。

午後一時、当時全国障子紙工業会の会長を務めておられた沢村守氏を、同和製紙（後のモルザ）の武芸《むぎ》工場に訪ねた。機械漉きの障子紙では、当時全国シェアの一四・五パーセントを専占して第一位の地位を占める、同和製紙（現モルザ）の社長の沢村さんは、岐阜市内にある工場と、武芸川町にある武芸工場とに交互に出勤されておられたが、その日は偶々、武芸工場務めの日だったのである。現在は、武芸谷の手漉きは完全に絶滅して、家庭紙を作る美濃桜製紙と、丸華製紙と、この旧同和製紙（モルザ）の武芸工場など、若干の機械漉き工場に変っているのである。

手漉きが機械漉きに圧倒されているのを眺めて、家業を継ぐと沢村さんは、この会社を昭和三十一（一九五六）年に設立。機械漉きによるレーヨン、ビニロンなどの化合繊の障子紙を手がけ、折からの高度成長期における住宅新築にともなう、障子紙の著しい伸びを背景にして、今日の地歩を築かれた。沢村さんがとった道は、本美濃紙が本来障子紙であったのをふまえ、それを現代風にアレンジしたのであった。本美濃紙保存会の五人の会員中、三人の沢村さんを保守派とすれば、旧同和製紙（モルザ）の沢村さんは革新派である。同じ沢村一族が形を変えて、美濃紙の伝統を継承しているのは面白い。本田さんはいう。「ここの社長さんは当時の美濃市長の実弟です」

沢村守氏が、障子紙に対する並々ならぬ愛着を持っていると思ったのは、同氏が発行された『障子の本』（監修　林雅子、木耳社、一九八二）を読んだ時からである。このなかで沢村さんは、障子は昔ながらの和風の家だけでなく、現代建築においてもマッチしたものであり、光、熱、空気、音の透過機能からくる住宅環境づくりの優秀性を、科学的に説得しようと試み、成功している。更に、最近では『美濃紙——その歴史と展開』を上梓され、その情熱は、深い美濃和紙の持つ伝統技術に対する敬愛心から発していることを示された。

本館二階の応接室に通された。窓には、試作中の紙のブラインドが飾られ、秋のおだやかな光をやさしく透過させ、室内場所を明るく照らしていた。手漉きの障子紙から機械漉きの障子紙に展開させて、成功をおさめた経営者の頭のなかを、紙製のブラインドの事業展開が大きく占有していた。「ブラインドは紙障子の現代版ですヨ」。欧米の文化水準にキャッチ・アップしようと懸命に努力した日本人の衣食住は、洋風化が一段と進んだ。マイ・ホームは洋風・洋間が多くなり、障子からカーテンやブラインドになっている。また、インテリアへ人々の関心も高まっている。このような風潮は、障子紙の需要の伸び悩みとなって現れている。「障子紙でメシを喰っている」経営者としては、まず第一に考えることは、障子の延長を主題とした新事業である。欧米に旅行にいっても、絶えずそのような目で眺めてきた。その結論が、紙のブラインド造りであった。「頭で考えてから、実行に移すまでに五年かかりました」。カーテンやブラインドは窓からの採光の光量調節機能があるが、光の質を変えられるものではない。障子紙には、単に光量のみならず、外光の中の熱線を除いてやさしい光だけをとり入れることができる。その機能は紙が果す。そこで、ブラインドを紙で作れば、障子的な機能を持たすことができるという発想の実行である。

だが、この実行には、事業経営上は大きな変換をせまるものがある。障子紙をはじめ、化合繊紙などの工業用途への紙の場合は、素材の製造販売であった。だが、ブラインドは完成製品。既存の販売ルートではかばかしくない。勿論、市場に金属やプラスチックのブラインドのルートはあるが、新製品を委託するには問題がある。そう考えた沢村さんが出した結論は、自分自身で自社の製品をマーケティングできる体制を整えるということであった。それがモルザという事業部の設立である。モルザとは、「ブリジストンと同じですヨ。あれは石橋の英語をひっくり返したものでしょう。マモル・サワムラ、これから語呂を考えて作りました」

社長自ら案内して下さった工場は、将来三百億円とも予想される、この市場のために大きなスペースがさかれ、来たるべき時代に大きく飛立つ構えが準備されつつあった。

## おわりに

正倉院文書のなかにある美濃国戸籍断簡のすぐれた紙質は、古来から美濃紙の技術水準を示唆するものであった。この技術を母体に、中・近世に本美濃紙の抄紙技術が完成した。本美濃紙は、主体を障子紙とし、他に傘紙、提灯紙など、光の透過性と係りを持った用途であった。人間の五感のなかで最も鋭敏な、視覚に耐える紙質として、本美濃紙は高い技術水準を示した。手漉きから現代的生産性を誇る機械漉きに移ったときも、美濃にはこの精神が継承され、機械漉き障子紙のシェアの高さを誇った。そして、ハウジングが和風から洋風に移行するに従って、障子紙の延長線上にある紙のブラインドへと転換が試みられた。これが生まれかわった本美濃紙の姿ともなった。美濃和紙とは、本質的に光に対する紙の極限的性質を探求して完成された技術である。その伝統的精神は、時代のニーズに表現形態を変えて、色々と演出されてゆく様子を、この短い探訪の間に教えてくれたとの印象をもって、長良川に別れを告げた。

（昭和五十八（一九八三）年十二月記）

謝辞　本訪問は、岐阜県紙業試験場（当時）本田勝喜氏によって準備され、また、案内して頂いた。また、名古屋と美濃間の往復は、天野製薬㈱の大矢隆一氏（当時）のお世話になった。記して深謝の意を表したい。

参考文献

（一）柳橋　真、『和紙　風土・歴史・技法』、八九頁、講談社（一九八一）

付記

筆者が美濃和紙について、魅惑されたのは、その美しさもあるが、モルザ社長澤村守氏（当時）の美濃和紙に対する情熱であった。それはレーヨン障子紙、紙のブラインドという機能紙への展開につながったが、他方、『美濃—その歴史の展開』（澤村正編）、木耳社（一九八三）及び『障子の本』（監修　林雅子）（同和製紙（モルザ））（一九八二）の出版にも現れている。

前書では古代美濃紙が渡来族系統の技術と関係していたこと、近世では江戸幕府の御用紙のひとつになっていたこと、近代に至っては紙郷の有様が詳細に記述されている。

後書では、建築のなかの障子の機能として、光、熱、空気及び音に対する特性を論じており、モルザが美濃和紙から何故、機能紙の分野に展開したかが理解される。

# 第八章　黒谷和紙の里（綾部市黒谷町＝京都府・丹後）

## —団結と女性の副業で支えられる和紙づくり—

### 黒谷和紙の里探訪ガイダンス

京都府の北部には紙漉きの里が二か所ある。一つは綾部市黒谷町で、古くは丹波に属した。戦前には奥口黒谷と呼ばれた八代町でも造られていたが、現在はなくなった。もう一つ宮津市と福知山の中間点である大江町二俣に一戸（田中製紙工業所）ある。この地は古くは丹後に属する地区であった。

このように、これら地区は車社会になるまでは、統治も複雑で、交通の不便な僻地であったが、伝統工芸の粋を極める京都の文化を支える紙の供給地であった。京呉服の札紙、渋札紙とよぶ値札紙、紙衣座布団などが紙製品にあることでも判る。この地の紙漉きの起源は平家の落ち武者などが始めたとの伝承がある。

紙漉きは山間の僻地で狭い耕作面積の農業の傍らの作業であり、他地域と異なり、機械漉きへの展化もほとんど見えず、一貫して古式の紙漉きを遵守した技法を行ってきた。それ故、部落の団結が強く、製品は京都の需要者に直売体制であり、紙商の活躍することが少なかった。

そのため、戦後は、黒谷和紙協同組合は農協の組織と結びつき、原材料、薬品、用具などの購入、製品の受注、製品の販売を受け、共同作業場が完備している。そして、組合を通して生産販売計画がなされている。それ故、漉き手は女性が多く、奥様の副業で、男性は舞鶴などに勤務するサラリーマンという形態をとり、伝統的な技法が守られ、品質も優れている。しかし、現状はその漉き手が減ってきている。

なお、平成十七（二〇〇五）年には新たに黒谷和紙工芸の里が和紙工芸研修センターとして設置され、京都伝統工芸大学校の若い研修生を受け入れ、伝統技法の伝承り体制が整って活気を取り戻している。僻地であったために、「コウゾ揉み」、「コウゾ揃い」、「煮ごしらえ」、「コウゾ煮」、「身だし」、「紙叩き」、「ビーダー」、「紙漉き」、「押し」などと製紙作業名の方言も独特であるのも珍しい。

## はじめに

民芸運動の提唱者、柳宗悦が京都在住の時、足繁く通ったのが、毎月二十一日にたつ東寺の広法の市と二十五日に北野神社でたつ天神の市であった。この朝市で見出されたのが、丹波の氷上郡佐治付近で作られていた「丹波布」である。横糸に、染めない白い玉をところどころいれてある手紡ぎ、草木染めの木綿の布である。これに代表されるように、丹波は民芸の里である。和紙も、民芸品の一つ。それ故、丹波、丹後地域は（合せて丹州と呼ばれる）特徴ある和紙をはぐくんできた。

筆者の探訪時、京都府に属する丹波・丹後の国には、紙漉きの里が合わせて三カ所あった。その最大の集団は綾部市黒谷町（口黒谷と呼ばれた）であり、三十二戸、六十〜七十人が従事していた。その上流にある八代町（奥口黒谷と呼ばれた）でも、戦前には十軒程あったという。もう一カ所は宮津市と福知山市とを結ぶ宮福鉄道のほぼ中間点、大江町二俣に一戸。そして丹後半島の根元、日本三景の一つ天橋立の北、西国三十三カ所の二十八番札所、成相寺にほど近い「畑」というところに、一時消えていた和紙造りが、二、三人の人で復活されていた。

黒谷和紙は、その特徴ある紙質と同時に、他産地と一味違う独自の運営方式をとってきた。綾部市農協の傘下の事業部という運営形態である。この運営方式がどのような成果をあげ、またどんな問題を内在させているのであろうか。一方、この黒谷は、和紙の退潮期に農協の理事となられた中村元氏によって牽引されてきた。しかし、訪問時の昭和六十三（一九八八）年四月から新しいリーダー、福田清氏にバトンタッチされた。このような世代交替が黒谷和紙にどんな影響を及ぼしているか。一時期、全国手漉和紙連合会の事務局ともなり、全国の和紙の中心になった黒谷の運営哲学とは何か。今回の訪問は、かかる実態を知ることが大きな目的であった。

## 地理的環境

黒谷和紙を漉く女性を唄った「丹《に》の女」という歌が作られている。
弥仙山《みせんさん》の山間に

ひそかに眠る　丹《に》の郷《さと》に
平家ゆかりの　手漉紙
ゆかしいまでも　ひとすじに
技《わざ》を伝える　丹《に》の女

清い流れの伊佐津《いさつ》川
紅もえた　山々が
尺余の雪に　代っても
楮《こうぞ》はぎやら　楮もみ
その手休める　こともない
（以下略）

紙漉き唄としては、余りにも現代風のメロディーである。黒谷の地理風土を考えるとき、この歌詞の地名と雪がキーワードになる。

弥仙山というのは舞鶴市の南にある標高六六四メートルの山である。この西山麓を流れて、舞鶴湾、そのうちでも西舞鶴港に流入しているのが、伊佐津川である。

この伊佐津川沿いに綾部と西舞鶴を結ぶＪＲ舞鶴線と国道27号線が走っている。黒谷町は、この両市の中間より、かなり舞鶴寄りに位する。この地点で、支流、黒谷川が主流伊佐津川と合流する。ここは丹波の国といっても、丹後の国との境に近い。

気候は、裏日本特有の多雨多雪。それ故水が豊富で、春から秋にかけては養蚕、冬から春にかけては和紙という、典型的な山村農産業を育ててきたといえよう。「私の小さい時は、雪は一メートル以上も積もりましたが、最近は七、八〇センチ程しか降りません」。当時、新しく黒谷和紙のリーダーになられた福田清氏の言葉であった。尺余の雪とは、このことを指すのであろう。

## 黒谷へ

黒谷訪問を計画したとき、黒谷和紙のリーダーである中村元氏に手紙を書いたところ、「定年をはるかにオーバーしましたので、この三月で農協を退職、後任に福田清氏が担当しています」というご返事を頂いた。黒谷和紙の現代史は、中村氏を抜きにしては語ることはできない。氏が農協理事に就任されたのは、昭和三十六（一九六一）年であり、実に二十六年間にわたって黒谷和紙の指揮をとってこられたことになる。この四分の一世紀は、和紙の衰退期で続々と家業を止める家が相次いだが、ここ黒谷だけは、廃業した家が極めて少なかったのである。

訪問に先立ち、高知県紙業試験場の宮地亀好氏から、昭和五十六（一九八一）年十二月、昭和五十九（一九八四）年七月の黒谷出張の際の復命書の写しと、昭和六十二（一九八七）年度の全国手漉和紙製造業者のリストを送付して頂いた。それによると、手漉関係者は全部で三十二戸、その内訳は札紙十三戸、楮紙《こうぞ》一般五戸、美術紙七戸、民芸紙二戸、その他、便箋類、特厚楮紙、木版画紙、文庫紙、封筒原紙、書道用紙、紙衣原紙、各一戸となっていた。

「『エブ紙』という独特の紙がありますから、注意してみてきて下さい」とは、宮地さんからのアドバイスであった。

京都駅から山陰線、「あさしお三号」に乗り込んだのは、昭和六十三（一九八八）年五月二日。大型連休の真只中で、列車も混んでいた。綾部駅着午前十時五十七分、京都駅から一時間二十分である。綾部はグンゼの発祥の地であり、駅の近くに、その創立者の波多野鶴吉の銅像がある。同社は、和紙の裏作、養蚕から出発して大きくなった会社である。一時期、黒谷和紙の最大の顧客であった。綾部駅から黒谷までは、十三キロ。タクシーの運転手は「黒谷はあまり一般化したものではないので、あまりお客は多くはありません。でも、団体がちょくちょくありますヨ」という。

黒谷は綾部から入る場合には、黒谷大橋、かじか橋という二つの橋を渡り、黒谷のバス停を過ぎたところから伊佐津川を渡って西に入る。小さな橋であるが、両側に道標が、左右から迫りくる大きな山を背景に大きく出ている。右側には、黒地に白で「京都府指定無形文化財・伝統の技術と美・黒谷の和紙」と書かれていた。左側は絵入りの立看板である。「和紙の里・黒谷」その下には紙漉き唄の文句と紙漉きの絵がバックに描かれていた。歌の文句は女性を唄う。

図８－１　黒谷和紙会館

おまえ紙なら　わしゃ紙すきじゃ
とけてすかれる　みじゃわいな

道の両側は山、入った道路も山の方に向かう。一〇〇メートル程蛇行した道を入ると、小さな川に出た。これが黒谷川である。この川が作る谷間の部落が紙漉きの里だ。この小川はコウゾの黒皮剥ぎの作業場と化する。

タクシーが止まった。黒塗りの格子造りの建物の前である。黒谷和紙会館と書かれてあった。この建物が黒谷和紙の中枢である。紙加工の作業場でもあり、また資料館でもある（図８―１）。

## 推進母体は農協

館内は、一見商店という感じであった。封筒、便箋、ハガキ、和綴じ帳、巻紙、名刺など未晒の紙、あるいは染め紙を基調とした加工品や紙布をベースとしたネクタイ、手提げ、眼鏡ケース、ハンコ入れ、財布などがガラスケースに展示されていた。特徴的なことは、展示品のなかでは紙布製品の進出ぶりである。館内の片隅の窓際に、これは売り物ではありませんと断り書きが着いた太布が置かれてあった。かつて、この地方にも太布が作られていたことを示す証拠である。岡村吉右衛門氏の現代の原始織物の調査（昭和三十五（一九八〇）年頃）では、京都府では宮津の世屋村の木子、上世屋、下世屋で藤布が作られたことが記されている。（一）世屋村は、丹後の紙郷「畑」の近くである。

中村元氏の後任者、福田清氏が出てこられて、冒頭にいわれたのは、「この建物は農協のものなんです」であった。この和紙会館は訪問時から数えて六年前（昭和五十七（一九八二）年）に京都府、国庫補助を得て綾部市農協黒谷和紙事業の建物として建築されたものであった。

事業部の源泉を遡ると、明治二十五（一八九二）年に設立された「黒谷紙類販売組合」に至る。水口半次郎らが黒谷和紙の副業的存在を脱却して主業的な色彩になるための措置であった。（二）（三）水口半次郎（文献（二）では半治郎）は、明治二十（一八八七）年には先進基地、土佐の漉き方の技術を導入し、技術革新を図っている。この漉き方は、現在の障子紙の漉き方の基礎になっている。この黒谷紙類販売組合は、その後、合名会社、産業組合、農業会と名称の変遷はあるものの、組織の実態は殆ど変化はない。昭和二十三（一九四八）年、農協法の成立とともに、その傘下に入り、当時、東八田地区の農協の黒谷和紙事業部になっていた。ただ、農協のなかでは、他の農業関係とは独立採算制をとっていた。

黒谷和紙を漉く人達は、皆、この事業部の組合組織に入っている。中村さんもそうであったが、新しく就任された福田さんも農協の事業部長として、運営の全責任を委されている。事業部長は、黒谷和紙という会社の実質上の社長である。あらゆる紙、及び紙加工品の注文は事業部長が担当する。注文があった紙は、組合員である部落の人に、原料を提供し、紙の種類、量、納期までも指定して漉いて貰う。加工費は、紙の種類によって決まっており、その技能、経験年数、品質に殆ど差別はない。納入された紙は、事業部が在庫して需要者に販売するという仕組みになっている。つまり、事業部自体が一つの会社組織となっており、部落の人はこの組合から賃金を受けとっている。事業部は原料の仕入れ、注文、そして製品の販売までの全責任を持って運営されているのである。黒谷においては、個人の家が、直接紙の注文を受けて漉くということはあり得ない。個人的な抜駆けはなく、皆、組合の人、組織の人なのである。部落の団結は固いのである。

黒谷和紙の全権を持つ福田さんは、どの家でも、どんな紙でも漉けるように、またある家に偏らないように発注するよう努めているとのことだった。

原料も組合の一括購入である。毎年、年末に部落の家々に注文書を廻して、どんな種類の紙をどれだけ造る予定か、という注文予定を受けて、集計し、年間の生産額を定めて原料商に発注する。組合員たる各部落の家々は、組合の受注を受けて、原料をもらい、紙を漉き上げて、できた紙を組合に持ってくる。組合は原価計算し、手間賃を支払う。生産した紙は、組合が全量購入してくれるから、部落の人は安心して紙漉きに専念することが出来るという。

この組織の根底には、部落の者は皆が助けあい、皆がよくなろうという互助精神がある。技術的に優れた人は、能力的に劣る人の技能をかばい、持ちつ、持たれつして生活を維持していこうという精神からきているのである。

## 組合制度の功罪

福田さん自身は、紙漉きを三十年間やってきて、昭和六十二（一九八七）年の秋から前任者の中村元氏と一緒に半年程運営方式を学び、中村さんが退職した三月から、全責任を持たされた。しかし、これだけの権力を持ちながら、身分はご両人とも、農協の嘱託なのだそうだ。

事業部の組織を支えている人は、事業部長の外に、事務を担当する人、出荷をする人がいずれも一人ずつ、そして紙加工に従事している人が十人からなる。福田さんを除くと、すべて女性である。他に、共同作業場を管理する男性が一人いる。これだけの一見弱体に見える組織を支えているのは、この部落の人の間にはぐくまれた信頼関係である。事業を一身にまかされる事業部長は、組合員の選挙によるのだそうだ。

この事業部を支えているもう一つの団体がある。「黒谷和紙振興会」という組織である。外部団体との折衝に当たる機関であり、事業部長は、この幹部には事業案内を報告する義務があるのだという。

これ程、組織としては強力なものであるが、不思議なことに規約はないのだという。福田さんはいう。「書いたものはありませんネ。長年、皆習慣でやっているんですヨ。この部落は一つ屋根にいるようなものですから」

事業部の推進体制、やり方、権限などがすべて不文律とは驚きである。何故、こうもうまく運営しているのか、との問いに、福田さんは「『和紙の心』ですヨ。私達は商売人ではないのです。すべて相手をお互いに信用しているんです」という。黒谷部落は一つの会社というより、むしろ一つの家族なのだ。狭い土地に、細々とした生活で暮らしている間に同族意識が芽生え、育った。「結婚した翌日から、紙が漉けなければ嫁には行けなかったんです。紙が漉けるということは、結婚の必要条件なんです。だから、結局、この部落のなかで結婚することになったんです」。つまり、黒谷部落とは一つの閉鎖社会のなかでできあがった相互扶助社会であり、当時、それが存続しつづけていたのである。

だが、このような持たれ合い社会には、いくつかの問題点を指摘できる。

第一は技術に対する向上心が風化しないかということ。この社会では競争心が排除され、技能に対する評価が十分なされない恐れがあるからだ。皆、人並みの努力しかしないことになる傾向がある。技術は人並み以上の努力をしてこそ、高い技能を体得できるのであろう。

第二には、組合から受けた注文は、自分の性に合わなくとも、嫌がらずにやらなければならないこと。漉き物の種類が広範囲に分散する傾向があると予想されること。紙漉きが属人性のある技能であるだけに問題を残すであろう。

第三に組合とは直接雇用関係にないので、保険・退職金・年金などの福祉関係の契約がなされていないことである。黒谷和紙の年商は原紙・紙加工品合わせて、当時一億四千万〜一億五千万円程だという。一人当たり平均年収は原料・薬品など消耗品を入れて二百五十万円余となる。従って当時、男性が専業としているところは十軒余りで、一般的には奥さんの副業ということになる。福田さんは、「高齢化が進んでいましてネ、平均年齢は六十歳以上でしょう。最高は八十五歳、若い人で四十五歳程度です」といわれた。この金額では生活できないから、若い夫婦の場合、夫はサラリーマンとして近郊に働きに出、奥さんの副業として紙業に従事するという結果を招く。黒谷和紙を主力となって支えているのは、女性と定年前後の男性ということになる。かかる構成にしているのは、年収が低いこと、そして福祉厚生関係の身分保障制度の不完全さにあるのではなかろうか。

## 歴史的零細性

黒谷和紙が何故、このように村全体に強い団結が結成されたのであろうか。その鍵は黒谷和紙形成の社会的条件を考察する必要がある。それには、綾部史談で発表された川端二三三郎氏[四]の論文が参考になる。

江戸時代、伊佐津川流域には紙漉き専業が成立したが、田辺藩には黒谷の下流の伊佐津村で文政八（一八二五）年の盛時で四十五戸を数えた。しかし、ここは、明治五（一八七二）年、三十戸に減少し、その後、しばらくして消滅している。上流の黒谷村は明治五（一八七二）年の最盛時七十六戸、その後は減少したが、未だに当時三十五戸残り続けているのである。その理由は、他村と異なって黒谷村は極端に零細だと、川端氏は解析する。具体的には、江戸時代の黒谷村は梅迫谷領に属して、村高は口黒谷十六石余、奥口黒谷九石であった。一石を一反と仮定すると、明治五（一八七二）年の同村の一町七反余（田として）とほぼ合うという。そこで「石」、即ち「反」と考えると、明治元（一八六八）年の黒谷近傍の耕作面積を推定することができる。表8−1は、東八田地区の一戸当たりの石高、つまり反高であ

表8－1　東八田地区一戸当平均石高
（明治元（1868）年）

| 村 | 村高（石） | 軒数 | 平均石高（石） |
|---|---|---|---|
| 中　村 | 146.62 | 35 | 4.19 |
| 安国寺 | 379.25 | 76 | 4.99 |
| 梅　迫 | 534.40 | 140 | 3.81 |
| 上　杉 | 1,277.50 | 282 | 4.53 |
| 箕　内 | 44.95 | 37 | 1.21 |
| 大　股 | 44.70 | 48 | 0.93 |
| 中川原 | 54.82 | 50 | 1.09 |
| 下　村 | 55.52 | 50 | 1.11 |
| 口黒谷 | 16.66 | 74 | 0.225 |
| 奥口黒谷 | 8.33 | 37 | 0.225 |
| 小　計 | 2,562.78 | 829 | 3.09 |
| 西八田地区 | 5,186.98 | 684 | 7.58 |
| 綾部全域 | 48,709.13 | 9,029 | 5.39 |

る。これをみると、口黒谷、奥口黒谷だけが、他の村落と比較して、一桁耕作面積が小さいことが判る。このうち、黒谷に残る最古の文書によると八郎衛門という人は石高が四石前後であったこと（おそらく名主であろう）、耕作面積の不足を補うために、他村に「出作」に出かけたり、隣接の上杉村と「やまの所有争い」の訴訟を起こしたりしている。つまり、黒谷部落だけでは耕作地が十分でなく、他に副業を持たざるを得なかったのである。紙漉きは、山村には最も適した副業とみなすことが出来る。

黒谷部落の人々が固い団結のなかで生活してきたのは、このような極端な零細性にあるといえよう。

## 黒谷和紙の特徴

黒谷和紙の存続のためにと、事業部で打ちだしている指示は、「古来からの和紙の技法を遵守すること」であった。「機械化したり、手抜きをしてはいけない。昔のやり方をそのまま実行しなければ、明日の黒谷和紙はない」。それは、一見無謀のようで、最良の策であった。機械化への転換をやらずに、伝統的な技法を、村落全体が守りつづけたのは、零細性から育成されつづけた団結心、根性、そして黒谷村の伝統的、土着的気質に由来するものであろう。このように多数の家が和紙に関連しながら、機械漉き和紙工場が一軒も見られないというのは他に例を見ない。脱落、抜けがけ者が出なかった証拠である。

黒谷和紙が守っている古来からの技法を眺めてみよう。

原料面では、コウゾが主体で九〇パーセント、ミツマタは八パーセント、ガンピは二パーセント程度である。ミツマタもガンピも特別注文品なのである。ここでは、品質の低いタイ産コウゾは全く使用されていない。コウゾは、一番多いのが四国もの、次いで地元の丹波・丹後、近畿では和歌山、関東もの、いわゆる那須コウゾも使われている。購入するのは黒皮が主で、年間約六千貫、白皮、中白皮と呼ばれるものは合わせて千五百〜二千貫程度であった。黒皮は、組合から購入すれば、自分のところで処理して、白皮として使用するのである。従ってすべてのコウゾは白皮を主体として使用するという鉄則を持っている。因みに、北丹波では、コウゾをカゴという方言で呼んでいるのだという。

次いで蒸解薬品。さすがに木灰は使用していないが、それに代わるソーダ灰である。苛性ソーダは原則として使用しない。節や傷のある原料を対象にした時にのみ、苛性ソーダとソーダ灰が混合で使用される。ここでも繊維は傷めてはいけないという規定が活きている。未だに木灰を用いている時もある。文化財補修用の紙を受注したときである。

漉きものの主体は、「黒谷判」と呼ばれる大きさの傘紙と文庫紙、そして書道用の半紙、画仙紙、最近では民芸紙、美術紙などの加工紙の注文も多いということだ。

黒谷判というのは、タテ一尺三寸（四〇センチ）、ヨコ一尺六寸（四八センチ）の大きさである。福田さんから頂いた「黒谷和紙寸法表（表8—2）」には、紙の用途に応じて、すべて大きさの規格を定め、かつ簀の太さまで細かく規定が作られている。組合による品質管理が行き届いている証拠を見せられた思いであった。「私達は、商売人ではない。『和紙の心』で相手に接しているのです」という福田さんがいう和紙は、このように、品質の保証された和紙なのである。従って、「卸業者の方から、急いで造ってほしいという依頼も規定の日数をかけなければできないので、ご了承

表8－2　黒谷和紙寸法表

| 黒谷和紙寸法表 | | | |
|---|---|---|---|
| 名称 | 米寸法 | 尺寸法 | 簀太さ |
| | cm　cm | 尺寸分　尺寸分 | |
| 文庫紙大 | 38 × 88 | 2.75 × 2.90 | 細 |
| 大判 | 82 ×100 | 2.70 × 3.30 | 太 |
| 菊倍判 | 70 ×103 | 2.30 × 3.40 | 細 |
| 向長 | 66 × 97 | 2.20 × 3.20 | 〃 |
| 画仙紙 | 73 ×136 | 2.40 × 4.50 | 〃 |
| 四ツ判大 | 62 × 97 | 2.05 × 3.20 | 〃 |
| 文庫判 | 62 × 91 | 2.05 × 3.00 | 〃 |
| 人形紙 | 60 × 91 | 2.00 × 3.00 | 太　細 |
| 半紙大判 | 48 × 97 | 1.60 × 3.20 | 太 |
| 襖紙 | 58 × 97 | 1.95 × 3.20 | 細 |
| 障子判 | 55 × 97 | 1.85 × 3.20 | 〃 |
| 封筒用 | 53 × 92 | 1.75 × 3.05 | 〃 |
| 木版大判 | 50 × 85 | 1.65 × 2.80 | 〃 |
| 菊判 | 48 × 64 | 1.60 × 2.10 | 〃 |
| 木版用紙 | 45 × 62 | 1.50 × 2.05 | 〃 |
| 提灯紙 | 58 × 72 | 1.80 × 2.40 | 〃 |
| 長判　大 | 43 × 78 | 1.40 × 2.60 | 〃 |
| 〃　中 | 40 × 97 | 1.30 × 3.20 | 〃 |
| 〃　小 | 36 × 91 | 1.20 × 3.00 | 〃 |
| 奉書紙 | 43 × 54 | 1.40 × 1.80 | 〃 |
| 西ノ内大 | 42 × 56 | 1.40 × 1.85 | 〃 |
| 西ノ内中 | 39 × 51 | 1.30 × 1.70 | 〃 |
| 黒谷判 | 40 × 48 | 1.30 × 1.60 | 〃 |
| 宇田判 | 33 × 48 | 1.10 × 1.60 | 太 |
| 泉貨判大 | 32 × 44 | 1.05 × 1.60 | 細 |
| 〃　中 | 30 × 45 | 1.00 × 1.50 | 太　細 |
| 〃　小 | 30 × 41<br>29 × 41 | 1.00 × 1.35<br>95 × 1.35 | 〃 |
| 図案用紙 | 32 × 39 | 1.05 × 1.30 | 〃 |
| 〃　小 | 29 × 32 | 95 × 1.05 | 太 |
| 小判 | 26 × 30 | 85 × 1.00 | 細 |
| 木版小判 | 26 × 38 | 85 × 1.25 | 〃 |
| 便箋用紙 | 30 ×2.05<br>27 × 18 | 1.00 × 69<br>90 × 60 | 〃 |
| 色紙　大 | 24 × 27 | 60 × 90 | 〃 |
| 〃　小 | 21 × 24 | 70 × 80 | 〃 |
| カード | 14 × 20 | 47 × 65 | 〃 |
| 〃 | 19 × 20 | 62 × 65 | 〃 |
| はがき | 15 × 10 | 49 × 33 | 〃 |
| たんざく | 36 × 6 | 1.20 × 20 | 〃 |
| 名刺大 | 9 × 6 | 30 × 20 | 〃 |
| 扇面 | — | — | — |

頂いています」という。

急いではできないということは、黒谷和紙の特徴の一つで、それは全て、天日乾燥に依存しているということにある。板干し乾燥のみというのは、日時をかけてもよいものを造るという黒谷和紙の良心の具現である。

高知県紙業試験場の宮地さん（当時）から聞いていた「エブ紙」のことを福田さんに伺った。「ここでは札紙、渋札紙、あるいは値札紙といっていますネ。黒谷の傘紙の応用で、当地では、原紙の形で出しています」という。

福田さんが「エブ紙」という言葉が理解できなかったのは無理もないことである。エブとは、通常「絵符」又は「会符」と書き、「エフ」と呼んでいる。これを「エブ」と濁るのは土佐の方言であるという。「目印のために付ける紙札の類」を指す言葉であるが、必ずしも土佐弁だけではない。淡路島あたりでも、このような発音をしているからである。

黒谷で造られた値札紙の原紙に対し、渋は京都で塗布される。細く切って呉服の反物に付けられる。反物の染色処理の指令書である。この指令書によって、染色が行われる。従って、この紙は反物と一緒になって、染色処理、水洗、水蒸気処理など各種の染色工程に耐えて、最後まで反物に付いていなければならない。強靭な湿潤強度を要求されているのである。このためには、黒谷和紙のように、良心的に伝統的技法に従って造られた紙しか満足しない。他には高知県の大豊町岩原で、水車で叩解していた三谷重臣氏のところで見たことがある。(五) ここの紙も、素朴な良心的な紙であった。黒谷和紙が、他の産地の紙を排し、採用されているのは、実に手間、暇を惜しまず造られているからである。京都に近いという理由からではない。

強度といえば、戦後、国鉄の輸送に使用された荷札の針金を通した丸い穴の周辺を保護するために用いられた補強用紙にも、この黒谷和紙が採用されたことがある。こちらは乾強度で勝負したわけであるが、輸送手段の変化に伴って、昭和三十（一九五五）年以降、消えている。

福田さんのお話をうかがっている時に、気づいた黒谷和紙のもう一つの特徴は、漂白工程がないということ。未晒しの色、特性を活かした用途にしか向けていないということである。ここにも素朴さがある。

ところで、このような技法について、事業部で指導するかというと、そうではなさそうである。福田さんはいう。「家それぞれ伝統がありましてネ、漉き方がそれぞれ違うんですヨ。母親は娘が十四、五歳になると手を取って教えてきました」。黒谷和紙は家伝として、親から子へ、子から孫へ、女性を通じて引き継がれてきたらしい。組合という大きな枠がはまっているなかにも、家の個性が活かされているところも黒谷和紙の経営の一つの特徴といえるかも知れない。

以上述べてきたような特徴を持つ黒谷和紙であるが、文化財の指定となると意外に厳しい。

黒谷和紙会館の応接用の区劃の壁に、「京都府無形文化財」の認定証が掲げてある。日付けを見ると、昭和五十八（一九八三）年四月一日。だが、国の指定となると難しい。窓口は京都府商工部美術工芸課を通すわけだが、黒谷和紙の推進母体は農協。農林水産省の所轄である。色々周辺の事情もあることであろうが、行政官庁の縄ばりの違いも一因かも知れない。これだけ、伝統を遵守しているまとまった地域なのに、国の重要無形文化財の指定が得られないのは、門外漢には意外な気がした。

## 共同作業場

昼食を「丹之郷」で済せて、再び和紙会館に戻った。会館の隣りにわらぶきの古風の家がある。ここは、かつて小学校の先生方の職員室で、今は和紙の見本が二、三置いてあるだけ。この和紙会館は小学校の跡地に建てられたのであった。ここは奥黒谷を含めて黒谷部落の中心である。山間をぬって流れてきた黒谷川は、ここでやや北に曲がり、伊佐津川に注ぐ。黒谷部落では、この辺りが最も平坦な土地なのである。ここに、村の紙漉き作業の共同作業場をしつらえたのは当然のなりゆきである。（図8―2）

福田さんに案内されて、共同作業場に行く。どの家も殆ど煮熟、塵取り、叩解の作業は自分のところではやらない。共同作業場に持ち込む。共同作業場には、大小二種類（二〇キロと二五キロ）の蒸解釜があった。いずれもレンガで周囲を囲んだ重油バーナーを燃料とするものであった。コウ

図８－２　共同作業場

ゾ白皮は二、三日水に浸漬する。水は黒谷川の川水を砂濾過して使用する。ソーダ灰は原料に対して一五パーセント程度添加し、二、三時間煮熟して、一日放置する。水槽は、大きくはないが、比較的深い。

打解機は、隣接の大きな建屋のなかにある。かなり大きなもので、五連程あった（図８―３）。土佐和紙の技術であろう。ここはゆったりとした作業場となっていた。ナギナタビーターも、かなり大きなものである。ここで叩解し、叩解したものを水洗、塵取りする。漉き槽も二基あった。団結の象徴といおうか、共同作業場内の整理は見事なものであった。筆者が訪れた時、偶々一組の夫婦が叩解終った紙料を処理していたが、共用の作業場の使用マナーは美しいものであった。

共同作業は、広くて使いやすい。あまり多くの作

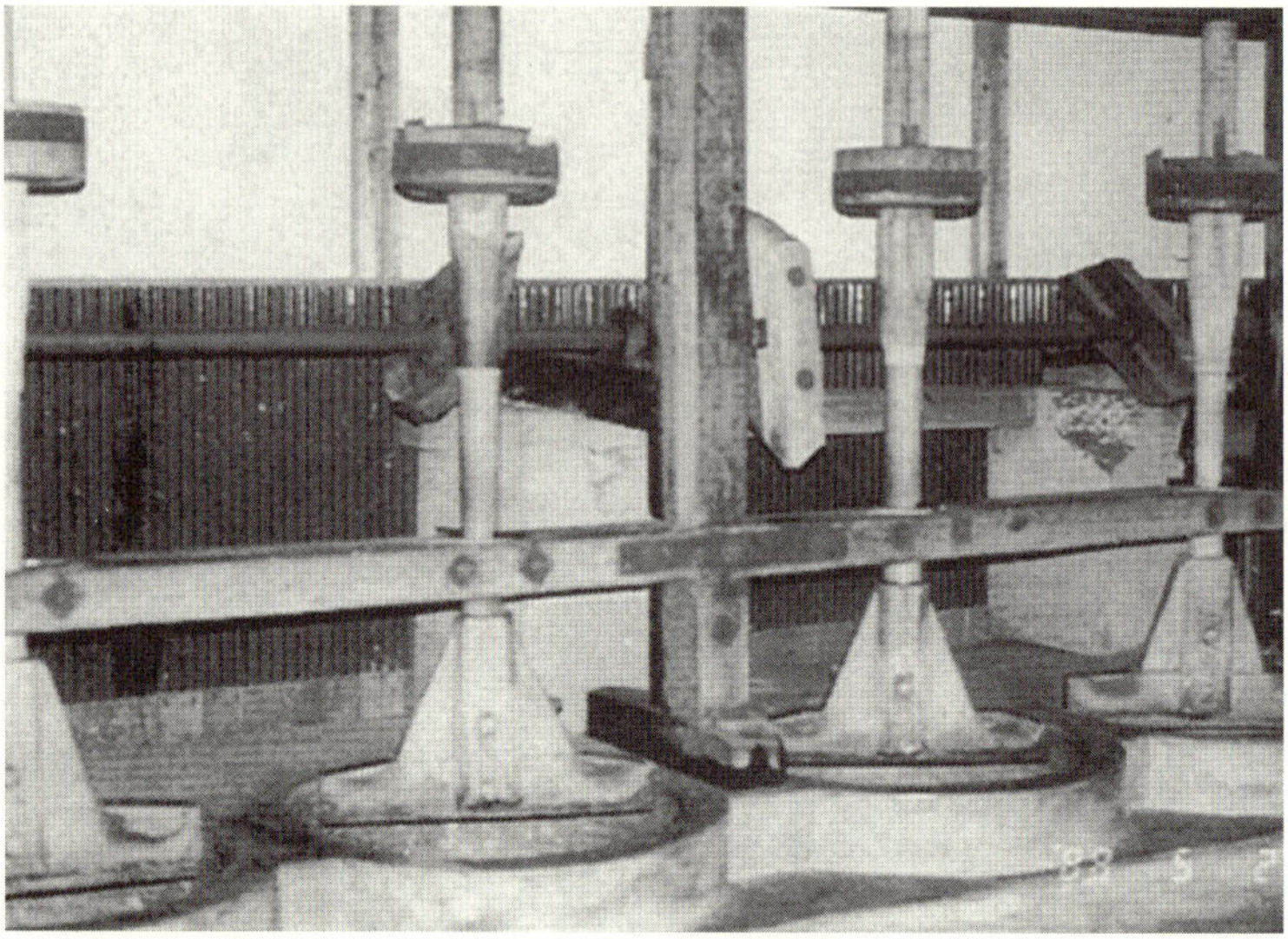

図８－３　五連の打解機

業道具がないのは、各自で持ち込んでやるのだろう。大きな固定的な道具のみが共同作業場に置かれているのである。

午後二時三十分、作業場を出て、黒谷川に沿って部落を歩く。黒谷川は、川幅二メートル程の小さな川である。それに沿って幅三メートル程の道があり、両側に家並みが続く。両側とも山がせまるようにそびえ、平坦にするために石垣積みをした家も多い。さすがに春である。新緑が美しく、庭先には色とりどりの花が咲きこぼれる。石垣には、庭ざくらがピンク、あるいは白の花を一面につけている。水はなごみ、紙郷の昼の静けさを満喫した。

和紙会館のすぐ裏手に、板干しをしている家があった（図８―４）。また、燃料にするのであろうか、靭皮部を剥いだ木質部のみのコウゾを束ね

図８－４　板干しの風景

て干してあったり、洗濯物を干すようにコウゾの白皮を精選して乾燥していたり、和紙の里の真最中にいるという実感を味わった。どの家も新しいが、一部屋、主として南側に窓の大きな作業場とおぼしき部屋をもうけている。

福田さんは、「ここは漉いていると思います」といって、とある一軒の家に入っていった。堀江春二氏の家である。ここでは六畳位の土間が作業場である。奥様が「ハトメ紙」を漉いておられた（図８―５）。タテ三〇センチ、ヨコ一メートル程の簀桁で、三枚取り、一枚当たり八匁のカード、切り名刺用の厚手の紙である。見ていると、最初、初水で薄い紙層を作ったのちに、二回目、三回目、四回目の汲み込みは大きく、前後左右に大きく揺すり、おまけに途中で漉き槽の縁に簀桁をぴったりと着け、先端をしばらくかるく上下に振動させている。溜《た》め揺《ゆ》りである。これは「黒谷揺り」又は「傘紙揺り」と呼ぶ方法で、一種の溜め漉き風の処理である。最後に捨て水をして、しばらく簀桁を漉き槽の上に置き、水切りを待つ。その間に、表層にある結束繊維、ゴミなどの異物をとる。濾水に時間がかかるのは、粘剤の使用が多いためである。それだけに繊維をからませる目的でダイナミックに揺すっている。更に面白いことには、両手で押さえて、水切りを促進させる作業を加えている。黒谷紙は、一枚漉くのに時間をかけている。作業量は、一日で百枚程度といわれたから、生産性はかなり低い。それだけ漉き方が丁寧なのである。

黒谷和紙の代表的な紙、渋札紙はもう少し薄く、一枚当たり三匁だそうだ。

図8－5　黒谷和紙を漉く

黒谷和紙を漉くにはノリをきかすというが、このノリウツギは栃木県の烏山から購入しているという。また、簀・桁は、高知・岐阜の両県から調達しているということである。

また、作業をされていた堀江という姓は、この部落には多い。他には、石角、福田などであり、部落内では姻戚関係者が多いということを改めて想起させる。

堀江さんの家を出ると、一人の老女が黒谷川に入り込み、黒皮を浸漬して、黒皮を剥いでいる姿

図８－６　黒谷川でコウゾもみの作業を行う

を目撃した。コウゾもみと称し、この地方では川の中で黒皮を足で踏みつける。黒谷川は庭先にあり、庭先が作業場なのである。（図８―６）

上流に向かってゆっくり十分も歩けば、口黒谷の部落は終わりである。福田さんは、北側の杉山の斜面を指して、「今日はやっていませんが、山の斜面に板干しをするのです。ずらりと一面に並ぶと、実に壮観です」という。平地が少ない黒谷は、山の斜面までも作業場にしていかねばならないのである。

## 紙祖神は聖徳太子

口黒谷部落の終わりに、熊野神社がある。ここは部落の守神を祀る。新緑の楓《かえで》が鳥居にかぶさるようにし、足元を暗くしている。道路の両側は苔むしている。奥口黒谷部落、つまり八代町に入るには、ぐっと山道を登っていかねばならない。杉の木が行く手をさえぎっている。「黒谷の紙祖神は、聖徳太子です。十一月七日に近い日曜日に太子講があります」。この神社に来て、一年の事業のお礼をするのである。一種の紙祭りである。

来た道を戻りかけた所で、福田さんは南の山の方を指した。「この道の上の方から部落の水を取っているんです」

谷川の水を簡易水道を敷き、飲料水や紙漉きの水として利用しているのである。

再び和紙会館に戻った。午後三時である。和紙会館は、奥に広く、二階は展示室、その奥に紙加工室を持っている。

## 展示室

展示室は、さ程広くはない。黒谷は過去何回か火災があり、山間地で水利の便が悪く類焼したため、古文書などがそれ程多くはない。入口から左側に古く使用されてきた道具類がある。とりたてて変わったものはないが、叩解用の木槌が円型で、その直径が大きいことが印象的である。(図8—7)

黒谷和紙の概要をまとめた一枚もののＰＲ書に、黒谷独特の言葉があることに気付いた。製紙工程としては、①楮切り、②楮むし、③楮もみ、④楮そろい、⑤楮煮、⑥楮みだし、⑦紙たたき、⑧

図８－７　黒谷和紙の道具

さなてぎ、⑨紙すき、⑩紙干しである。このなかで、「楮そろい」とは、コウゾの荒皮をけずり、きずを取り、美しい繊維だけにする操作である。家の庭に干してあったのは、この作業を終えたものである。「楮みだし」とは、塵取り操作のことである。「さなてぎ」とはサネカズラのことで、粘剤を指す。他に、のりうつ木、かずらざな、ばなかし（うりはだかえで）という表言があると書かれている。「かずらざな」は「びなんかずら」を指し、サネカズラと同じものである。

展示室には黒谷の地図、紙加工品、そして手漉工程を示した紙人形などがあった。そのなかで一際注目を引いたのが、紙祖神を聖徳太子とする掛け軸と、文頭に大きく聖徳太子と墨書した古文書である。（黒谷和紙組合編『黒谷の紙』（一九六七）、二頁に聖徳太子の墨書の写真掲載）

## 黒谷和紙の歩み

この文書は、『綾部市史』の黒谷和紙の項にも収録されている重要な文書である。[六] これは紙漉きの新技術を相互に守っていきましょうという誓約書である。寛政二（一七九〇）年から京都方面の越後屋庄助のもとに紙を出していたが、安政六（一八五九）年になって、京都には不向の紙でさばけず値段も引きあわなくなった。そこで京都から越後屋の別家の善七と友三郎が紙漉きの技術指導に来て、京出しの紙が漉けるようになったというのである。そこで、この技法をお互いに守っていこうと誓約し、守れないものは相談して排除しようと誓ったのである。

文頭に紙祖神、聖徳太子を持ちだし、団結を誓った精神は、[七] 前述の農協事業部の指導のもとに、個性を没入してまでも相互に結束し、組合組織で行動している現在まで黒谷では脈々として流れているのではなかろうか。

黒谷和紙の起源については明らかでない。『綾部市』[六] によると、川上姓を名乗る弓の名人と、そのほか、平家の落武者ら十六人がこの地に住みついたという伝承があるという。紙漉きは山峡の地で耕地が少なく、人口増を保持する収入源として行われたとしている。これが史実とすれば、平家の落武者と紙漉きは直接的な関係はない。さすれば、冒頭の紙漉き唄などで流布しているような平家落人起源説は否定されなければならない。

もう一つ、展示されていた重要な古文書に「梅迫騒動」（黒谷村は梅迫谷の村）と呼ばれる一揆に際して領主谷帯刀より出されたものがある。その文書を指して、福田さんはいう。「ここに十倉治右衛門と大庄屋高尾太郎左衛門の文字が見えるでしょう」

文書は、文久二（一八六二）年のもの、代官十倉は親子二代、二十余年にわたる領政をしていたが、紙漉きを奨励し、紙会所なる専売制度で、京阪神に紙を販売し、紙漉きは七十二～七十三戸に達した。しかし、紙の販売について大庄屋と一緒になって専売しようとしたために起こったのがこの「梅迫騒動」である。[六] 結果として、十倉は代官の地位を失うが、領主谷氏が漉方元入をしても、領内特産にしようとした事件であった。

明治時代の活躍は、前述の水口半次郎。先進地土佐和紙の技術導入と現在の農協体制の源流を作ったことである。

大正時代で重要なことは郡是製絲との関連性である。山村の産業として、六月から十月頃までは養蚕、そして十一月から三月までは紙漉きというパターンはよくある形態である。この産業で綾部市から大きく育っていったのが、現在のグンゼ㈱である。出発は当然、養蚕業の機械製糸導入である。「茶より絹」と茶畑から桑畑に切り替えた梅原和男は、波多野鶴吉を何鹿《いかるが》郡蚕糸業組合の組合長に推した。これがもとで、郡内の同業者の共存共栄の目的で創立したのが郡是製絲である。[八] 明治二十九（一八九六）年のことである。この会社の発展で、生糸包装紙、蚕卵紙、マユの乾燥用紙など、黒谷和紙の六割を同社に納入する程であったという。

そして、昭和時代において、特に戦時中は、東舞鶴港は重要な軍港であり、火薬廠に炸薬を包む紙として購入されている。

## 紙加工の作業場

展示室を出るとき、入口の前の廊下に紙漉きに貢献された方々の写真が掲げてあるのに気付いた。石角チエノさんはじめ数人である。福田さんは「もう亡くなられた方もおられます」。特徴的なことは、すべて女性であることと老齢であること。ここでも黒谷和紙は女性の副業として支えられてきたことが判る。

## 紙加工室

展示室から、別棟に入る。和紙会館とは廊下伝いに行くことができる。恐らく、会館ができた後、建増ししたものではなかろうか。一室の半分は板の間、半分が畳の間であった。畳の間では、大判の染紙を作っていた。訪れたとき、働いていたのは四人であるが、いずれも女性であった。黒谷和紙の案内書には、加工紙としては、民芸品には色紙、短冊、ハガキ、名刺、巻紙、和帳、便箋、封筒、料紙が、紙工芸品には紙衣ざぶとん、クッション、アルバム、ハンドブック、名刺入、紙入、懐紙入、手提袋、紙ばさみ、紙衣帯、色紙かけ、各種しばり染色、紙布製品の名が連なっていた。

## おわりに

和紙会館は、入口からみた時よりも、予想以上に広かった。見学して判ったことは、黒谷和紙は殆ど、女性によって支えられていること。

二つの紙漉き唄が一致して女性をうたっているのも、これで理解できた。福田さんはいう。「うちの女性達は、東京をはじめ各地の展示即売会でもどんどん出ていって活発ですヨ」

現代社会の特徴は、心のゆとり、余暇利用、女性の社会進出、国際化などであるとされている。とすれば、黒谷和紙は最も遅れた、伝統的手法に固執していながら、実質的には最先端を走っていることになるのではないかという心象を持った。

午後四時三十分、福田さんに送られて、西舞鶴のグランドホテルに着いた。黒谷は綾部よりも西舞鶴の方がはるかに近かった。

（昭和六十三（一九八八）年五月二十二日記）

参考文献

（一）岡村吉右衛門、『日本原始織物の研究』、三七一～三七二頁（一九七七）文化出版社

（二）寿岳文章、しづ『紙漉村旅日記』、「寿岳文章、しづ著作集5」、五七～三九七頁、春秋社（一九七〇）

（三）百万塔編集部『百万塔』、四六号、二八頁（一九七八）

（四）川端二三三郎、『綾部史談』、第八九号、一～三頁（一九六七年三月二十日）

（五）小林良生『民芸手帳』、第二八二号、八～一三頁（一九八一）

（六）『綾部市史』、上巻　四三九～四四二頁

（七）木下礼次『伊加留加』、第八号、（一九五一年七月二十五日）

（八）山本四郎『京都府の歴史散歩』、（下）二五七～二五八頁、（一九七五）出川出版

# 第九章　名塩和紙の里（西宮市名瀬町名塩＝兵庫県・摂津）

## ―泥入り溜《た》め漉きの紙―

### 名塩和紙の里探訪ガイダンス

名塩紙の里は数多の和紙の里の一風風変わりな里である。列島改造論に則って都市化と高速道路が整備されたために、現在は都会の中での紙漉き場となった。場所は高校野球で有名な西宮市の北部で国道１７６号線の西宮名塩サービスエリアから近い。あまたある和紙の漉き方は「流し漉き」が流布しているのであるが、ここの紙は典型的な「溜め漉き」、原料もガンピである点が独特である。

名塩紙は文明七（一四七五）年浄土真宗本願寺第八世蓮如上人が教行寺を創建した時、村人に教えたことが起源とされているが、正保二（一六四五）年の『毛吹草』で「名塩鳥子」とあり、その技術は水上勉の小説『名塩川』にもあるように、越前和紙の伝承と見るべきである。江戸時代には「名塩千軒」と言われ、教行寺裏山の泥土（カルタ土）を漉きこんだ紙で、金箔をつくるための「箔打ち紙」、「間合い紙」であり、古くはそれをつくれる家筋があったという。

現在は人間国宝の谷野武信（剛惟）氏の谷徳製紙所ともう一軒しか漉いていない。筆者の採訪記は、谷野氏が丁度道路整備で一部屋敷が区画整理の対象になり、将来どのようにするべきか仕事に対する転機にあった時のものである。その後、その問題も解決、心置きなく伝統技術を継承され、平成十四（二〇〇二）年には人間国宝と認定されている。近くには名塩和紙学習館も設置され、後継の漉き手が育ち、また、名塩和紙の起源となった教行寺やカルタ土の採掘跡、緒方洪庵夫人の八重の生地などとともに観光の対象になり、自然も満喫できる観光ルートとなっている。

## はじめに

和紙の里と聞けば、一般的に都会から遠く、山紫水明な山里で、豊富で良質な谷川の水に恵まれた風景を心に描くであろう。それは、寿岳文章・しずの『紙漉き村旅日記』で象徴されている。だが、それは一昔前の姿。交通網が整備され、土地開発が急ピッチで進んでいる高度経済成長期以降の紙郷は、国内を縦横に走る高速道路とジェット機網によって、過去の面影が急速に消えつつある。

摂津の国・名塩は、古くから名塩鳥の子として、泥入りの紙を産する屈指の産地であった。平安時代から湯治《とうじ》湯として知られた近くの有馬温泉で、その紙を湯治客に売り、その名は全国に知られていた。

この名塩紙の産地は、現在は全国高校野球大会で知られる甲子園球場を擁する西宮市の市内にある。同市の北部に位するとはいえ、れっきとした市内である。

古くは、紙家筋のものだけが紙漉きに従事できるとし、安永六（一七七七）年には五十五人乃至六十二人、享和二（一八〇二）年六十五人、文久二（一八六二）年五十五人、明治には鳥の子漉槽株鑑札を発行して、その所持者は明治九（一八七六）年で四十二人、昭和十二（一九三七）年には同栄会なる組織を作ったが、その時の製紙家九十五名という。（二）それが、訪問時の昭和五十九（一九八四）年で、漉き家は四戸。本書のための原稿校正時の平成二十五（二〇一三）年で二戸。しかも、その一戸は、兵庫県無形文化財に指定されている谷野《たにの》剛惟《たけのぶ》氏の経営する谷徳製紙所である。谷野剛惟氏は平成十四（二〇〇二）年に人間国宝になられた。

昭和五十九（一九八四）年八月三日、機能紙研究会で筆者らが大阪に出向いた帰途、名塩に立寄ってみようということで、同会専務理事の前松陸郎氏（当時・故人）と相談して谷野さんに連絡をとった。「宝塚まで車で十五分位ですから、そこまでお迎えに参りましょう」と親切なる先方の提案。「あなた方が二人で行くのなら、私も参加しよう」と当時機能紙研究会の会長である神戸女子大学の稲垣寛教授（故人）も加え、三人で名塩行きと相なった。

## 名塩への道

阪急宝塚線午後二時半に宝塚駅に着いた。駅前に出迎えて下さった谷野剛惟氏のにこやかな姿を見つけた。

「名塩は宝塚と有馬の中間に位します。車ですと十五分ほどです」。国道176号線を走り出すと、谷野さんはこう説明した。名塩付近は周囲を山に囲まれ、いわばすり鉢の底のような地形になっているので、古来から山陰地方とを結ぶ交通の要所となっていた。土地開発が進んだとき、この名塩を横断する道路が計画され、名塩紙の漉き家が巻込まれた。宅地の一部が道路計画に引っかかっていたのである。

「名塩には一時、緒方洪庵が適塾を開設していたことがあるんです。福沢諭吉、大村益次郎もこの地で勉強したと聞いています」。洪庵の夫人・八重は、この地の徳川という医者の娘であった。洪庵が長崎でオランダの医師ニーマンについて勉強したときには、夫人の実家で大分経済的支援をしたらしい。そのようなことができたのも、当時、名塩は紙漉きで村全体が経済的に豊かであったためであろう。

塩瀬支所前から国道を離れ、狭い道に入る。ちょろちょろと流れている川は名塩川である。水上勉の短編小説『名塩川』では、山桜が岸にあり、名塩紙の紙祖・東山弥右衛門の妻「おしん」が身投げするほど水量の豊富な川として描かれている。だが、現実の名塩川は、このあたりでは夏枯れも手伝ってか、水はわずかである。水上勉は郷里越前で紙の重要無形文化財保持者・先代岩野市兵衛から弥右衛門の話を聞き、それに越前味真野地方に伝わる「花筺《かたみ》」の謡曲の物狂とを潤色させたらしい。ここで悲劇的な死をとげるのが、越前出身の妻おしんである。

## 和紙の寿命

「ここが私の本家です」。三叉路のコーナーにある一つの家を指示された。谷野剛惟氏の実家はもともと紙漉きではなかった。藍染めを本業としておられた。剛惟氏は父徳太郎氏に紙漉きを学ばれた。剛惟氏の家は本家からは百メートル余りの距離であった。

モミジ、松などで囲まれた池の脇を通って客間に通された。玄関口には、紙の重要無形文化財保持者・故安部栄四郎の書かれた「和紙は永遠の生命を持つ」との色紙が飾られていた。「和紙は永遠」という安部さんの文句には、前提条件がある。漉くときに使用する水のペーハー（pH）に充分注意を払い、漉き槽内を酸性にならないようにして、紙のペーハーを酸性にしないということである。

前松さんは、庭の池の水のペーハーを試験紙で測定してみた。七・八ある。この水は筧《とい》を通って山から引いているようであった。そして、漉槽の水は、七・五。名塩紙は本質的に微アルカリ性であった。当時、酸性紙問題で、紙の永年性が問題になっていた時であった。

## 名塩紙の種類

谷野さんの家の応接間は、自然に自分の漉いた紙の展示場の役目もなしていた。京都で加工された紙皿、紙人形、小さな間仕切りの衝立などが棚に飾られていた。また、襖は金箔が貼られているが、その下に貼るのが箔下間似合紙である。「金箔は四角のものを並べて貼ってゆくのですが、私のところで漉いたものは時代を経ても、五枚継ぎ合せて貼っても、その継ぎ目が見えません」と谷野さんはいう。金箔を貼るのは、神社仏閣が多いのであるが、その箔の継ぎ目は下間似合紙の質が悪いと、目立ってくるのである。間似合紙と呼ぶのは、襖の半間の幅に継ぎ目なく貼っても間似合う幅広い紙、というところから使用された名称である。寿岳文章氏によれば、建治四（一二七八）年にはじめてでてくる言葉であるという。「国宝の修理では、私の紙を使用しないと検査に通らないんですヨ」と加えた。

塩瀬町名塩には当時約千戸程の家があったが、手漉きをやっている家はわずかに四軒。このうち、三軒は金・銀の箔打原紙のみしか造っていない。従って、前述の箔下間似合紙など色々な紙を作っているのは、この谷野剛惟氏の一家だけであった。

箔打ち紙というのは、金箔や銀箔を造るときの箔打ち工程に使用する紙で、ピンホールは絶対あってはならない特殊紙である。主として、金沢で使用されるが、その七割をこの名塩産の紙で占めていた。残り三割は石川県の二俣紙と田島紙（第二章参照）である。

繊細な繊維であるためには、がん皮の中間部だけを使用している。谷野さんのところでは、地元周辺の山、つまり、六甲山系の山々に自生しているものと和歌山産を使用する。平滑性を出すためには、名塩産の凝灰石の微粉末を漉き込む。箔打ちに使用するときには、米俵を燃焼させて作った灰を浸み込ませ、鶏卵の白身を塗布して使用する。これらの添加物が箔打のときに箔と紙との界面においてメカノケミカルな現象の発現を助け、組成元素が何らかの形でイオン化して、箔と紙との間に相互に遷移して、展伸を助長すると考えられている。（二）「卵白を塗布しますと、セロハン・硫酸紙みたいになるんですヨ」と谷野さんは説明する。硫酸紙と同じ原理で、卵白で繊維間隙を占めている空気が追出されるからである。箔打ちには、漉いた紙を六つ切りにして使用する。大体十五センチ平方の大きさである。そこに四センチ平方程度の「小間」と呼ぶ上澄みを挿入し、千八百枚ほど重ねて、電気ハンマーで打つ。その速度は一分間当り七百回。打撃力は四百キログラムだという。約十分後には、十センチ平方になっている。なお、この時の箔打ち紙は「小間紙《こまがみ》」と呼ぶ。

更に、この箔を「主紙《おもがみ》」と呼ぶ、小間紙を更に灰汁処理した紙（五～十回）に移し、同じく八分程度打って、箔打ち紙の大きさまで展延させるのである。金箔の処置はすべて竹べらを使用する。帯電防止策である。金箔は耳を除き、「箔合紙」に保管される。金箔の耳は、酒のなかに入れられて、珍品の酒として市販されている。紙のほうも無駄にはしない。化粧紙として京都の芸子さん達が使用しているということだ。〔下出積與『加賀の金箔』、北国出版社（一九七二）参照〕。昔の人は、物を大切にしたことがよく分る。
「金箔には糸目が移るのですヨ」時代がついてくると、箔に繊維の形があらわれてくるのである。従って、紙の平滑性には充分留意しなければならない。加えて、ピンホールにも意を用いる必要がある。これがあると箔の展伸が止まるからである。

ここのその他の製品としては、芭蕉布、葛布、紗織の布の裏打ちに使用する間似合紙や、民芸紙、短冊なども作っている。これらの製品は、教行寺の住職であった中山琇静の労作（二）には、明示されていないから近年の製品なのであろう。

ところで間似合紙は、添加する土の色によって種々の色になる。これが色間似合紙であるが、谷野さんのところでみたものは、青、白、橙《だいだい》、淡いグリーン、ネズミ色、黄などの色合いであった。この地方には、このような変った色の泥を産するのだという。そこで、この泥の採掘跡は大きな空洞になっている。「青い泥、白い泥、黄色い泥の採掘場所はそれぞれ異なり、昔から掘っていたので洞窟ができています」。

場所が違えば種類の違ったものを産するのも、古くはこの地方は海であり、火山の噴出物が降下して集積、凝結して出きた岩石層から成っているためらしい。そういえば、町の名前が塩瀬であり、また名塩であったり、塩田、小浜、塩塚などという海に因む地名もあるとの話だ。

この土について、中山琇静は青色のものは骨牌《カルタ》土で、この地方ではカブタ土と呼んでいるといっている。カルタのように薄く剥げやすいからであるという。谷野さんからいただいた名刺は、青色で、この土を混入したものであった。また、淡茶色には蛇豆土、玉子色は卵黄色の天子土、白茶は天子土と白色の東久保土の混合、ネズミは墨と東久保土の混合だと紹介されていた。

また、名塩打雲紙というのもある。主として、色紙、短冊に用いるのであるが、鳥の子の上下に青と紫の雲頭を漉き重ねたものが打雲であると（三）いうが、元来は越前で漉かれていたものである。「名塩のものは越前のものとは違って、入道雲の形を描いたものなんです」と谷野さんはいう。この地では、二百年程前から漉き始めたと聞いた。

## 技法の保持

名塩の泥混入の技法は、いつごろから始まったのであろうか。伝説では、紙祖は東山弥右衛門ということになっている。しかし、中山琇静の考証では、東山は住居した土地の地名で、その住人の弥右衛門ということのみが判っているだけで、いつごろのいかなる人物であったかは不明であるという。泥入りの技法の考案者も、弥右衛門に帰する説もあるが、この点も中山の考証では詳かにしていない。俗説では、名塩で紙漉きをはじめた者と、名塩泥入り紙をはじめた者とが口伝中に交叉してしまっているらしい。それが、水上勉の小説などでさらにその信奉が助長された、といってよいのではなかろうか。

古くは名塩の技法は、部外秘であった。これは、なにも名塩ばかりではない。しかし、現在は時代の流れから取り残された職業となっている。労多くして利益の少ない職業となっているのである。その作業は厳しく、つらい。名塩御坊と呼ばれた近くの教行寺の太鼓が午前四時を告げると、皆一斉に仕事を始め、夜は日暮の七時まで漉き続けたという。これでやっと間似合紙では、昔は一日に三百〜三百五十枚漉き上げたという。今日では、労働が制限されているから、間似合紙で百枚、箔打ち紙で二百枚である。労働時間の程度の差はあるが、つらい、厳しい作業であることには変りはない。

現代っ子は肉体労働ということを嫌う。そこで、当時、西宮市の教育委員会で編集している、小学校高学年用の道徳同和読本『みち』のなかに、同市の伝統工芸である名塩紙を漉く谷野さんの生き方を描いて、労働の意義を教えていた。「お陰で、小学校の生徒が三年生になると、作業を見学にバスで来るんですヨ」と谷野さんは笑う。以前は、その技法を洩らすまいとして、名塩の者同士で結婚したりして技法を護ってきた。その禁が解けたのは昭和三十七（一九六二）年だということだ。名塩の泥入りの紙は、厚手であり、重量感があり、特殊の土が入っているので贋札ができにくい。そこで、各地の藩札を漉いていた時代があった。この旧藩制時代は、西の造幣局と呼ばれ、名塩への道は千両箱が行き交った。そんな時代と比較すると、小学校の生徒に自由に見学させることは隔世の感がある。

いや、現在はこの技法は外国人にもオープンになっている。通された応接間には、'83国際紙会議の際、外国人のホームステイを行ない、会長の河北倫明氏から贈られた感謝状が飾られていたのである。自然環境のみならず、技法に対する人の認識にも近年大きな変化が押し寄せていることが分る。

そして、その用途も多様化した。『手漉き和紙大鑑』を見たというので、「ニューヨークから版画用紙として千枚注文がありましてネ」

名塩紙は世界の紙として認識されてきているのである。加えて、「昭和六十（一九八五）年に開かれる神戸ユニバシアードの表彰状の、原紙の作成を依頼されているんです」。それには扇のマークと、県花のあじさいの透しを入れなければならないのである。ますます、その認識の輪は拡大するばかりであった。

ただ、このようななかでも一つだけ禁止していることがある。名塩産の泥を外部に出すことである。ここには、昔の掟が生きていた。

## 溜《た》め漉き

自然環境、人の認識が大きく変転しているなかにありながら、その技法はといえば、全く伝統的な技法を几帳面に遵守し続けている。そして、用具も殆ど自給自足であった。

原料は六甲山系の、がん皮の中間部を用いる。勿論、白皮の状態で使用している。煮熟は木灰で、少量の炭酸ソーダを加える。灰は京都から買う。陶器を作るときには木灰のうち不抽出成分が必要であるが、パルプ作りには水に可溶な抽出成分が重要であり、相互に補完性が成立しているのである。

名塩にまつわる話を聞き、資料やアルバム、サンプルを見せていただいているうちに午後四時を過ぎてしまった。「では、実際の作業場をご案内しましょう」といって、谷野さんと奥さんが相次いで庭先に出た。

「これが泥です」庭先の池のほとりに設置されたコンクリート造りの長方形の浅い槽のなかに青い、細かな粉末セメント状の泥土が入れてあった。カルタ土である。カバーをあけて、「この土をミキサーで混ぜて、六時間ほど放置します。そして、粗い微粒子を沈降させて、その澄みを木綿で沪して、山の水を加えて使用するのです」と解説された。そばにはスコップが置かれ、池の水と混ぜやすいような配置であった。傍らの小さなもみじが、暑い夏の日射しをさえぎり、影を作っていた。

漉き場は、主屋の隣りに作られていた。土間で、漉き槽は大きな格子のはまった明り窓の前に、ドカッと一つ設置されていた。高さは七、八〇センチ余りであろう。その前に腰かけるような坐が置かれていた。作業は両足をふんばるように開いて坐り、漉き槽の方向に前かがみになって作業するのである。胸が槽にあたるので、小さなクッションを当てる。漉き人の右手後方に、作業中に使う水を入れた洗面器と、粘剤を入れた瓶と、粘剤を適当に稀薄にした液を入れたバケツが置いてある。

粘剤はノリウツギと銀梅草を用いる。両者を混合使用するのは夏だけ、冬はノリウツギのみである。ノリウツギだけでは、気温の高い夏は粘性が消えやすいのである。銀梅草は、徳島から薬草業者を介して入手する。その根を叩いて、粘液を出させているのである。夏季には粘剤を冷蔵庫中で冷却した後使用するなど、漉槽の水温管理には気をくばっているとのことだ。泥入りの抄紙は、水の粘度による沪水性の管理の大切さを教えられた。ここでは、粘剤のことを「シャナ」というらしい。（二）元来はサネカズラから来たのであろう。稲垣先生は、「ノリウツギとオクラの交配に神戸の先生が成功したようですヨ」と注を加えた。ノリウツギや銀梅草は、添加する泥土で粘性に変化を起し難いらしい。

ここで、谷野さんは、漉きの実演をしはじめた。まず、漉き桁で漉き槽内に入っている青いカルタ土と、がん皮繊維とをよく混合するのである。泥土は下の方に沈降しているので、槽内を均一にする必要があるのである。最初前後ゆっくり桁を動かし、次いで、桁の前方を左右の手で握り、桁を立てて小きざみに、激しくゆする。この操作は入念に繰返された。四、五分はかけている。次いで、バケツに入れた粘剤を五杯入れた。これで一枚漉けるらしい。

均一な紙料作りのための混合が終ると、桁の上に簀を置いた。今は、この簀を作る人もなく、自分でひごを編んで作るのだそうだ。ひごは矢竹を用い、麻糸で編む。谷野さんは、ひご通しや簀編に使う鼓《つづみ》形の重りを見せてくれた。

簀の上には麻布に柿渋を塗布した布を置く。高知や伊予あたりでは絹糸に柿渋を塗ったものを使用しているのと対照的である。恐らくは泥土が入るために、絹糸では強度が充分でなく、かつ目詰まりを起こしやすいので、経験的に採用しなかったのであろう。

麻布を簀の上に置くと、木枠を置き、漉きにかかった。第一回の汲込みは紙料の量が多い。均一になるようにゆっくり左右に動かし、その後、漉き槽に左右に渡した棒に桁をもたらせてほぼ完全に沪水するのを待つ。第二回目の汲み込みは浅く、前後、左右にゆっくりと揺すり、僅かに捨て水をするときもある。ここで、塵などの異物を除き、第三回、第四回の汲み込みを行ない漉き終る（図9―1）。この間も、三～四分を要する。最後の沪水が終ると、上の木枠を取り除き、簀を右側にすべらすように移動させる。完全に溜め漉きの方法である。ここで水が完全に沪水するのを待って、簀ごと反転して、紙床に移す。簀の上から、静かに打ち水をして湿紙を剥がすという手順をとる。紙層を形成した簀が沪水するまでの間に、別の簀を用いて次の作業にとりかかるのである。

溜め漉きでありながら、粘剤を用いること、また、紙床に取るときに、湿紙毎に布を挿入することがないことなど、西洋の溜め漉き法とは異なる。紙床は板にはさみ、上から四角い石を置きプレ

図９−１　溜め漉で作る泥入りの間似合紙

スする。

この操作は、中山琇静の著作（一）に採録されている漉き操作の写真と全く変らない。つまり、漉き方だけは、ほぼ完全に伝統的な方法を継承しているといっていいだろう。

漉き場の作業場内のショーケースの上に、添加する色々な種類の泥土があった。あるものは橙、あるものは青、茶、灰色をなす。これらの泥土は薄いものでは一センチ程の層しかないものもあるということであった。

稲垣先生は、「泥土は漉き槽でエマルションを形成しているように思うので、紙層の形成状態を詳細に調べたら、興味ある結果が得られるでしょうネ」と語られた。

## 乾燥

次いで、主屋《おもや》の後方に建てられた乾燥室に案内された。入口には、ノリウツギや銀梅草を砕く石臼が置かれていた。乾燥室内には、乾上がった紙を貼付けた干板が何枚も重ねて置いてあった。干板には二枚の紙が貼付けられていた。

紙床から取り出された湿紙は、いちょうの板に貼り、天日乾燥する。紙床にある時、簀に接した面は上側に来るが、貼り板に移すときにはこの面が板面に来る。

「乾燥板面を見て下さい。つるつるでしょう」。乾燥し終った紙を一部剥がして、触ってみるようなジェスチャーをされた。成程、平滑である。これでこそ、名塩紙の表面は平滑度が高いのである。加えて箔下間似合紙の場合には、湿紙が完全に乾燥しきらないうちにローラーで擦するのである。「ローラーには自動車のクッションを利用しています」という。やっと見つけた新しい技術革新の道具である。

乾燥室前の裏庭を通って、道幅の小さい裏通りに出た。裏門から人家越しに見える、こんもりした木立の小山は、村の氏神様を祀るお宮さんである。「道路計画は、あのお宮さんの下にトンネルを掘り、この裏の家を貫き、私の家の客室を通る計画なんです」。今迄、伝統的な技術をたっぷりと賞味していたが、急にタイムトンネルを抜けて現代に帰ってきたように感じた。訪問時は道路建設が進行中で、谷野さんは将来を心配されておられた。

視線を九〇度回転させると、山並の上に一つの寺院があった。「御坊《ごぼう》さんですヨ」。浄土真宗の教行寺である。ミニ本願寺と呼ばれ、ここで打ち鳴らす時刻の太鼓に合わせて、往時紙漉きの作業が一斉に行なわれたのである。

夏の太陽も大分西に傾きかけてきた。

## 中山

名塩の紙漉き、ゆかりの場所の訪問をお願いした。もう午後五時をまわっていた。案内は、谷野剛惟さんの弟さんの良弘氏がして下さることになった。農協に勤務されている良弘氏は、兄ご夫妻が多忙の時には、手漉きの仕事を手伝っていた。

剛惟ご夫妻に別れを告げ、坂を下ること二分、四つ角で塩瀬農協に出る。「ここは、緒方洪庵の夫人八重の生家、医師徳川の家があり、一時期蘭学塾が開かれていた場所ですヨ」と良弘氏は説明された。名塩蘭学塾遺跡の碑と穏やかな顔の夫人の胸像があった（図9―2）。徳川時代末期から明治維新にかけて、適塾の門下生は我が国文化の近代化に大きな貢献を果している。大村益次郎、橋本左内、大鳥圭介、福沢諭吉等々。その洪庵が長崎で蘭学を勉強する学資は、この生家から出ていたという。この徳川家の資金は、村が藩札用紙製造のために、紙漉きが景気がよく村が栄えていたからこそ作られたのである。してみると、名塩紙が適塾を作り、我が国文明の近代化を促進したた

図9－2　名塩蘭学塾を開いていた緒方洪庵の夫人八重

といえそうである。名塩紙の持つ歴史的意義を深く考え直す必要があるといえよう。

農協からぐるりと山手に登り、泥土の採掘のために出来た洞窟の山道を上がると、東山弥右衛門を祀った墓に出た。この小山の辺は名塩でも西の端に位し、中山と呼ぶところである。

弥右衛門の墓は、方々を転々と移動したというが、終局的にはここに収まった。「ここは、昔、本願寺第八世蓮如上人の草庵があったゆかりの地なのです。だから、ご覧なさい。この一番高いところには、教行寺の歴代の住職の墓がすべて祀られているでしょう」。良弘氏は、頂上付近の一段高いところに整然と並ぶ墓群に近づいていって説明された。

歴代の住職の墓群に至る道の山頂近くに、一際高く、石垣に囲まれた墓があった。これが、名塩紙の紙祖と目されている東山弥右衛門の墓であった。安政二（一八五五）年三月の建立である。ここに参った紙漉き達は必ず行なうのであろうか、良弘氏は三段からなる石段を静かに登って、うやうやしく参拝した。私達三人も紙の関係者、良弘氏にならって丁重に礼拝を捧げた。剛惟氏によると、紙漉き達は、秋の彼岸の日に、この墓に詣でて全員で供養するということであった。

弥右衛門は、越前からその製紙技術を学んできて、名塩紙を興したというが、「越前とこの地の交流は深いものがあったんだと思いますヨ」。良弘氏は、中山琇静の考証と同じことを説明された。「この中山の南麓を牛の子というのですが、一方、名塩川の向うを越の子というのです」。牛の子はウチの子で名塩住人、越の子とは越前の住人で、その人達の部落があったのであろうというのである。

「他にも立派な人の墓が色々あるんですヨ」例えば、狩野義信。そこには

何事も　過去の出来ごと　山眠る

という句が添えてあった。アドレナリンの発見者・上中啓三翁もここに永眠していた。

日は落ちた。先を急ぐ。山道を降りた所で、先程通ってきた泥土の採掘跡の洞窟の前で車を止めた。「なかに入ってごらんなさい。涼しいですヨ」との言葉につられて、洞窟中に立った。直径は二・五メートル位あろうか。内部はかなり深い。地下水がポトポトと落ちて、ひんやりとする。塵も積もればというが、少しずつ紙に漉き込んでいっても、こんな空洞ができる程になっている。如

何に多くの人が、長年にわたって使用してきたかが推察されようというものである。

## 名塩川

名塩川の方に向う。その途中にも、泥土採掘の穴があった。そこはかつて軍の燃料の保管庫として使用したところである。更に、車で五分ほど行くと、二つの山が間近にせまる谷あいは渓谷を形づくり、下の方には水が流れていた。岩肌を隠すように木立が被い、水は岩にあたって白く泡立っていた。この辺の水量は豊富である。水上勉の小説のように、河岸には桜はないが、おしんが身投げをしたと思わせるような場所は、いくらもあった。

もうあたりは暗くなりつつあった。午後六時をまわっていた。

「ついでに、教行寺にご案内しましょう」

教行寺は、国道176号線の北側にある。車では十分程であった。かなり高いところに建てられているので、名塩の集落を一望のもとに見渡せる。ここのお寺は幼稚園でもあった。

本願寺第八世蓮如上人の第八男蓮芸が永正のはじめ（一五〇〇年頃）に開基した浄土真宗の寺であった。境内には、蓮如上人が杉箸を折って挿したところが根着いたという大きな、頂を落雷かなにかで折られた大杉が一本生えていた。

「この寺の造りは、西本願寺と同じなんですヨ」と良弘氏は説明される。中山琇静は、ここの住職であったためか、その著書のなかで、越前和紙と名塩紙を関係づけるのに、蓮如上人とその弟子蓮芸律師兼琇を持出して、宗教的な関連性を重視されている。宗教の波及には人の移動は付きものであるから、名塩と越前の交流は浅からざるものがあったとしてよいであろう。特に、蓮如は越前吉崎御坊を基地にして北陸の布教に努めてきており、それが一向一揆の蜂起で当所に滞在したのであるから、越前和紙の技法の伝播は由なしとしない。

本堂の前の、正門の脇の斜面の上は御太鼓堂である。この太鼓が紙漉きの作業の開始、終止を知らせたものだったのである。ここから眺めると、この地が旧藩制時代に山陰、北陸を結ぶ主要な要所となっていて、越前とも密な交流があったとするのが判るような気がしてきた。

「名塩には、お寺は三つあるんです。このすぐ下に二つ、一つは教連寺、もう一つは源照寺です」

これらの寺は、いずれも教行寺に近かった。

もう午後六時半。山中の日もほぼ暮れようとしていた。良弘氏と宝塚で別れた時は、長い夏の夜がはじまろうとしていた。

## おわりに

訪問時、阪神という大都会のベッドタウンとして、塩瀬町名塩は土地開発のるつぼであった。近くを中国自動車道が走り、国鉄も新しく建設されつつある団地に備え、新しい福知山線を作りつつあった。そのような状況下で、名塩紙を造る工房が、新道路建設のために風前の灯に見えた。
それから三十年余り経って、本稿を改訂する作業をした。名塩紙は二戸残り、御案内頂いた谷野剛惟氏は人間国宝になられておられた。

（昭和五十九（一九八四）年八月）

参考文献

（一）中山琇静『名塩紙』、和紙研究会（一九四七）
（二）黒部利次・今中　治、『金属』、八月号、三一～三七頁（一九八四）
（三）寿岳文章『日本の紙』、二七三頁、吉川弘文館（一九七八）

# 第十章　因州和紙の里（鳥取市青谷町・佐治町＝鳥取県・因幡）

## 因州和紙の里探訪ガイダンス

鳥取県は因幡と伯耆の両国からなるが、和紙の里は印幡に偏っている。人口が少ない割には和紙の里は鳥取市青谷町と佐治町と二か所あり、両者ともに書道用紙の産地として知られ、生産量も越前に次ぎ、業者の和紙に対する研究開発の情熱を感ずるところである。

青谷町の紙漉きは日置谷の山根と河原にあり、伝承では寛永期末美濃国の旅人弥助を助けた鈴木弥平に伝えられたことから起こったとされている。現在は機械漉きと手漉き和紙の漉き場が混在し、漉き場も工房として、外来者に親切な展示がなされている。立体抄紙法なども開発され、伝統工芸に新しい技術を取りいれた進取の気風を読みとれる。

だが、本章では佐治町の訪問のみについて記すことにした。全国でも一番人口の少ない鳥取県の中で、最も人口が少ない佐治町は過疎の山村の風景を残しながら、その過疎を星（ほし）のアストロパーク、佐治石（いし）、昔話（はなし）、和紙（わし）、梨（なし）の「五し」を売りにして町興しに成功している、素朴さのある村との印象を持ったからである。佐治の紙祖は播磨国の西尾半右衛門で、やはり美濃紙の技術を伝授し、「因州筆切れず」という書道家に愛好されているミツマタの書道用紙が著名である。筆者ら、鳥取県工業試験場（当時）及びはこの地区の業者とかって手漉き和紙の自動化・省人化システム技術に挑戦したことがあり（紙パ技協誌、四九巻、十一号、一六五〇～一六六六頁、一九九五）、そのマシンは手漉き体験のできる「カミング・佐治」に設置されている。また、佐治民俗資料館には紙、大麻などの生産用具が展示されている。

## 二つの因州和紙の里

鳥取県の和紙は因州和紙と呼ばれ、その産地は同県東部旧国名因幡《いなば》、現在、鳥取市青谷町及び佐治町である。

青谷町は柳宗悦が妙好人源左とともに紹介し、広く知られている。近年、紙漉きは和紙工房となり、外来者向に展示場を設け、抄紙体験も出来る。谷口和紙工房では、新しく開発した立体漉きなども公開している。一方、佐治町は全国的にも人口の少ない過疎の町であるが、和紙の生産は活ぱつで、書道用紙の産地として山梨県（旧市川大門、旧西島、第六章参照）と並び有名である。

筆者が現役の時、この地の村長で、佐治川製紙社長の故上田礼之氏が全国手漉和紙連合会長を務められ、当時、和紙業界にタイ国コウゾの輸入が始まり、会長としてタイまで調査に来られた（上田禮之『タイ国紀行』、佐治村文化財協会（一九七八）。また手漉きに替る抄紙機械の開発に取組むなど、進取の気性に富む産地であった。

## 佐治村入り

佐治村入りは、全国の紙に関する試験研究機関の連絡会議の終った、昭和五十六（一九八一）年十月十六日の午後であった。「弁当を忘れても、傘を忘れるな」といういましめがある山陰にとって、珍しい秋の日差しであった。午後三時、千代川河口近く、鳥取大橋と八千代橋の間の左岸際にある秋里の鳥取県工業試験場（当時、現在は鳥取県産業技術センターとなり、鳥取市若葉台南に移転）を出発。ハンドルは、同場の浜谷康郎氏（当時）。同行者は遠来の客、タイ科学技術研究所のナイヤナ・ニヨンワン及びスーペン・チョングワタナさんであった。当時、筆者の勤務先の研究所はタイの同研究所と共同研究を行っていたのである。

浜谷さんは、「まず最初に、前田久男さんの工場にゆくよう手配しています」といわれた。同氏の工場は津無《つなし》にあった。

山菜加工、ナシの共同出荷場の大きな建物を過ぎ、程なく右の急坂を車が登る。「冬の雪の時は大変なんですヨ」と浜谷さんは付言された。道に木の葉がかぶさるようである。坂道の途中の三叉路に、地蔵様なのかお宮さんなのか、小さな祠がある。そこを右に曲ったところが、前田久男氏の家であった。午後四時少し前であった。

なお、平成二十五(二〇一三)年の調査では、佐治町の手漉きは河本二軒、加茂二軒、舂谷《つく》五軒、福園三軒、大井、高山、刈地、津無各一軒である。

## 因州筆切れず紙保存会

津無で紙を漉くようになったのは寛永年間(一六二四~一六四三年)だという。しかし、因州紙の地盤を決定しているものは、明治以降である。因州としては、大蔵省印刷局の抄紙部が上質紙の開発に努力していることに鑑み、コウゾからミツマタに転換した。明治年間(一七六四~一七七二年)には因州では既に僅かに造っていたとのことであるが、明治以降になって本格的に転進したのである。和紙技術の先進地である土佐から吉井源太を招いたりして、技術向上に努め、明治中期には因州和紙のなかに、ミツマタ紙は大きな地歩を固めることができた。このミツマタ紙も、過去三十年余り、和紙の衰退と歩を一にして、忘れられつつあるという傾向にあった。そこで、当時、上田禮之氏などを中心に「因州筆切れず紙保存会」が結成され、昭和五十一(一九七六)年八月三日に鳥取県は県の無形文化財に指定した。

この筆切れず紙保存会の当時の会長が、前田久男氏であった。前田さんは「当時の村長、上田禮之さんから、『お前やれ』といわれましたので」とあくまで謙虚であった。前田さんから、このミ

図10－1　因州筆切れず紙の抄紙

ツマタ紙をお土産に頂いたが、平滑なこと、雁皮紙の如く、張りのある紙であった。

古紙を道の脇に積上げた、細い道を入ったところが前田氏の工場であった。前田さんがご子息とともに顔を出された。

まず入口のそばに平釜がある。この平釜では、ミツマタ十五貫を苛性ソーダ二〇パーセントで約一時間半煮熟する。ワラの場合は二百五十束、三時間だという。一束というのは、前田さんは、「この位です」と手で輪を描いてみせた。約二〇～三〇センチである。「液比はどの位でしょう」とたずねると、浜谷さんが「一対八位でしょう」と答えてくれた。

入口を入ると、そこは抄紙室であった（図10－1）。漉き舟は十槽あるのだが、「折あしく、農繁期なので、五槽分しか漉いていません」。前田さんは慇懃に説明される。ナシ、稲の刈入れ時期なのである。ここの漉き方は、桁を支える弓に特徴がある。桁は五本の弓から下がるひもで支えられている。このうち三本が自在に上下するが、他の二本は固定されていて動かない。従って、桁はある深さ以下には入らない。伊予の周桑で眺めた、いわゆる引き流し漉き法と同じである。（二）前田さんは、「この方法は馴れるとてもやりやすいですよ。親指と人差指で支えることができますから」という。「この方法は、島根県の清水清勝さんから教えていただきました」

ここで漉かれる紙は画仙紙が主体。パルプにミツマタを一〇パーセント程混入する。五〇パーセント程コウゾを混ぜた紙を漉くところもある。漉き方をみていると、比較的水のはねあげの少ない、静かな漉き方を採用している。引き流し漉きの効果である。最初はまず地合いをとるための化粧水。これを含めてくみ込みは四回である。時間は比較的長く、四十三秒程かかっていた。一日八時間半の仕事で、一人三百枚ほどのシートができる。漉き方が静かであるため、繊維の絡み合いの度合いは低い。前田さんはいう「締った紙は画仙紙にはよくないんです」

馬鍬を作って混ぜるのは一槽あたり、一日十五～二十回、一回混ぜると二十枚ほどを漉くのだそうだ。「サナが濃くないとよい紙はできません」。サナとは、ネリのこの地方の俗称である。サナカズラ、つまりサネカズラに由来するのであろう。別名をビナンカズラ。前田さんは、近代的な抄紙法には批判的であった。「ペダルを踏むと紙料がでる方式があるでしょう（第六章　山梨県西島のセイコー式参照)。あれではよい紙ができないと思います」。筆切れず紙のようなデリケートな地合いを要求されるような画仙紙には、人が混ぜ合せて紙料を調整する旧来の方式のほうが均一の地合いがとれるためであろう。ここで造られる画仙紙は、全紙版で百枚当り一・八〜四・〇キログラムという。

抄紙に使う水は、地下水である。大体水温は十三度で、夏と冬とでも二度位しか違わない。だから、大体一年を通して、ほぼ一定の品質の紙が造られるのだという。この地下水の使用量として、前田さんは、年に十万円程を町に支払っているということであった。地下水の利点は、水温の他にもう一つある。固形物が殆んどないこと。そのために、有難いことに水濾《こ》しがいらない。用具の寿命についてたずねてみた。簀は一年に一回編替えを行い、三年間は持つという。和紙の道具作りは高知が中心であるが、「因州でも桁も簀も作っています。いずれも鹿野町で、桁は一軒で二名、簀の方は二軒で三名です。しかも、後継者もしっかりしていますヨ」と鳥取県工業試験場（当時）の製紙科長門脇義昭氏が語っていたのを想起する。

次いで、間仕切りのされた乾燥室に入る。ここでは板干しはなく、すべて立型の乾燥器である。因州の乾燥器は、立型でもあまり背の高くない横に長い形である。地方地方によって、同じ乾燥器でも色々な形がある。ここには、乾燥器は四基あって、二基の片面を一人で受持っている。スチームで温度は大体八十度程度に加減するということであった。

一とおりの見学が終って、前田さんの応接間に通された。庭には柿がたわわに実り、秋深しという感じを抱かせる。もぎりたての二十世紀ナシを賞味しつつ、前田さんから筆切れずの話をうかがった。

「筆切れずというのは、この地方で産する純ミツマタ紙の半切れ、六寸五分、の商標なんです。この紙は、六カ月ねかせるとペン書きができるようになるんですヨ」。

書道用紙はねかせる程よいというが、インクで字が書けるほど枯れてくるとは面白い。サイズ効果があらわれるのはミツマタの「ろう」分のためだというのは、鳥潟博敏氏と野津竜三郎教授の報告がある。昭和二十三年の日本化学会で発表されているということだ。インクで字が書けるとは、他面このミツマタ紙が洋紙のような平滑性を持っていることをも象徴している。俗に〝枯れる〟とは、シーズニングのことで、紙のもつ内部歪を時間をかけて矯正することである。しかし、化学的な変化もあるのであろう。

## ドウサ引き加工

前田さんのところを辞去して、春谷《つくだに》にある岡村和紙加工所に案内された。ここは、佐治村の和紙組合長（当時）岡村喬《たかし》氏の兄、岡村末広氏のご子息、寿則氏が経営しているドウサ引き加工工場であった。ドウサ引き加工とは、墨や絵の具の滲み止めや定着させるために、ドウサ液を刷毛等で引

図10－２　全紙のドウサ引き加工

く加工法である。ドウサ液は膠（にかわ）と明礬（ミョウバン）から作られている。ここでの加工は、全幅判の書道用紙を加工する。寿則氏は、「今日は韓国の紙の安物を加工しているのです。この紙は、コウゾが一五パーセントほど入っています」という。この安物の加工をいかに合理的に加工するかということが、この工場の見せ場であった。まず大幅の紙の一端を桟で止め、乾燥できるようなもの干しばさみを取りつける。次いで、ドウサ液を入れたバットに、表面を撫でるようにして浸漬する（図10―2）。それを直接、そのまま風燥させる。唯一の工夫は、バットに設けた水切りである。乾燥は一日乃至二日で終る。実にあっさりとした加工方式であった。

## 民宿

とんだハプニングが起こった。宿として予約をお願いしていたはずの、佐治村豪雪山村開発総合センター・プラザ佐治の宿泊設備が、佐治ダム工事の従業員のために満杯で使えないというのである。しかし、浜谷さんのお骨折りで、岡村末広氏宅に一泊させて頂くことになり、安堵した。

浜谷さんと別れて、岡村末広氏宅に着いたのは、午後五時半であった。春谷の部落は、みな坂道に点在する。春谷部落は、八割以上が岡村姓であった。末広氏のお宅もそのなかにある。山村は、はや暗くなりかけていた。

応接間に通されたとき、同行のタイ人スーペンさんが寒いといいだした。山間は冷込みがはやい。そして、南方育ちの人には、多少の冷込みがこたえるのであろう。

その夜、組合長さんの岡村喬さんをはじめ前田さんのご子息、長谷一永さん、熊沢武司さんなどが集まってきて懇談する機会があった。

「紙は人の気持ちが製品にでてしまうのです」と前田さんが語っていたのを思い出した。因州和紙が急速に伸張したのも、その他の懇談で示された紙漉きへの情熱が世に認められたためであろう。

## 弥留気地蔵

午前九時。岡村末広氏の宅を辞去し、岡村喬氏とその奥様の案内で、佐治川ダムに行った。佐治谷七里は、県境辰己峠を越え、更に人形峠に連なる。佐治川ダムはもう岡山県境に近い。岩巻トンネルを越えたところがダムをもうけているところである。このダムは発電よりも、むしろ治水が主体であった。「木のエボが、せかってドッと流れますのでネ」と岡村さんはいう。昭和四十七（一九七二）年三月、十二億六千万円をかけて完成した。「発電能力は五千キロワットではないかと思いますが……」という。たゆとう水の周囲の木々はもう色づいている。水が澄んでいるので、山影や雲がちょうど鏡面のように水面に写されていた。

その下流、尾際に佐治川を渡ったところに、当時佐治谷青少年旅行村というのがあったが、現在は閉鎖されている。

その道の一番目の近くにあるのが弥留気《やるき》地蔵であり、その脇に作品ヤルキのシンボルと自称される水野邦夫（邦雲）氏の常設展示館がある（図10―3）。

水野氏は昭和七（一九三二）年の東京生まれで、東京育ち。しかし、都会における社会生活に飽き足らず、創造の世界を求めて、この佐治村に住み込んだ。そして、厄年の四苦八苦の昭和四十九（一九七四）年八月九日に、展示場の建設に着手した。ヤル気だけが資本で、無一文ながら、工事をしながら資金を稼ぎ、五十（一九七五）年七月に自力で展示場をオープンした。ヤル気の村長であった故上田禮之氏との出会いが、佐治に興味を持ち、住みつく動機になった。「春には梅が咲き鶯もなき、つつじが咲き山菜も顔を出す。夏には涼風満天の星、冬には丈余の雪に野鳥が群れ、野

図10－3　ヤル気の水野邦夫氏常設展示館

猿が一匹――こんな自然を楽しんでいます」[二]と自然にうずもれ、ベッドと仕事場を設けて、創作活動をつづけてきた。

故上田禮之氏は、余所《よそ》ものである水野氏を温かく受入れるとともに、その気力に共鳴、その生き方を鼓舞してこられた。村人も、水野氏のやる気を賞賛し、ヤル気のおじさんと呼ぶようになった。それは、広く村人に大きな感化を及ぼした。「わしらも何かヤル気を出そう」。そのシンボルとして、ヤル気の地蔵を建てようということになった。そして、昭和五十二（一九七七）年九月、弥留気地蔵（図10―4）が開眼した。上田さんは、自から弥留気地蔵の題字の筆をとった。佐治村の人達には、「人生の吉凶すべからく己の為せる業にしてやる気を起こし、持続する限り、吉運常に座右に在り

図10－4　弥留気地蔵

て、為すこと叶わぬ事なし」という弥留気地蔵を信じている。佐治紙造りに従事する人も例外ではない。

ヤル気のおじさんこと水野邦夫氏は、昭和五十五（一九八〇）年四月、上田さんが急逝されるや、その翌五月追悼の個展を鳥取市内で開催、その恩顧に報いている。偶々、その時期に鳥取を訪問していた筆者は、その記事を読んだ[三]。思い返すと、それは水野氏のことであったのである。展示館は素人が一人で作り上げたとは決して信じられないような立派なものである。「ヤル気」とはすばらしいものであると感心した。建坪延八十平方メートル、一部中二階漆喰仕上げ、鉄骨スレートの急勾配の屋根をもつ施設である。「この地に来たりヤル気を制作せんとして徒手空拳その全てに挑戦した成果」

であると、水野氏はいっている。展示館内に入ると、まず、今見てきたばかりの佐治川ダム、猿渡り紅葉、守護鬼神、炎、ぶどう、自画像などの油絵がかかげてある。水野さんの創造性は、造形材料としての習作として、本物の紙幣で作った般若の面などがあったことにあらわれている。レパートリーは広く、絵馬、竹工芸など。すべて、その気力で制作活動や生活を続けてきた水野さんは、佐治昔話以来、阿呆村と呼ばれた佐治村に、ヤル気を喚起したのである。ヤル気は、村に活気をもたらし、現在の地歩を得たのである。そんな水野さんも、よき理解者を得たらしい。岡村（喬）さんは、「水野さんは、昨年倉吉の人と結婚されたようですヨ」とささやいた。その覇気への共鳴者が見つかったのである。

現在は、その地に奥様と思われる水野真智子氏により石碑が建てられている。

## 佐和産業

水野さんの展示場を後にして、岡村喬さんご自身が経営されておられる佐和産業へと向う。二つの山がせまり、猿が渡って歩くという猿渡り、次いで、河本部落、余戸部落を過ぎる。程なく、車は止った。佐治川沿いの大水部落のなかに、佐和産業は設けられているのである。手漉きの棟と乾燥、仕上げ、事務室の棟とから成り、一つの通路を距てて、相対した形で存在している。

まず、抄紙工程に案内された。生憎、土曜日なので、仕事は休み。室内はガランとしていた。こ

図10－5　自動化した簀への紙料の汲込み

この手漉き設備は近代化されていた。地下に設置された紙料調整用の混合槽が、ポンプで汲上げられてヘッドボックスにあげられる。ヘッドボックスは木製である。それが漉き舟に送られ、ペダル一つで簀桁の上に流れ込む（図10—5）。いわゆる流下式抄紙法という方式である。手漉きの汲み込みの労がない。因州・青谷の中原商店製紙部でやっているのをみて、それを昭和五十五（一九八〇）年十月から採用したのだという。この方式で行なうと、長尺の画仙紙つまり、長さ七尺五寸、幅一尺七寸五分の紙を八時間で約四百枚抄紙することができる。従来の抄紙法では約三百枚というから、三割の生産性向上である。和紙の紙料調整で問題になる繊維の絡まり、配管の詰まりなどは全くないということであった。原料はサルファイトパルプ、ミツマタ、コウゾなどを配合する。休みでマシンは休止していたが、岡村さんは、わざわざ稼働してその作動状態を見せて下さった。人間の手のようなスムーズさはないが簀桁は上下し、その運動に合せて、紙料が流れ込む仕組みである。ただ、湿紙の移し変えは人間がやらなければならない。いわば、機械と人間の相乗りといったところである。岡村さんのところには、この設備が三系列あった。その他に、古来から伝統の手漉きの舟が二槽あった。改良紙を作るのに使用するのである。これは二人の女性が向き合って作業するような配置になっている。

次は、隣りの棟の乾燥室に案内された。この乾燥室も前田さんのところと同じように立型。休みにもかかわらず一人の女性が作業していた。長尺の画仙紙の乾燥は手間がかかる。漉く速度の二倍近くかかるという。湿紙は一度にはがすことができない。端から少しずつ丁寧にはいでゆく。そして、澱粉のりを付けて乾燥板に、これまた一端から順に張付けてゆく。乾燥板は四基あり、ここで七人の人が働いている。そんなわけで、一人当り一日平均二百枚位しか乾燥できないとのことだ。刷毛は高知で作られているらしい。

屋外に出る。岡村さんは舎屋に沿って積み重ねられた葦を指していった。「佐治川の両岸には葦が一杯生えるんですが、これを何とか利用できませんか」。インターネットで調べると、現在は環境問題の意識の高まりで、葦（ヨシ、アシ）からの紙は造られている。コクヨ工業滋賀では、琵琶湖・淀川系の葦を使って、文具品に、大日本商事では鵜殿葦原（淀川の高槻市右岸）のものを使っている。他にも福井県越前市不老《おいず》の山田兄弟製紙も近くの河川で生育するものを使っている。「佐治川の水に生活用水が入ってきて、リンの含有量がめっきり増大したためだといわれていま す」と岡村さんは説明して下さった。こんなところにも富栄養化の問題があらわれているのには驚いた。葦の利用は環境対策にはいいアイディアであるが、ビジネスとしては生産性・経済性に配慮しなければならない。

## 佐治紙祖碑

午前十時半。再び岡村さんの奥様の運転で、高山部落に向った。ここには中谷啓二郎氏の工場と、故上田禮之氏のあとをうけ社長になられた同氏の御舎弟禎之氏の経営する佐治川産業がある。高山に至るには、更に佐治川に沿って下り、役場を通り越してから最初の橋を渡って、山に向かってゆく。この道は高山道路と称し、道幅も山に入るにしては立派で二車線程の幅がある。ただ、この道も両面から樹木に覆われて、やや暗い。

岡村さんは車を止めて、「佐治紙祖碑です」という。道端に、樹木に影とはなるが、佐治川を見通せるような場所に設置されている。紙祖碑は周囲を日本三大名石の一つである佐治石によって囲まれている（図10―6）。黒ずんだ品のよい石である。佐治の紙祖とは加瀬木の西尾半右衛門を指している。半右衛門は享保十一（一七二六）年に播磨国楷田《かいた》村から楷田紙（皆田紙、海田紙、開田

図10－6　佐治石で囲まれた佐治紙祖碑

紙なども書かれている）を学んで、その技術を佐治村に導入したといわれている。このような紙祖碑があるのも、青谷地区には美濃出身の弥助を紙祖とする「因幡紙元祖碑」を昭和十二（一九三七）年に建立しているのに対抗意識が働いたのかもしれない。加瀬木の町を一望できる高所にあるのは所を得ているという感じがする。

岡村さんの車は、社用でひっ返し、徒歩で坂道を登りつめる。木々の間から滝が眺められる。美しい山道であった。

## 高山部落の製紙工場

道が三叉路になっていた。その角に高山道路施行記念碑が建立されている。そして、その角にあるのが高山村探訪の第一の目標である、中谷啓二郎氏の工場であった。中谷製紙工場と行書で書かれた看板の入口の階段をのぼると中庭。正面が住居。その左手に川が流れ、その流れを渡ったところが中谷さんの工場であった。

中谷さんは、上田禮之氏や岡村末広氏、熊沢武司氏らとともに佐治村の画仙紙進出への推進力となった一人である。(四) 岡村末広氏は昨夜、筆者らに一泊の宿を提供された方である。当時は紙の仕事は息子にまかせ、もっぱら佐治村の農協の組合長として活躍されておられた。熊沢さんのご自宅は中谷さんの家の隣りにある。ただ、工場は大井、つまり加瀬木から約三キロ川下にある。佐治村で当時株式会社組織にしているのは、上田禮之氏のあとを継いだ佐治川産業と熊沢さんのところだけであった。

中谷さんの工場の前の流れは、水が豊富であった。一種の下水道の機能をもたしたものであろう。家並みのなかをとうとうと流れている。

訪問したとき中谷さんは、ご自分でも紙を漉かれていたが、その手を休めて、説明して下さった。漉き槽は全部で六槽あるが、常時は五槽を使用していた。ここの漉きものは画仙紙であるから、トロロアオイをきかせた、いわゆる「紗漉き」という方法をとっていた（図10―7）。紗漉きとは、簀の目や編み糸の跡が紙面に現れることがないように、簀の上に絹の紗を張って、漉く方法である。この方法は元来、書道半紙には横の強度は十分必要でないということから来ている。この漉き方をみていると、簀桁の前端に大きな上下運動に基づく躍動があるが、左右方向への運動がみ

図10－7　紗漉き法による抄紙

られない。中谷さんはいう。「こんな古来からの漉き方をしているところは、ここだけですよ」。漉き手の一人の手許を観察すると、汲み込みは四回、所要時間は二十七秒であった。原料はサルファイトパルプとミツマタ、それに稲ワラパルプが入る。稲ワラを使用すると、繊維の絡み合いが起こり難く、強度は弱いそうだ。中谷さんはいう。「紙料の配合自体は決して難しいものではありません。しかし、叩解度などの調整はとても難しい。このビーターの性格をよく心得て、水量、濃度、時間などを決めて、原料の特性を活かした紙料に仕上げること、これが紙漉きの正念場でしょうね。だから、私は配合なんて秘密にはしていません」。

中谷さんのヤル気は、弥留気地蔵にあずかってか、身体に満ちあふれていた。「日本一の書の紙を作るんだ」。このヤル気が因州和紙の書壇における今日の地歩を築いてきたといえるのであった。

もう一つ、この地方の漉き方の一つに、紙床へ湿紙を置くときの微妙な手さばきがある。湿紙を置くときに簀の先端、つまり、襟を少し返すという操作を行なっていた。見ていると湿紙を置き終ったところで、その先端を押すようにすると同時に、簀を折り返し、そして、さっと簀をはがしてゆく。このようにすると、湿紙に糸を入れたりする必要もなく、また湿紙がはがれやすい。「この方法は、この工場で考案されたんですヨ」と中谷さんはいわれた。しかし、異論もあるようだ。「この操作は三日もあれば覚えられますよ」。

もう一つ興味を引いたのは、馬鋤《まじょ》がすべてプラスチック製になっている点である。ここには近代化があった。

次に、乾燥室に入る。ここも立型の乾燥器。この地方はすべて同じである。三基ある。二層紙、粗い紙では澱粉糊を多少使用して張り付けるとのことであった。

「佐治川産業の上田さんが、午後から外出するので、急ぎましょう」と岡村さんにせかされた。もう正午にせまっていた。

熊沢さんの家の前を通り、坂道を登った。路傍に前川佐美雄先生歌碑があった。そこから約百メートル。流れに沿って、佐治川産業の工場に達した。

佐治川産業の社長、上田禎之氏は、賢兄故上田禮之氏の面影をとどめる。禮之氏はもっぱら政治に専念していたので、事業は実質的には禎之氏の手にゆだねられていた。ここは、手漉きは五槽、短網抄紙機は四基ある。従業員は二十五人程だという。往時は三十五人程の従業員がいたという。上田さんも、書の紙に対しては一家言を持っておられる。「書の紙の場合には、自然界にあって外力で破壊されていない紙でなければならないと思います」。このことは、書道用紙の研究に余念のない高知県の森沢武馬翁もいっていたことである。(五)書の紙には、非繊維質の特徴を十分発揮させねばならない。それには、繊維の持つ本来の特性を活用する必要があるのである。「木材ではポプラ、白樺から造ったパルプは書には適していますネ」と上田さんは続ける。「これらの材の場合には、ケミカルパルプでもセミケミカルでもよいんです」。

「ミツマタは苛性ソーダを用いるようになってからのものは、墨色がでていませんネ。苛性ソーダを制御して、樹脂分やロウ分を多く残さないといけないです。はじめは墨をはじくような感じがするのですが、長期間置いておくと、いわゆる枯れてくるわけですネ。ガンピだけでも墨色は十分ではありません。墨色を出すためにはコウゾとガンピを適当に配合したものがよいようです。タイ産のコウゾは、画仙紙からみると、ミツマタの感じがしますネ。フィリピン産のガンピ、つまり、サラゴは発色はいいですネ」。すべて体験された原料の品質評価を教えて下さった。

多くの人がいっているように、書道用紙にはワラがよいと上田さんもいう。しかし、このワラでも薬品で痛め過ぎると墨色はでない。適度な処理が必要なのである。ワラのなかでは、上田さんの経験では麦ワラが最もよい。その理由は繊維が細かいこと。そのために墨の侵入度が深い。ただ、墨色は稲ワラには及ばない。竹は中国の唐紙ではよく用いられているが、これはアルカリ処理しないとペントザンが残りよくないという。予期せず、原料の論評を上田さんから伺うことになってしまった。

ところで、佐治川産業の製品についてみると、画仙紙が六割、書道半紙が三割、そして染色、かな料紙が残り一割だという。書画用紙に対する、この生産量が上記の体験を作り上げたのであろう。

手漉きと機械漉きを、佐治川産業ではどのような区別をしているのであろうか。両者を合せもって経営している上田さんに質問をしてみた。答えは実に明解であった。「手漉きは無理な原料でも漉けます」。手漉きは機械漉きよりも調整が自由にでき、コントロールが自在にできる。微妙なコントロールを必要なところは、手漉きにゆだねなければならないであろう。

加えて、上田さんは同行のタイの研究者に、タイの抄紙技術についても、極めて適切なアドバイスをされた。「タイの手漉きでは、タマリンドの木灰を用いてパルプ化しているため、繊維が痛んでいず、長いですネ。だから、見た感じは、その繊維は大麻の繊維と大変似かよっているように思います。完全に煮熟しきっていると思うんです。だから、もう少しチリをよく取除き、色を白くして厚手に漉けば版画、日本画の用紙としてはピッタリなんですヨ」。当時タイで漉いている紙とは、チェンマイのサントンパオという村で漉いている紙[六]のことであり、この原料植物の調査のために、故上田禮之氏を団長として、昭和五十三年十一月手漉き業界では、調査団を送った。その調査をもとに、上田さんは述べられたのであろう。

上田さんの紙にたいする話しは尽きるところがなかったが、話を中断して工場を案内していただくことにした。偶々、土曜日で機械漉きは全部運休中だった。

そこで、上田さんは手漉き室に案内して下さった。そこも、昼休みで二人の女性が食事を終えて雑談していたが、見学者である筆者らを見てにわかに漉きだした。ここの手漉きの簀桁の保持用の弓は、漉き槽の大きさによって異なり、小さいものは通常よくみかけるような三本、大きいものは前田さんのところでみたように五本である。漉き方は、これまた前田さん、中谷さんのところでみたように上下運動、特に前方端を大きく揺する漉き方である。

## 佐治民俗資料館

上田さんと別れて、山道を下る。佐治川まで下り、加瀬木の村役場の赤塗りの橋の脇に、佐治民俗資料館があった。今下ってきた梨、柿が彩りをそえる山をバックにたたずむ一軒家がそれである。屋根に魔よけの弓矢が、両端に鬼瓦に代って取付けてある。前の庭には、右側に上田禮之氏

図10－８　因州佐治三椏紙の碑

の書になる「因州佐治三椏紙」という碑が立って、その脇にミツマタが一本植えてあった（図10―8）。昭和五十二（一九七七）年八月、因州筆切れず紙保存会が建立したものであり、恐らく県の文化財指定を記念して建てられたものであろう。それに対峙するように、左側には佐治谷話の碑もあった。佐治谷話の由来については、岡村さんは二説あるという。一つは、佐治谷に外部の人が入って来ないように馬鹿をきめこんだというもの、もう一つは佐治谷にトンチのある和尚がいて、笑話を作ったというものである。

資料館は閉鎖されていて入れなかった。軒《のき》に昔農家で使用していた仕事用具が吊下っていた。前あて、背あて、万石おとし、くわ、じょうれん、じゃの目、唐傘、ぶよよけ等々。山村の佐治村も、このような農具は、保存しなければならない程、急速に消滅していた。

## おわりに

午後二時四十分。佐治村を岡村さんの車で鳥取に向った。鳥取駅までは車で五十分程だった。ふり返ってみると、佐治の人々は、皆研究熱心であった。因州が我が国でも画仙紙の分野では、大きな重みを持つようになったのは、その研究への情熱の成果であった。水野さんがこの村へヤル気をもたらしたのではなく、この村に元来あった潜在的ヤル気に、水野さんが点火したのである。訪問時、佐治の村はヤル気で燃えていた。

（昭和五十六年十月二十九日記）

参考文献

（一）小林良生、『民芸手帳』、第二七八号、八頁（一八八一）
（二）鳥取県佐治村、〝弥留気地蔵とやる気の展示館〟
（三）小林良生、『民芸手帳』、第二七一号、一二頁（一九八〇）
（四）柳橋　真、『和紙』、一〇四頁、講談社（一九八一）
（五）小林良生、『百万塔』、第五二号、七〇頁（一九八一）

（六）　小林良生、『百万塔』、第五四号、二九～五一頁（一九八二）

# 第十一章　石州和紙の里（浜田市三隅町＝島根県・石州）

## 石州和紙の里探訪ガイダンス

島根県は、藩制時代には出雲《いずも》、石見《いわみ》及び隠岐《おき》からなっていた。隠岐は島であるから別にして、東の出雲、西の石見はそれぞれ特徴ある紙がつくられている。

出雲で造られる紙のうち、出雲市八雲町岩坂で造られたガンピ紙は着色模様の紙で、出雲民芸紙と呼ばれ、その技術は安部榮四郎氏が当時無形文化財として高く評価されていた。現在ではその技術はお孫さんの安部信一郎氏とその他の一族に継承されている。他に雲南市三刀屋町で井谷伸次氏が斐伊川和紙、出雲市佐田町で荒木宏文氏ガスサノオ和紙と称してガンピ紙をつくり始めている。

一方、石見の和紙は濱田市三隅町で造られている紙で、国の重要無形文化財の指定を受けている。その指定は団体で、石州半紙技術者会である。江戸時代に半紙として漉かれ、大阪商人たちの帳簿用紙として重用された。

この半紙は、国の無形文化財に留まらず、留学生、ブータンへの紙漉き伝授などの世界的な貢献が評価されてか、平成二十一（二〇一九）年にユネスコ無形文化遺産として代表一覧表に記載された。それを機会に石州和紙会館が三隅中央公園にオープンした。

出雲地区の紙については、安部榮四郎の自著（『和紙三昧』（木耳社、一九七二）、『紙すき五十年』（東峰出版、一九六三）、『紙漉き七十年』（アロー・アートワークス、一九八〇）など）もあり、広く知られているので、ここでは石州半紙の里への探訪を紹介した。昭和五十七（一九八二）年十月、益田市の和紙原料商をされておられた木田川光夫氏の案内で三隅の和紙の里を訪れた。松江から汽車の旅で、鈍行を乗り継ぐ時間のかかる優雅な旅であった。しかし、反面、目的地の探訪は、益田をベースに、同地では、レーヨン紙の原料繊維をつくるダイワボウレーヨン社の工場、紙祖として信奉されている柿本人麿神社、万葉公園、『紙漉重宝記』を残した国東治兵衛の墓、三隅の石州半紙技術会の久保田保一氏の漉き場を見学し、更に津和野の漉き場まで足を延ばすという、忙しい旅程であった。

## はじめに

島根県は、藩制時代の出雲、石見及び隠岐から成っているが、隠岐は島であるから別として、東の出雲、西の石見は紙に関しては全く別の生き方で歩んできている。そして、その出雲では、安部榮四郎氏が御健在の時は、出雲民芸紙が重要無形文化財として指定され、石州半紙ともども重要無形文化財に指定されていたのである。同一県内で、和紙で二つの無形文化財の指定を勝得たところは他にないであろう。このような背景があったので、残されたもう一つの和紙の里、石州半紙の産地である浜田市三隅町を訪ねることとして、益田に入った。昭和五十七（一九八二）年十月十五日、第十八回身体障害者スポーツ大会、俗称ふれあい大会の最中のことであった。

### 石州半紙

石州半紙は昭和四十四（一九六九）年四月十五日に、重要無形文化財の指定を受けている。本美濃紙の指定と同一日である。石州半紙技術者会に所属する那賀郡三隅町（当時、現在は浜田市三隅町）の十二人に対してであった。それが、訪問時は六軒（現在四軒）に減少したと、同地区に原料を供給されている益田在住の原料商の木田川光夫氏は語った。その六軒も漉き槽が二槽あるのは二軒、残りの四軒は一槽のみであると聞いた。それらの家では、原紙を造るだけでなく、封筒、便箋等の紙加工まで行なう。石州半紙の原料はコウゾでなくてはいけない。出雲民芸紙がガンピであるのと対称的である。当時、「三隅地区でのコウゾの使用量は、年間黒皮で六千貫程ですヨ」。余暇に高島まで魚釣りにでる木田川さんは、日焼けした顔に白い歯をみせて語られた。

当時益田市の西方、川登近くで、三、四年程前（昭和五十三、四年（一九七八、九）年頃）に新しく手漉きをはじめた家、つまり石見伝承紙芸社（中島亀夫氏）があった。また、益田市の左ヶ山には、訪問の前年カナダの学生が日本の学生とともに一時期住みつき、手漉きを勉強していったとも聞いた。著名な紙郷には、ハンドクラフトとしての和紙を勉強するために、外国人が住み着くことが屢々見受けられた。石州半紙は、その名を世界に馳せていたのである。事実、同紙技術保存会の当時の会長久保田保一氏は、昭和五十三（一九七八）年三月、サンフランシスコ近代美術館で開催された「紙の技術と芸術」なる国際会議に講師として招聘を受け、その技法を紹介していた。それも久保田氏が、米国で手漉き紙の旗手の一人となられたチモシー・バレットさん（Timothy Barrett）に石州半紙の技術を教えたからにほかならない。

また、カナダの学生が住み着いたという左ヶ山をはじめ、この付近の山岳地域には野生のガンピが多く自生しているという。しかし、これらのガンピは採取しても、当時でもキロ当り白皮ベースで九百～千二百円にもなるとの話。そこで、フィリピンから輸入されるサラゴが代用として使用されるのだとも聞いた。輸入ものでは半値の四百五十円程度の価格ですむからである。

衰微の一途をたどっていた石州半紙にも、他方では幾つかの復調もみられる。益田市の西部、もう山口県の方が近い川登の近くに、三、四年程前から新たに手漉きを始めた人があるということがその一。もう一つは、当時のアンノン族に人気があったこと、山陰の小京都といわれる津和野にける、観光客を対象とした和紙の店が四、五軒できたということである。後者を和紙の復興と見なすか否かは、意見の分かれるところであるが、手漉きとその加工が行なわれていることは厳然たる事実であろう。

## 益田

石州半紙を訪ねるにあたって、益田をベースにしたのは、幾つかの理由がある。第一には当時、石州半紙の原料を一手に商なっておられた木田川さんが在住され、紙郷の全体像が把握できること、第二には石州半紙の紙祖との伝承を持つ柿本人麿の生誕、並びに終焉の地であるということ。そして、その人麿に対して、近年哲学者梅原猛氏が、鴨—カモ、神—カミなどの類音などから、その死去と終焉の地としての鴨山に対して考察を加えた斎藤茂吉の説に反対する新説を提示し、新たなる話題を提供していたこと。第三には、和紙史上で重要な文献として、素人わかりのするように平易に書かれた『紙漉重宝記』の著者国東治兵衛《くにさきじへい》の居住の地であり、その名残りを探し出そうという意図があったこと。そして、第四には、はじめ和紙の代替品として研究され、その後は製紙工業において独特の地歩を築いた製紙用レーヨンの生産工場、ダイワボウ益田㈱（当時、現ダイワボウレーヨン㈱益田工場）があることであった。

益田市は、当時人口五万二千（平成二十四（二〇一二）年現在では四万九千）。しかし、その面積は、ダイワボウ益田㈱の当時の益田工場長の鷺島滋夫氏によれば、「（当時では）横浜市とほぼ同じなんですヨ」という。面積は三〇二平方キロである。市内には、高層の建物も殆んどなく、従って、何かゆったりとした感じを抱かせた。駅の南側のパークホテルハクセイに一夜の宿をとったが、駅付近にも、当時まだ空地が残っていた。

朝、当時日課のランニングで益田川沿に雪舟庭園の一つとして名高い萬福寺まで行ってみた。土手には、コスモスなど草花が植えられ、手入れがゆき届いていた。「川の鯉は市民の浄財で愛育しています」と掲示にあるように、雪舟庭園として知られる萬福寺付近の橋下には真鯉、緋鯉が悠然と泳いでいるのが見えた。津和野川の鯉はあまねく知られているが、益田川にも鯉がいた。津和野藩の鯉は戦時の非常食用であったという。益田川のそれは市民の良心で保護されているというべきであろう。

　汚すまい鯉の群いる益田川

益田は自然の風物と城下町の面影を残す明るい町であった。

## 柿本人麿神社

『紙漉重宝記』に曰く「慶雲（七〇四～七〇七）、和銅（七〇八～七一四）の頃、柿本人麿石見の国の守護たりしとき、民をして此製を教え漉しむるより、此職をこの地に伝う事久し」

学識者、偉人を紙祖神と見立てるのは、決して、この地ばかりではない。典型的な例は、聖徳太子であり、（一）筆者の住む香川県の高松市檀紙村（現高松市檀紙町）の手漉きにも、空海が教えたという伝承がある。

この伝承を受けて、高津柿本神社縁起には、祭神の事蹟として次のようにうたいあげている。

「人麿公が、役人として石見国に赴任され、重要な任務達成のため石見国の産業開発民生のために尽くされました。当時租税の重要な役割を持つ紙（石州半紙）は、人麿公が人々に楮を作り紙を漉くことを教えられたのがはじまりで、中国、四国地方製紙業の源ともなったと伝えられています。此の地方では紙漉業の神と仰がれ、昔より毎年紙初穂を奉納する所があります。又、養蚕糸業を教えたと伝える地方もあります」

柿本神社は、益田には二社ある。一つは出生を記念して建立されたもので益田市戸田にあり、他は死去後の鎮魂のために建立されたもので同市高津にある。前者を戸田柿本神社、後者を高津柿本神社という。同一人物が、同一の地に生誕と逝去とを同時に祭るということは極めて稀有なことである。この原因は、人麿が広く土地の人に親しまれていた証左であろう。土地の人々は、この神社を「人丸さん」と呼び、このヒトマルから「火止ル《ヒトマ》」とか、「人生マル《ヒトウ》」となり、火難防除、安産、疫病防除の神となり、また、歌人としての尊敬から学業成就の神ともなったりもしているのである。事実、この神社の入口のバス停は、「人丸前」である。これを反映して、石見一円及びその近隣には多くの柿本神社、または人麿神社がある。江津市都野津町（都野津南の島の星山中腹）、浜田市殿町には秋葉神社に合祀されて、また大田市川合町などにも柿本神社がある。人麿神社としては、山口県には萩市椿東字諏訪ヶ台、福岡県の宗像郡大井の和歌神社、福岡市博多区住吉の住吉神社摂社などがそれである。しかし、地元の人々の深い信仰の対象は、高津の柿本神社である。(二)

このように広く尊敬の対象であるが故に、人麿紙祖説がでている。しかし、堀越寿助がその事蹟を調査したが、それらしい根跡がなかったという。(二) 従って、この説は、『紙漉重宝記』の複製本がドイツのライプチッヒ博物館から出版され、西欧で広く知られているにも拘らず、論拠に乏しいといえる。

ただ興味あることは、斎藤茂吉が人麿終焉の地として、鴨山、石川等の場所を追求している間に、鴨—カモ、亀—カメ、神—カミを音の通ずるところとし、鴨山、亀山、神村とその異同を論じていること。これに反対して、昭和四十八（一九七三）年十一月、梅原猛は、怨念説に基づく人麿論『水底の歌』を発表し、茂吉の論説に異を唱え、益田海岸の沖合八百メートルの海面に白波のわく鴨島瀬、人丸瀬、大瀬と呼ばれるところを、海底調査まで行った。

このように紙祖神を探求してゆくと、鴨山考論争と関連をもってくるのである。この二説以外にも、古田武彦による浜田終焉説などもある。

そこで木田川さんにお願いして、高津柿本神社に案内して頂いた。同神社は、高津川の西側にある。益田市は、大別すると高津川東側の吉田、そして西側の高津に分かれる。前者は浜田藩領、後者は津和野藩領である。内陸の津和野藩は、高津川は唯一の動脈であり、柿本神社は極めて重要な地点に位置していたのである。高津大橋を渡り、川沿いに車で五分程南下した地点にあるからである。鷲島さんは、「あの神社は海の方向ではなく、津和野藩主の方に方位を向けて造られているのですヨ」という。石鳥居前の小川には朱塗りの小橋がかかり、和風庭園の趣きであった。石段を登ると楼門。そこに、正一位柿本神社の額と〆縄があって、中御門天皇の享保八（一七二三）年、人麿一千年祭の際、正一位の神階と神位が宣下されたと縁起は記していた。

更に階段を上った社務所の前には、鴨山論争のもとになったという人麿辞世の歌の碑が立っている。昭和四十（一九六五）年益田市在住の小野沢勝太郎氏の貢納である。

　　鴨山の磐根《いわね》し枕《ま》ける吾《われ》をかも
　　　　知らにと妹が待ちつつあらむ

拝殿、神楽殿、宝物殿いずれも重厚な造りで、所々松が配されて、ひきしまった感じを抱かせる（図11―1）。

図11－1　高津柿本神社

## 島根県立万葉公園

柿本神社の裏山に、国体を前に県立の万葉公園が、最近オープンした。案内の木田川さんは「実は、私もまだ訪れたことがないんです」といいつつ、先頭に立たれた。万葉公園の石碑に並んで黒塗りの門柱があり、それに続いて、真新しい丸木の階段が山頂の方へと続いている。万葉集には植物に関する歌が二千首にも及ぶというが、計画では植栽可能なもののすべてを植えるのだという。この公園は柿本神社をはさみ込むような配置をとっている。万葉歌人の第一人者人麿に因んだものであろう。その階段をかなり登りつめたところに、コウゾが植えられているのが見つかった（図11－2）それは人麿の歌とともにあった。

図11－2　万葉公園のコウゾ

秋山の　したへる妹の　なよ竹の
とをよる児らは　いかさまに　思ひ
居れか　たく縄の長き命を
露こそば　夕《ゆうべ》に立ちて
朝には失すとはいへ　梓弓
音聞く我もおほに見しこと悔しきを
敷栲《しきたへ》の手枕まきて（以下略）

当時は、コウゾは「たく縄」「敷栲」と呼ばれていたのである。

同じ「たく縄」「敷栲」は、他にも万葉集に見られる。山上憶良は、次のように歌いあげている。

水沫《みたわ》なす　いやしき命もたく縄の
　　千尋にもがと願ひ暮しつ

ここで、「たく」は栲であり、この時代はむしろ、紙の原料というより、衣の原料であったと思われる。この栲は叩解でつくった布、即ち、栲が正しく、これは打った布、つまり、タパであると解する説がある〔岡村吉右衛門『日本原始織物の研究』第四章一一七〜一三二頁、文化出版局（一九七七）〕。その論拠は未だ十分ではないが、コウゾからの織布、つまり、太布は作り難い(三)ので、むしろ、たたきによるタパ説を支持したいと筆者は考えている。人麿の歌の脇にあるコウゾは、未だ植え付けられたばかりの、直径二センチ程のものが四、五本ヒョロヒョロと立っているのみであった。

頂きの休息所の近く、池に面したスロープの道ばたには、ミツマタが見つかった。万葉では、「さきくさ」という名称で呼ばれているようだ。立札には、次の歌が読める。

春されば　まず三枝《さきくさ》の幸《さき》くあらば
　　後にも逢はむ　な恋ひぞ我妹《わぎも》

三つの枝に分岐しているのを、古代人たちは枝を裂かれたと思ったのであろう。

図11－3　人麿終焉の地といわれる鴨島遠望台

立札の周囲には、多数のミツマタが植えられていた。コウゾと異なり、かなり繁茂していた。

もう一つの和紙原料植物であるガンピは、一般には栽培植物とは見なされていないので、この公園には見つからなかった。木田川さんの話では、石見地区の山間部にはかなり多数自生しているらしい。もう少し時間をかけて調べてみればこの山中にも自生のものが見つかるのかも知れないが、残念ながら時間がなかった。

山の頂には真新しい休息所があった。万葉集、人麿にゆかりのある資料の展示場でもある。ただ、筆者が訪れたのは、午前九時であったので、人気もなく、休息所はやっと開店したばかりであった。論争中の鴨島の方向を眺めてみようと北側にまわり込んでみた。すると、そこに梅原猛書の「柿本人麿終焉之地鴨島遠望台」とある（図11―3）。木々の間から眺めた海岸線は秋の霞に閉ざされて、高津川の河口は十分明確には望み得なかった。ここで、人麿終焉の地が鴨島とあるが、これは未だ結論を得たわけではない。昭和五十二（一九七七）年の海底調査は、水中考古学への挑戦という意味で、エポックメーキングな意義を有するが、島の存在を断定するには至っていないからである。

「もう時間がありませんヨ」と木田川さんに促されて、本殿に急ぎ礼拝した。延宝九（一六八一）年亀井藩主によって再建されたものである。本殿から高津川の方を望むと、川沿いに赤瓦の屋根の新しい家並みが続いている。新興団地かなと思ったが、そうではない。この地方独特の石見瓦をふいているのだ。釉薬を使用し、室町時代以前より産し、貴族好みの民芸調であったが、工業生産されたものだ。

石段を下って入口の鳥居のところに出ると、車で一足先に下りていた木田川さんが、前の売店で話をしていた。そこには、知的障害者の作品を商っている小さな店であった。

木田川さんは、僅かな時間をさいて、高津川に案内してくれた。ここには、鵜匠《う》がいて、鵜を調教するのだそうだ。「岐阜の長良川や山口の錦川の鵜は、ここで調教されたものですヨ」と木田川さんはいう。高津川の鵜飼は放し鵜飼といって、鵜はひも付きではない。川には二羽の鵜が羽ばたいていた。

## 匹見町紙祖及び国東治兵衛

柿本神社を去る時に、木田川さんにたずねてみた。「匹見に紙祖というところがあり、紙祖川という川もあるでしょう。訪ねる時間はありますか」「あそこは過疎ですから、訪ねても人家も殆んどありませんヨ」。後で聞いた話であるが、同地に対して鳥取県山根の大因州製紙に誘致の話があったということだ。浜田藩における製紙の開祖といわれる広兼又兵衛は、この地で手漉きをはじめたので、この名があるということだ。やはり、時代の推移を感じさせる話である。

午後、ダイワボウ益田の山崎隆男氏（当時）の運転で、三隅町古市場を訪ねることになった。木田川さんが案内役で、旧ダイワボウ益田の工場長の鷺島滋夫氏も同行されることになった。

途中で国東治兵衛《くにさきじへい》の墓に立寄ってほしいと依頼した。木田川さん自身もそこは訪れたことがなく、予め益田市在住の郷土史家、矢富厳夫氏にその所在を尋ねていて下さった。矢富氏はそのご尊父熊一郎氏とともに、二代にわたり益田地域の郷土史を研究されておられる篤志家であった。「国東団地内にあるとの話です」と木田川さんはいう。途中で、須弥山《しゅみせん》石から落ちる枯滝の風趣があるという雪舟庭園がある医光寺に立寄り、国道191号線からバイパスを通って山陰の幹線道路、国道9号線に出た。国東団地は遠田にある。遠田といえば、遠田畳《たたみ》表、石見地ござの製造元である。

国東治兵衛の先祖は、大分県の国東《くにさき》半島から移住してきている。彼は紙問屋であったが、い草の栽培に力を入れ、特に豊後《ぶんご》の太い品種よりも、備後の小髪の方に将来性を見出し、備後種の普及に努めている。従って、『紙漉重宝記』の著者というよりは、地元では石見畳表の開祖として尊敬されているのであった。

国東団地に達した。団地の入口近くにあった、光宜堂という食品店で問い合せたが、はっきりしない。更に奥の坂をのぼりつめたところにひっそりと佇む墓に達するまでには、更に二軒程道をたずねなければならず、地元の人の関心の薄さが身に滲みた。やっと探し出した場所は、大谷実氏邸（当時）の裏で雑草が茂って、訪れる人も多くはないと思われた。

墓石には三つ立ち並ぶ（図11―4）。治兵衛一家の墓である。向って右側の墓石が一際大きく立派で、治兵衛のもの。墓銘として、「崇室了善信士」とある。残念ながら、建立時代は不明。左側は彼の妻であろう。「法海智船信女」と読める。中央は夭

図11－4　国東治兵衛一家の墓

折した娘の墓である。市が建てた案内杭は、風雪でかなり時代がかっていた。団地の開発が進んでいるので、この墓のうしろ間際まで、ブロック塀ができあがっていた。この墓碑の近く、神出部落には藺莚《いえん》業者たちによって、石見藺莚業の開基としての頌徳碑があると聞いていた。しかし、先を急ぐあまり、うっかり見過ごしてしまった。

## 浜田市三隅町大字古市場

もう午後二時をまわっていた。再び海岸線沿いの国道9号に出た。約三十分程走ったろうか、「史跡とつつじの三隅町」との看板で、三隅町に入ってきたことが判る。益田と浜田のほぼ中間である。古市場、湊浦という道路標識を左折して、海岸線に向う。「もう五〇〇メートルも行けば海岸ですヨ」。木田川さんの案内で石州半紙技術会の当時の会長、久保田保一氏の作業場に車を止めたとき、ハンドルを握っていた山崎さんがいった。「ここはよく通るのですが、こんなところに手漉きがあるなんて、全然気がつきませんでした」と続ける。湊浦は有名な海水浴場だから、足を運ぶことが多いのであろう。そんな道沿いにありながら、久保田さんの手漉きに気付かないのは、一見普通の家の造りと何ら変らないからである。僅かに仕舞屋《しもたや》と異なるのは、入口に干板が立てかけられているだけであった（図11—5）。山崎さんが長年その前を通りながら気付かなかったのも、もっともなことである。

図11－5　看板のある当時の石州半紙技術保存会会長の家

一般に紙郷といえば、山間の谷間というのが常識的なイメージであろう。それが、三隅の場合は海岸線に近い。山が海岸近くまでせまっており、僅かに残された平野も大部分が田んぼ。そんななかでの手漉きである。木田川さんは「ここの山水はとても水質がよいんですヨ」と語る。水のよさが、この地に手漉きを残してきたといい得よう。

家に入ると、入口近くでは机に向って、二人の女性が紙加工をしていた。そして、右手の壁面に据えられた漉き槽を相手に、手なれた手さばきで紙を漉く熟年者が目についた（図11―6）。ここの主こそ、石州半紙技術会会長の久保田保一氏（当時）であった。「随分待ちましたヨ」。木田川さんが予め連絡していた時間より、筆者らの到着が大分遅れたので、待ちあぐねていたのであろう。「一仕事終るまで待って下さい」といいつつ、漉き続ける。

簀桁は天井から竹竿に五点で支えられている。丁度訪れたときは、フィリピン産のミツマタなので、漉く時間は速い。一分程だ。五回程の汲込みで一枚を漉き上げていた。

手を休めた久保田さんは、自分の信念を吐露しはじめた。「石州和紙は、地元の原料を用いて、

図11－6　石州半紙を漉く久保田保一氏

石州の個性が発揮されている紙なんです。紙の質はその肌で判断するもので、しかも保存に耐えることが重要な要件だと思います」という。和紙は一千年を越える寿命があることが証明されているが、石州紙の生命は保存性にあると久保田さんはいう。漉き槽の脇に、「くにびき国体」の勝者に贈る表彰状の見本が置かれていた。この表彰状用紙の決定までの経緯は、久保田さんの和紙に対する信念を押し通したものといえそうだ。県から見本紙の依頼があって、見本紙を持っていったとき、県庁の担当者は、滋賀国体の時の紙と比較して、この紙は風格がないといったという。洋紙にローラーをかけて密度を高めた紙は、手渡された入賞者にはズッシリした重みを持つ手応えを与える。しかし、和紙は軽いもの。くにびき国体の賞状は軽く、柔軟だ。だから、それを手にした時は、オヤッと思う。この点を県の役人

図11－7　石州半紙の原料作り

は指摘したのである。

久保田さんの返答は次のようである。「私は、二十、三十年後に喜んでもらう紙でないといけないと思います。石州半紙は、時代がたつ程よくなるんですヨ」。久保田さんは、昨年作った賞状と最近作った同一坪量の紙との手応えを比較するように勧めた。前者は、かなり紙が締って重くなると同時に、硬さが出ている感じである。時代とともに落着きを増してゆくというのである。論より証拠。年とともに変ってゆくことは触感でわかる。

この精神は書家や画家の使用する紙でも同じである。芸術家は五十年先、百年先の変化を考えて紙を選定しなければならない。その時、「本当の紙」を使った人だけが、芸術作品を残すのではないか。少し木材パルプが混じられていても、紙の生命はないというのが久保田さんの主張であった。

目を転ずると、奥の土間に二人のおばさんが原料造りをしている（図11―7）。蒸して、水に浸漬して柔軟になった黒皮付きのコウゾを、二叉に別れた棒にひっかけ、黒皮を刃物で取ってゆく。黒皮部分だけを取るのであり、緑色のいわゆる甘皮はそのまま残す。もう一人の方は、更に甘皮の部分をそぎ落していた。石州半紙は、緩徐な黒皮剥ぎが特色であるようだ。

久保田さんにすすめられて、二階の客間に通された。階段に明治二十（一八八七）年の作といわれる紙布があった。野良着であろうか。

床の間の前には、石州半紙の色とりどりの染紙や紙製品や、飾人形、和紙関係の豪華本が置かれている。襖障子には、絵師長沢蘆雪や、和紙人間国宝、故安部栄四郎氏の春夏秋冬の文字が描きだされていた。この襖障子も久保田さんの紙の生命を判定する実験材料らしい。「こちらの障子は木材パルプ九〇パーセント、コウゾが一〇パーセントです。時代が経つと墨色が変っていることが判るでしょう」と久保田さん。久保田さんの信念は、永久保存につながる紙を造ること。それ以外は機械漉きで十分ではないかという。石州半紙が国の重要無形文化財として総合指定されたのも、更にユネスコの無形文化遺産に認定されたのも、この信念が結実したのであろう。この信念は、『紙漉重宝記』が国際化したように、広く海外にも知れわたった。昭和五十三（一九七八）年三月、「紙と芸術と技術」という国際会議が米国のサンフランシスコ近代美術館で開催されたとき、久保田さんが招聘されて、講演と実演をしているからである。和紙研究のフルブライト留学生として、チモシー・バレット氏（当時、アイオワ大学書籍センター）が久保田さんのところに勉強に来たとき、氏は次のように教えた。

「米国に石州半紙の原料をもってゆき、ここのやり方で造っても石州半紙は決してできるものではない。その土地の原料を探せ。その原料を用いて造れば、立派な紙ができる」

輸入した原料では、風土、水が違うからなじまないというのである。原料も水も風土とともにある。自然に逆らうことなく、順応してこそよい紙ができるというのである。その話を聴いた外国人は、日本の紙には神秘性があるといったという。正倉院の紙を見たとき、絹、麻は風化しているのに、紙はその様子がみられなかったという。このような永久保存性や美しい地合いに、魔性を感ずるのかも知れない。

石州半紙の原料造りについて、久保田さんは、一般にはソーダ灰を用いているが、本来はソバの灰がよいと語った。

石州半紙を守る人達（石州半紙技術者会）は、木田川さんによると当時六人だという（現在は四人）。長見博、形平友太郎、西田正美、西田義夫、下岡孫治と久保田保一の諸氏であった。同じ古市場でも倉井桃太郎氏は、木材パルプやパンチカードなどの原料も用いていないが、純粋のコウゾ紙でない画仙紙なので、石州半紙とは呼べないということだ。確かに重要無形文化財の要件の第一項は、原料はコウゾのみであることと規定している。少し前、観光用に石州半紙のにせ物がでまわっているとと新聞をにぎわしたことがある。重要無形文化財の指定の重みが感じられた。

久保田さんの熱弁に聴き入っている間に、いつの間にか午後四時を大幅に過ぎていた。予定では津和野の和紙を見る予定で、津和野伝統工芸舎の大谷侑氏に予約をとっていた。加えてその日の宿を津和野にとってあるので、急いで辞去するはめになった。

入口近くでは、二人の女性の紙加工が続いていた。久保田さんは、厚紙で出すのは二〇パーセント、二次加工品は便箋、封筒、版画などで八〇パーセントになると語った。和紙専業者の生きる道の一面を物語る話だと思った。

津和野への帰途についたとき、木田川さんが、道路沿いの田んぼの中の一軒を指して、「ここが西田義夫さんの家ですヨ」といわれた。久保田さんとすぐ近く、道をはさんで対峙した位置にある。西田義夫氏は昭和五十六（一九八一）年度の百人の「現代の名工」の栄誉に浴している。立寄って話を伺いたいところだが時間がない。最近建増した作業場での手漉きの姿を窓越に眺めただけで、一路津和野へと向った。

なお、「石州半紙」の製法に関しては、文化庁編『無形文化財記録手漉和紙（越前奉書・石州半紙・本美濃紙）』（一九七二）があり、製法に規約がある。

## 津和野の和紙

益田で鷲見さん、木田川さんと別れて、山崎さんのハンドルで国道9号線で高津川沿いにさかのぼる。益田から津和野までは四十キロという。横田で匹見川が高津川に合しているが、この上流に紙祖川がある。浜田藩の紙漉開祖といわれる広兼又兵衛は、周防山代郷宇佐村の浪人、広兼二郎兵衛の長子といわれるが、慶安（一六四八～一六五一）にこの匹見を訪れ、土着して紙漉きをはじめ、十三代にわたり御用紙漉きを勤めた。現在は隣接して「かみの宿」がある。(四)この上流地域である。匹見といえば木材産業の盛んなところ。原材が得られることから、この匹見川に伐で流していた。山崎さんによると「当時製材所は三十数社はあったでしょう」ということだ。

日原からは津和川の川沿いにゆくことになるが、そのとき眼前に大きく、きれいな形の山があらわれた。青野山である。死火山で、山頂に池があり、十一月の紅葉が美しいという。そして、その麓が山陰の小京都といわれる津和野。到着は午後五時半。つるべ落しの秋は、薄暮がせまっていた。

翌朝、午前六時、朝霧にむせぶ津和野市内をまわってみた。人気のない早朝の津和野は、さすがに冷込んでいる。

津和野の和紙が盛んになったのは、藩主亀井茲政の家老、多湖主水真益がコウゾの殖産を奨励し、美濃まで紙漉き技術者を送って学ばせたからであり、藩の保護奨励策に依存する。この多湖家の表門が、津和野大橋の近く、鯉が群生して泳ぐ藩村養老館の前に残されていた。「多湖邸は、ここから山のふもとまであったということです。それが鉄道で半分になり、更に、道路がついてまた半分になってしまったんですヨ」とは津和野伝統工芸舎の大谷侑氏の弁であった。津和野和紙を築いた多湖家も、僅かに残るものは黒門だけであった。和紙の衰退と運命をともにしているような感じであった。

この筆頭家老、多湖家がつかえた藩主が亀井家である。この亀井家の菩提は、津和野駅の裏にある永大寺であった。この永大寺の参道の手前の右側の小道から、斜面を登ると、城主亀井家の墓地。もう太陽も高くなったのに、木立で日光はさえぎられ、周囲は暗く苔むし、荘厳が肌に感ずる。津和野の藩主は、吉見氏、坂崎氏、亀井氏と変っている。亀井家が、津和野に来たのは、元和三（一六一七）年、亀井政矩の時で、因州から転じた。従って、津和野和紙は因州和紙と姻戚関係にあるといってもよいであろう。ただ、下地は坂崎出羽守時代にできあがっていたようだ。

しかし、この津和野和紙も、石見製紙工業を最後にして断絶してしまった。昭和二十八（一九五三）年頃がその最後であったと聞いた。当時、同社はコクヨの下請工場に転身していた。

断絶した津和野和紙を再興させる気運は、観光ブームから起こった。観光客の土産品としての和紙及び和紙製品の供給という目的である。この波にのって、数軒の和紙の実演を見せるところができた。森鷗外旧居の近くには和紙美術工芸館、石州和紙館、また、日本五大稲荷の一つである太鼓

図11－8　津和野の観光用紙すき場の看板

谷稲成（稲荷にあらず）神社の参道入口近くの津和野伝統工芸舎など、いずれも、広々とした駐車場を有し、派手な看板を掲げている（図11―8）。早朝のこととて、まだ開店していず、どのような活動をしているのかは知るすべはない。そのほか、道路沿いに石州半紙を売る店、喜多屋とか、和紙工房も色々と目に付いた。

町を一周して、ホテルに戻り、午前八時半、再び伝統工芸舎を訪ねた。木田川さんが、同社の専務の大谷さんに連絡をとって下さっており、その時刻には開店していますと電話してきて下さったからである。

同社は和紙人形、財布、名刺入れ等々土産物店の構えであるが、ただ一つ違うのはその奥に漉き場があること。丁度数人の高校生が手漉きをじっと見学していた。三回ほど前方から手前に汲込んだ紙料を均一に簀に分散させ、四回目から六回目まで汲み込んだものは水平にゆっくりと揺り、捨て水をする。七回目にもう一度手ばやく汲み込み、繊維を均一に分散させて漉きを終える。所要時間は一分強である。漉きながら、また手を休めて道具やトロロアオイの粘液など丁寧に解説を加えていた。

大谷さんによると、当時、そこで働く職人さんは三人。昭和五十一（一九七六）年から開設した。「明治の終り頃までは、南谷川の近くに共同作業場もあり、この周囲では方々で漉いておったのです。いざ開設ということで道具や職人を集めたんですが、大変苦労しました。あの人が漉いていたというので、ようやく探し出して訪ねてゆきますと、少し前に亡くなっていたりしましてネ。今の職人さんは、日原町の近くの宿谷部落から来てもらっているのですが、昔は障子紙を漉いていたのです。技術は美濃で学んできたといいます」

ここで造った紙は、人形用紙としてシルクスクリーン用の印刷のため京都に送られる。戻ってきた紙の加工は、町内の人達の内職で出来上る。印刷を伴わない便箋とか色紙の加工は、町内でもできるということだ。

「こんなものも試作してみてるんですがネ」と大谷さんが差出したのは紙布である。「偶々古本屋で買い求めた本に石州の紙布のことが掲載されておりましてネ、近くに絹織物のキャンバスをやっていた栗山工房というのがありまして、そこに依頼して作っているんです」という。「経糸は木綿で、緯糸が紙糸である。染めのために京都に送るので、一反十七万円になりますネ」。これは袋物、小物などに作られている。かなり高価なものにつくものである。

一日に二本しかない特別列車の発車時刻、午前九時四十五分がせまった。大谷さんに駅まで送って頂いて、辛うじて間に合った。当時、山口線は全国で唯一の蒸気機関車SL、C57―1「やまぐち」号が走っている路線である。偶々今日は、日曜日で運転日にあたっていた。和紙の旅で、その存在を失った過去の遺物SLに会うのは、また一つの思い出深い一ページであった。

## おわりに

伝統の技術を守るには、確固たる信念、哲学がなければならない。山陰の片田舎の技術が国際的に知れ渡っているのは、このような信念に裏打ちされた、すばらしい技術が残っているからである。石州半紙の場合は、その信念は、永続性のある紙を造るということである。しかし、和紙造りが一種の工芸であるとすれば、自分の作った作品が永久に残ることは共通の願望であろう。この願望を実現しようと生きている姿は美しい。石州半紙の旅は、自然だけでなく、人生哲学からくる美しさを学んだ旅でもあった。

参考文献

（一）三又允子、『百万塔』、三三巻一～一一頁（一九六七）

（二）矢富巌夫、『柿本人麻呂』、五八～六一頁　益田市観光協会（一九八二）
（三）小林良生、『百万塔』、四九巻、七八～九〇頁（一九八〇）
（四）成田潔英著、『紙碑』、一二五頁（一九六二）

# 第十二章　阿波和紙の里（吉野川市山川町＝徳島県・阿波）

## ―阿波和紙の淵源を探る―

### 阿波和紙の里探訪ガイダンス

徳島県の和紙の足取りは平安時代に斎部《いんべ》広成が著した『古語拾遺』を地で行き、その記載が現代にまで活きて伝統をつくっている大変興味ある里である。斎部とは国の中央において神祭りをする家系であるが、地方では忌部《いんべ》と書く。同書では「阿波の忌部」に関して、「天日鷲命の子孫が木綿《ゆふ》（カジノキの繊維）及び麻で布を織り、それらの原料を栽培し、カジノキ、麻を植え、大嘗の年には荒妙《あらたえ》を献上する」の記載がある。

その地域は旧名麻植《おえ》（正確には麻殖）郡（現在は吉野川市）との地名で残り、同地域の「コウゾ」の訛りからの呼称だという高越山麓に、川田紙と呼ばれる紙が明治十八（一八八五）年に富士製紙企業組合の組織として造られ、明治四〇（一九〇七）年頃は二〇〇戸余りであったが、終戦後以降は実質的に藤森実氏から引継いだ藤森洋一氏一戸の家業として継承されている。同所には阿波和紙伝統産業館が併設され、阿波の特産である藍染めを活かした藍紙などもつくられ、更に外国人のアーティストに和紙技術を教授したことから和紙ビジネスのグローバルな展開を見せている。

忌部の祖は忌部神社に祭られ、近代では大正、昭和、平成の各大嘗祭毎に、その境内で神御衣《かんみそ》の一組である荒妙《あらたえ》が古代をしのんだ形態で製織され、徳島県として忌部の子孫を通して皇室に献上されている。その皇室行事はまさに『古語拾遺』の記載のように、麻の播種から始まり、製織までの古式豊かな神事である。同地の製織技術の関心を高めるものとして、旧木頭村には太布技術の伝承もある。それ故、コウゾは織布用原料から製紙用原料に転用されたという仮説も考えられる。

その詳細は、別書『四国は紙國』で述べているので、本章では、川田紙の里の探訪よりもむしろ、忌部神社の本家争いの調査に端を発し、平成の御代に代わった時に行われた荒妙の献上の行事を軸に『古語拾遺』の世界の現代版をトレースする探訪を行い、合せて川田紙の経営者までも同行して木屋平村で漉かれていた宇田紙、南張紙について追憶と用具について聞取り調査した報告を採録した。

## はじめに

阿波和紙といえば、まず旧麻植郡《おえ》（現吉野川市）山川町川田に産する川田紙を考える。昭和六十（一九八五）年に茨城県の筑波学園都市で開催された国際科学技術博覧会の迎賓館の内装は、この川田紙をベースにした藍染めの紙が採用された。阿波和紙は、この「川田紙」を主峰として、かつてはいくつかの山々を擁していた。南張《みなみばり》で造られたという「伊賀紙」、端山宇田や南辰で造られた「宇田紙」などがその山脈である。ここで、伊賀紙といっても決して三重県の紙ではない。南張は名張でなく、旧麻植郡（現美馬市）木屋平村《こやだいらそん》の南張部落である。また、宇田紙といっても、奈良の宇陀紙とは違う。宇陀紙は「紙譜」で明らかな如く国栖《くす》紙の別称があり、本来は祭祀に使われた紙であるとされている。

阿波和紙の紙祖神、天日鷲命を祖神とする忌部は、朝廷祭祀に重要な役割を持っていた氏族であるが、故意か偶然か、阿波和紙を形成する小峰群は、大和とその朝廷と因果関係を持つような名称体系になっているのである。そして、紙史における関係は、『古語拾遺』の現代史へのかかわりである。「天日鷲命の子孫が阿波に来て、カジノキ、コウゾからの木綿《ゆふ》、麻の荒妙を造った。また、コウゾや麻を植え、大嘗祭のときは荒妙を献上した」。この一節は、現代までも生きているのである。その第一は、阿波の特産とされていた太布《たふ》。コウゾの繊維の織物である。木綿（由布）とはカジノキ、コウゾで作る繊維であり、一説には大嘗祭で献上する荒妙はコウゾで造られた織物であるともいう。近年、旧那賀郡木頭村《きとうそん》では再興され、生産されている。第二は天日鷲命の子孫は阿波忌部であり、旧山川町付近は「忌部の里」と呼ばれ、忌部の直系といわれる子孫も在住していることである。

以上のような背景から、阿波和紙の現代に残る歴史的遺跡を求めて、筆者は当時過去二回にわたって調査してきた。(一)(二) 幸なることに、調査の過程で、川田紙の古里で、山崎忌部神社の所在地、吉野川市山川町を郷里とされる郷土史家猪井達雄氏に邂逅した。(三)

第三回目の本調査でも、再び氏のご助言と適切なガイダンスを得て、平成の大嘗祭に献上した荒妙の製法、阿波和紙の小峰群、そして忌部族の子孫を訪ねて旧麻植郡木屋平《こやだいら》村までわけ入った。例年になく積雪が多く、山村の山道は積雪があり、車の円滑な進行を阻むというなかでの訪問であったが、不意の訪問に対して、山村の人々はいずれも心温かく迎えて、古い話を丁寧に回想して下さった。

## 三つのカミ

「徳島県の県立図書館は、近く園瀬橋あたりに出来る文化の森総合公園に移転する予定になっているんですヨ」。当時、同県の工業試験場の紙パルプ部門を担当されていた野々村俊夫氏は、徳島駅の裏の、もと渭山城と呼ばれた徳島城跡の庭園に建てられていた、当時の県立図書館に案内してくれる途中で語られた（現在は、予定通り図書館は移転した）。昭和五十九（一九八四）年二月二十六日の午前、猪井達雄氏を訪ねた時である。猪井氏は筆者らの訪問を、資料を整えて待っていて下さった。

当時の館長の岩佐健二氏等を交えて、館長室で話は弾んだ。岩佐氏は当時、阿波学会という二十二部門、会員一一八〇名を擁する郷土を多面的に研究する学会の理事長さんでもあった。この学会には当然郷土史部門も含まれていた。猪井氏はいう。「麻植《おえ》とは、古くは大江と書いたのではないでしょうか」。吉野川は大きな川であった故、先住民族はそう呼んでいた。そこに、出雲族などの忌部の子孫、つまり、天富命《あまのとみのみこと》が率いる天日鷲命《あめのひわしのみこと》の子孫が阿波に移り住み、麻を殖えたために麻《お》殖《え》の字（現在流では麻植）を当てたのではないかと提唱された。

忌部氏は天太玉命《あまのふとだまのみこと》を遠祖とする神裔氏族で、中臣氏とともに朝廷祭祀に重要な役割を果たしてきた。中央の忌部は「斎部《いんべ》」、地方のそれは「忌部《いんべ》」と書く。忌部氏の本貫（発祥の地）は、大和国高市郡金橋村。地方とは、紀伊、出雲、阿波、安房、讃岐、筑紫、伊勢などであった。(三) 阿波忌部は、どこからやってきたか、猪井氏は、これを、例えば、出雲だと想定されておられたが、紙との関連をみると、中央の大和かも知れない。

「紙《かみ》とはお祓いをするための貴いもので、この貴いものはみな『ミ』で終ったのではないでしょうか」。神《かみ》や髪《かみ》も然りだというのである。神代時代、「命《みこと》」は人間という観念で、これは、一名「尊」と書き、貴いものを指す。「カミ」のみならず「ミコト」の「ミ」というのも貴いものを指示しているというのが、猪井氏の説である。これは髪の毛の「ケ」が「仏《ほとけ》」の「ケ」に通じ、「ケ」は人間の身体で最も大切なところに存在するからであると類例をあげられる。

また、紙が、元来大幣《ぬさ》の御幣《へい》として使用されたのは、「白い」ということにも関係するのではないかというのも猪井氏の説である。この白いということは「清い水」に通ずる。水で浄める代用として御幣を切ったのではないか。徳島の正月行事に三番叟《さんばそう》というものがたりがある。このなかで、御幣を切って「ドータリ、ドータリ」というのは、水が沢山出ますようにと祈るものであり、水が死人に対して蓋をするものと信仰されていることから来るものであろうという。

ここで猪井氏は、予め用意されていた麻殖郡史のコピーを示して、「伊賀紙」の話をされた。天正十三（一五八五）年、蜂須賀家政が阿波十七万五千石として阿波に入国した折、木屋平村の木屋平上野介は、これに背いたが、その弟伊賀守は蜂須賀に帰順した。その賞として伊賀守に五十石を与えた。この賞に応え、伊賀守は紙を漉かせて上納させたために「伊賀紙」と呼ばれたのだという。当時は、苦参紙、檀紙、杉原紙、仙過紙が造られたとある。(四) この「伊賀紙」は、『木屋平村史』によれば、別名を生産地の名を取って、「南張紙」と呼ばれていた。製造の起源は天正十四〜十五（一五六六〜一五六七）年頃。昭和の初めまで南張を中心として、三ツ木、樫原、二戸といった地方の基幹産業で、南張だけで三十余戸が製造に参与していたと記されている。しかし、昭和三十七（一九六二）年をもって消滅してしまったという。(五)

その他の地区はというと、端山宇多、南辰の「宇田紙」があり、これは強靭さをもって知られ、傘、合羽、促進栽培用の障子紙として使われたという。

更に、墨書きの自治史料の解説に当たっておられる猪井氏は「奥半田山駈出」という史料を提示された。半田で享保九（一七二四）年に棟附御帳の孫左衛門が、土佐の浪人孫七を召し抱えて紙を漉かせたという記事を示し、「半田でも紙を造っていたことは明らかですネ」と付言された。

これで、阿波では川田以外にも各地で紙漉きが行なわれていたことは明白となった。そこで、今回の第一の目標として、川田紙と南張紙の漉き方の差異を明らかにしようということに決めた。

次いで、天日鷲命を祭神とする忌部神社の話に転じた。阿波においては、天日鷲命を祖神として祀る氏子は方々に散在していた。その代表的神社は川田の種穂社、山崎忌部社、貞光忌部社などである。明治の初め、国幣社列に整理するに当り、権少属《ごんしょうさかん》の小杉榲邨《すぎむら》（一八三四～一九一〇）は、木屋平の三ツ木の三木家が忌部の末裔として大嘗祭の時、御殿人《みあらかんど》として荒妙を献上してきた文書、いわゆる「三木家文書」を保管し、かつ、毎年二月と九月の二十三日には、四里の道を遠しとせず、山崎忌部社に参っているという慣わしは、御衣《みぞ》御殿人《みあらかんど》契約会の余風であるとして、山崎忌部社を正統な忌部神社とした。これに対して、貞光の端山側から異議が出て争議となった。両者相容れず、やむを得ず川田の種穂神社としようとしたが、結着を見なかった。結論的に漁夫の利を得たのは、徳島市であった。全然関係のない勢見山にもっていってしまったというわけである。

この話のなかで注目されたのは、三ツ木に住むという忌部の末裔だという三木家と今日迄献上してきたという荒妙である。というのは三ツ木といい、三木といい、いずれも貢、つまり、「調」の意味をあらわすこと。そして、この三木家が大正、昭和の両天皇の即位の年の大嘗祭に献上した荒妙は、どのようなもので、どのような方法で作られたか、猪井氏が調べた範囲では不明だったということにある。「荒妙は経糸は麻、緯糸は梼《たく》とされていましたが、明治以降は梼は入っていないのではないですか」という。梼はカジノキ、コウゾの繊維とされている。しかし、麻だけだといっても、それが大麻なのか苧麻なのか、はた亜麻なのか、はっきりした記載がないらしい。「単に麻を植えたということだけ書いてあるんですヨ」と、猪井氏が献上荒妙の記載の不備を指摘する。どうやら技術的記録が残っていないらしいのである。県立図書館にないとすると、当時の関係者に当ったり、記録にとどめる必要があろう。調査に当って、氏は、貴重なアドバイスを下さった。「木屋平村に行かれるのであれば、当時の村長の藤田さん、一宇村ならば助役の藤本さんを訪ねなさい。伊賀紙を献上した松家伊賀守のご子孫は、八幡様の近くに住んでいる筈です。また、徳島本線山瀬駅前の西川菓子店をやっている西川朝香さんは『荒妙』という煎餅を売っていますが、第二回目の大嘗祭のときの織女でしたからお会いになってごらんなさい」。続けて「昔の麻植中学、今の川島高校に第一回の大嘗祭の時の荒妙の余り布で校旗が作られています。実物をご覧になるのなら、これが一番確かではありませんか。細井先生（当時）が校長さんですヨ」と忠告された。そこは猪井氏の母校でもあった。

猪井氏は、今回の調査でも良きパイロットであり、良き助言者でもあった。なお、ここで第一回、第二回の大嘗祭とは、それぞれ大正及び昭和天皇のご即位の時の大嘗祭のことである。

## 至誠旗

翌二十九日は、天候が目まぐるしく変った日であった。朝、ジョギングで徳島市内の勢見山の忌部神社を訪れた時は、雪で薄化粧していた。忌部神社の正統論争も人々の脳裏から忘れられているように静かであった。

野々村さんのハンドルで、国道192号線の川島駅近くにある川島高校を訪れたのは、昼休みの時であった。学校は国道192号線から少し南の山側に入ったところにあった。正面の時計の上に飾られた校章は麻の葉を放射状の星形にデザインしたものであった。「時間帯が悪いんですが、已むを得ないでしょうネ」と野々村さんと言葉をかわして、職員室で休息中の女教師に来意を告げた。当時の細井宏二校長は、快く校長室に招き入れて下さった。

問題の荒妙から作られた校旗は、昭和三十二（一九五七）年から使用されている紫に例の麻の葉をあしらった校章を飾った校旗とともに、校長室のガラスケースのなかに納めてあった。「至誠無息」と満八十五歳の東郷平八郎元帥が書いたために、至誠旗と呼ばれ校宝になっていた（図12―1）。第一回の大嘗祭の時は麻（ここでは大麻を指す）の生育がよく、献上した荒妙の布地が一部残った。偶々昭和五（一九三〇）年十月に校旗を調整する時に、阿波忌部の末裔といわれる三木宗治郎氏から残余の布地を一部寄贈されたので、校旗にしたというのである。細井校長先生は、脇の壁面に吊されている二幅の軸をすらすらと読み上げ、至誠無息の由来を説明して下さった。それに

図12－1　荒妙で作った至誠旗

よると、三ツ木村の出身で二松学舎大学、国学院大学の教授をなさっていた山田立夫氏を介して東郷元帥に依頼したのだという。「『至誠やむことなし』とは『中庸』からとった言葉で、一生涯真心を貫き通せ」という意味だという。軸から判断して、山田立夫氏は貢邨の号を持つ。村の名をとっているのである。

　問題の荒妙は、当時で既に五十年の年月を経てだいぶ褐色になってはいたが、予期したより目は細やかな、繊細な糸で織られていた。コウゾから造られる太布よりは際立って細い。明らかに麻の織物である。荒妙を縁取る白い木綿《ゆふ》は、殆ど色は変らず、褐色になった荒妙を浮び上がらせていた。中央に黒々と書かれた「至誠無息」の四文字は、武人らしい線質に伸びと勢いのある字である。「初め東郷元帥は書くのをためらったそうですが、了承されると沐浴して、この字を書かれたそうです」。更に、こうも続けた。「海軍兵学校に持ち寄り、行進したところ、学生は全員敬礼をしたそうですヨ」と細井先生はいわれた。「卒業生はやはり至誠旗でないと校旗という感じがしないといっています」。

荒妙の実物は、山崎忌部神社にも一部奉納されているということも聞いた。

かくて、細井先生は申訳ないことに折角の昼休みを突然の訪問者によって無にしてしまった。校長室を出たときは丁度十三時。昼休みの終りを告げるベルが鳴った。

## 荒妙献上

川島高校を出て、一路山崎忌部神社に向かう。猪井氏から、同神社の麓に岩戸神社があると聞いていたからである。岩戸神社は麻をさらした池、つまり「おざらし池」、そして所々窪みのある大きな岩、通称「おざらし石」と名づけられた岩を調べようと思ったからである。

忌部神社の石段の下で車を止め、岩戸神社の所在を探した。丁度折よく日が射し、日だまりを求めて一人の老人が散歩しているのに出会った。「忌部の石段は百三十七段あるんですよ。最初が十一段、中央が百十四段、そして最後が十二段ですヨ」と野々村さんの問いかけに誘われて、忌部神社の話をはじめた。石段下の西側の家に住んでおられる、当時八十三歳になる田中利雄氏であった。「毎年、徳島大学の学生さんが忌部のことを調査に参りますネ」といい、「今のお宮さんは昭和四十八（一九七三）年十月四日に建替えたんですヨ」と解説した。社殿の改築は奉賛会が結成されて崇敬会長に木村清二氏、そして同会の会計係をこの田中さんが担当されたという。「木造建てとしては充分な費用が集まらず、四百八十万円で背の低いコンクリートにしたのです」と語られた。第二回目の調査のときに拝見した社殿がそれであったのだ。

荒妙のことをたずねてみた。「荒妙の献上は三回ありました。第一回は大正四（一九一五）年十月十四日で三木宗治郎氏が献上されました。織女はこの部落では、松本ヒデノさんと増富ハマコさんの二人でした」。この老人の記憶は正確である。大正天皇の御即位の大嘗祭の時、阿波忌部の末裔だとする三木宗治郎は、川島高校の至誠旗を作らせる立役者であった山田貢邨を介して、荒妙献上の運動を始めた。その論拠は所謂「三木家文書」として残されている。京都の斎部氏長者から亀山天皇の御即位式、践祚大嘗祭の時に出された下文などである。(六)文応元（一二六〇）年の阿波忌部は大嘗祭の時に使用される由加物《ゆかもの》、つまり御供物を献上する職務にあるから、荒妙進上の御殿人《みあらかんど》になれという文書である。

この論は宮内省の受入れるところとなり、大正天皇の御即位の大正四（一九一五）年六月に三木宗治郎が調進者と決定している。そして、忌部神社内に新築された織殿にて十月九日に荒妙は織上げられている。織女は松本ヒデノ、池上トク、京野イチノ、石川ヨネ、増富ハマコとなっている。田中老人の記憶は正しいのである。ただ、織上式は十五日と一日ずれている。当時、「松本ヒデノさんは御健在で、当時八十六歳になります。奈良の女高師を出られた方で、すぐそこですヨ」と加えた。

「献上は三回行なわれています。二度目の献上は今の天皇陛下（昭和天皇）が皇太子時代に行啓された時のことです」という。調べてみると、それは大正六（一九一七）年のことで献上品は穀皮《かじ》、つまりコウゾの白皮である。穀皮とは木綿《ゆふ》を意味すると解したからである。

「第三回の荒妙献上は昭和三（一九二八）年秋のことで、西川朝香さんらが織女として参加しています」という。昭和天皇の御即位は昭和三（一九二八）年、この時の織女は、妹尾富美子、西川朝香、塩田ヨシエ、松田テル子、桑原キミエ、安部八重子と記録にある。老人の記憶が正しいのは、毎年学生さんが来て質問に答えるためであったという。

「麻は木屋平で作り、その麻はお岩さんで晒したんですヨ」ともいう。「お岩さん」とは探し求めていた岩戸神社のことで、この付近の人達の愛称である。

## 岩戸神社

田中老人と別れて、岩戸神社に向う。同神社は忌部神社の東方五〇〇メートルの距離にある。畠の中にこんもりと茂った木立があったので、すぐに判った。周囲を灌漑用水で囲まれ、境内への入口に松と樟が大きく枝を伸ばしていた。社殿は木造瓦葺きで、質素なものであった（図12―2）。

図12－2　岩戸神社

碑文は「忌部社攝社岩戸神社」とある。南面山麓側が正面なので、石造の鳥居がある。鳥居の左右に大きな岩（図12―3及び図12―4）が横たわっていて、前は池である。御神池という。水はない。西側の岩は、大きく、巨象を二頭重ねた位の大きさのものがごろごろ重なりあって散在している。横に走る線は、かつてここが川であったことを物語る。吉野川は屢々大きく流れを変えてきた。猪井氏のいわれるように、ここは河跡である。岩肌にある窪みは、甌穴《おうけつ》である。この巨大な岩は周囲を笹でおおわれ、所々苔むしている。麻を晒したのは遠い昔のことであることを教える。小さな砂岩は、「いわお」と呼んだという(七)が、どの岩を指すのか。大小色々な石が存在する。古くは麻の繊維を抽出するにしても、コウゾ、カジノキの繊維を取出すにしても、醗酵精練を行ってい

図12－3　岩戸神社にある麻やコウゾをさらしたという石（麻笥石《おごけいし》）

図12－4　麻ざらし岩

る。第三回の荒妙献上に際しても、醗酵精練を麻繊維の抽出に使用している。

『木屋平村史』はいう。「三ツ木八幡神社境内で、剥皮作業を開始し、二メートル位の高さの麻風呂に湯浸しにして煮たものを莚にまいて一定時間置いて醗酵させ、麻舟に漬け皮を剥ぐ」（八）とある（筆者傍点）。醗酵精練法にも色々あるが、ここでは麻を水漬して醗酵させたのであろう。ではどの岩で実際に作業したのであろうか。文献には次のような記載がある。「社地の西南隅に大きな巌石二箇あり。是は忌部の山脈をはなれて山骨の此処に隆起したるなり。いづれも大きさ竪横とも一丈五尺許りに見えたるか。西方なるは麻さらし石といいて石面やや平らなり。東方なるは麻笥石といいていと高き石面に径一尺余りなる、また二尺余りなる穴ともありて水溜れり。深さ六尺許り、また七、八尺許りに及べるもあり。此石の最も高き所にも径一尺許りなる穴ありと。いと清らなる水溜まれり。此穴どもを麻笥《あさばこ》といいて天日鷲命の麻穀を浸しさらし給ひし所なりとぞす」。笹に覆われているとはいえ、まさしくこの岩を指していることは明らかだ。

「何んだか変なにおいがしますネ」と野々村さんがいう。近くがごみ捨場になっているらしい。醗酵精練からくる腐敗臭でなく、ごみからの臭いであることに歴史の流れを感ずる。

「田中さんから教えて頂いた松本ヒデノさんのところに立寄ってみましょう」と野々村さんがいい、もと来た道を引返した。丁度、忌部神社を中心とする南北線を対称にして、岩戸神社を折返したら松本家に当る、という感じの位置にあった。不意の訪問者に対して応対に出たのは、後で聞けば松本ヒデノさんの妹さんらしかった。何か理由があるのであろう、直接の面談は丁重に断られた。

「ヒデノからよく聞いて、その結果は後でお知らせします」

元愛媛県製紙試験場長の前松陸郎氏（当時）と落合う時間が近づいてきた。曇空からは白いものが降り出した。車を徳島本線の山川駅に向けた。十四時三十分。下り列車の到着五分前であった。待つ間、駅前の観光案内図を見ていると、吉野川流域に神代文字碑があるのに気づいた。

幕末の国学者岩雲花香の鯰の歌の歌碑で、岩沢の杉尾神社にある。古代文字で書かれた『上記《うえつふみ》』にも、『古語拾遺』と同じような記載がある。(九) ただ、神代文字の書は偽書とされている。

午後一時三十五分。列車が到着した。山川駅に下車したのは前松氏唯一人。明日の木屋平村行きの同行者である。高越山も雲のなかに隠れ、小雪が風に舞っていた。

## 富士製紙企業組合

車は川田紙の伝統を引継ぐ富士製紙企業組合に向った。そこで当時の同組合長の藤森実氏と今迄の調査結果をふまえて、荒妙談義を更に深めた。

「山瀬町では、現在新しい村史の編纂をしていますので、荒妙のことなども教育委員会で色々と調査しています」と藤森実氏はいう。岩戸神社の麻ざらしについては、「二メートル位の麻を土用過ぎに池の中に入れて発酵させ、得られた繊維をきれいに洗って乾燥しておりました」といわれた。

折よく御子息の洋一氏が東京から帰ってきて話に加わった。話はいつしか紙のことに転じていた。

「伊賀紙の調査でしたら、木屋平村の教育委員会でお聞きになられるのがよいのではないでしょうか。伊賀紙は三ツ木や南張で造られていましたが、山の頂上近くで紙を漉くのですから、大変でした。山からの水を家庭用と紙漉き用に使い分けたりしましてネ。南張で一番最後まで紙を漉いていたのは、西村松太郎さんでしょう。短判（九寸×一尺五寸）の障子紙と傘紙でした。一方、宇田紙は傘紙でしたが、普通の傘紙とは寸法が違っていましたネ」。昔を思い浮べてなつかしむように、県の無形文化財保持者の藤森実氏は回顧された。「ここ川田は、南張と比較するとずっと立地条件がよかったので、生産量はずっと多かったです」。これが現在、阿波和紙といえば川田紙を指す由縁である。川田紙の当時の主たる用途は何か。実氏によると、「障子紙、襖紙、団扇や提灯の紙だそうだ。いずれも生活様式の変遷で消えつつあるものばかりであった。

「わしらの小さい時は、小学校三年になるまでノートは買ってもらえなかった。それまでは黒い石板を使って書いたものです」。

「山川町の教育委員会に連絡をとりましょう」ということで、実氏が連絡をとって下さった。雲宮庫行氏といい、郷里の歴史に深い関心を持っている方であった。雲宮氏は、わざわざ富士製紙企業組合のわれわれのところまで資料をたずさえて出向いて来られた。しかし、持参された資料は、

『山瀬町史』、『山川町史』などで、荒妙の製法など技術的記述はなかった。

野々村さんは、「どんな麻なのか、播種はいつで、どのように栽培したか。また、どのようにして繊維を抽出し、どんな手法で織ったかが知りたいのですが」と問題点を提示された。

後日、野々村さんから送って頂いた昭和三（一九二八）年度の徳島県工業試験場の年報によると、第二回目の荒妙献上の際、三名の工業試験場職員が技術的指導に当っていた。麻の栽培は農業試験場の担当であるとして、製麻以降の技術担当は工業試験場で担当されていた。製麻は川合技師、漂白仕上がりが山田技手、製織は姫田工女となっていた。[十] 県職員の野々村さん（当時）が荒妙の製法に注目するのは自然のなりゆきであった。この年報のなかで麻は、明確に「大麻」と書かれていた。

## 荒妙の煎餅

午後五時を過ぎた。しかし、荒妙の技術を少しでも明らかにしようと、当時の織女を訪ねることにした。候補は、やはり西川朝香さんである。池上トクノさんも一時神戸におられたが、昭和二十六（一九五一）年から山川町に戻られた由。西川さんは当時お菓子屋さんを営んでおられたが、店舗は二つあった。川田と山瀬である。藤森洋一、雲宮庫行さんらを加えて、総勢五名で西川菓子店に押しかけた。かつての織女は山瀬駅前の店におられた。西川朝香さんは、ふっくらとした、笑みを絶やさない老女であった。「織殿の写真があるのですが、折悪しく貸出しましたので」といいながら、当時の新聞のコピーや、四国放送が昭和四十四（一九六九）年に荒妙の再現を行ったときの写真を示しながら、詳細に話して下さった。

第二回の大嘗祭の時の織女六人中、当時健在なのは四人であった。そのうち二人が山川町に在住しているという。織女たるべき選択基準とは、第一に両親がともに健在であること、第二には歳が十七か十八歳。第三に山川地区にずっと在住し続ける女性。補欠は三名選ばれたが、実際に仕事をしたのは一名であった。一台の織機に三名の織女、先生一名が付いたという。この先生とは工業試験場（当時）の姫田さんである。「工業試験場の場長（当時）さんは毎日、朝と晩にやって来ました」と語った。「麻糸は三木宗治郎さんが持ってきてくれました。三木さんの御屋敷で作ったものを紡績したものでした。紡績は、木屋平村の娘が六人で行ったと聞いています」という。

『木屋平村史』によれば、麻畑は同村貢の八石であり、昭和三（一九二八）年四月十三日、十四日の両日に播種している。八月六日に抜麻。麻の紡績は、広瀬ツネカ、南瀬ツネノ、藤田晴江、松本ユキエ、伊藤スエコ、藤田タミエ、阿部ハツ子、殿井ナミ子の八名である。

織殿は山崎忌部神社の境内に建てられ、神社の隣家の妹尾家に四十日間泊り込みであった。朝八時に風呂に入り身を清め、お祓いを受けて仕事に取りかかる。昼食の休みをはさんで、晩に再びお祓いを受けるという具合で、織布の速度は実にゆっくりしたものであった。三木宗治郎さんも付ききりで監督に当ったという。織機は山崎かすりで使用したものに似たもので、杼《ひ》は舟型で大きなものであったと聞いた。「三木宗治郎さんの下駄を踏んだら病気になるといわれ、行動は慎重でした」と回顧された。献上の品は一匹二反で、二組作られた。悠紀殿、主基殿それぞれ一組ずつ祀るためである。

第一回目の時は麻が豊富で、荒妙も多くできたが、西川さんの担当したとき（第二回目）は麻の出来が悪かったという。そこに、至誠旗が生じた理由がある。「ご褒美に鏡台一竿と金十円を頂きました」当時千円で家が建ったというから、現在の十万円位に相当するのであろうか。

今、菓子屋を営む西川さんは、昔の思い出をそこで売る菓子に託された。布目の煎餅がそれである。名付けて『荒妙』という。

もう午後六時を大幅に過ぎていた。西川さんご一家に別れを告げ、当時旧山川町一だという宿、「藤吉楼」に向かった。

## 美馬市木屋平村

翌三月一日は快晴。定刻の午前八時に野々村さんと藤森洋一さんとが宿に迎えに来た。旧木屋平村行きには、旧山川町の教育委員会の雲宮氏も徳島での仕事をキャンセルして加わり、一夜宿をともにした前松氏も加わって総勢五名。

コースは国道192号線で、穴吹から南下する。途中、神代文字の碑に立寄った。猪井さんは、この鯰とおごけとは関係があると後で教えて下さった。

更に国道192号線沿いに吉野川をさかのぼる。昨日の雪で遠くの山々は白く化粧をし直していた。午前八時三十分、穴吹町に入る。旧木屋平まで二八キロ。ここから穴吹川に沿って国道482号線で山間部に分け入った。

午前九時十五分、三ツ木に入った。県道24号線は狭く、工事中のところが多い。こんなところに人家があるのかと思うようなところまで、人は住んでいる。南張を通り過ごし、麻衣《あさぎぬ》など如何にも荒妙と関係ありそうな地名の標識を目にしながら、川井にある木屋平村の村役場に到着した。午前九時四十分。村役場はレンガ造りの、びっくりする位立派で、広々とした建物であった。

野々村さんが、猪井さんの教えに従って、村長さんか助役さんに面談を求めた。残念ながらお二人とも不在。そこで、予め雲宮さんが連絡をとっていた教育委員会を訪ねた。ここには長楽憲彰氏と新谷さんの二名が仕事をされていた。

来意を告げると、「三木寛人氏は昭和五十八（一九八三）年二月に亡くなりました」という。同氏は阿波忌部の末裔だという三木家で、二回の大嘗祭の大役を務め、川島町長にもなった宗治郎氏のご子息であった。当時、奥様が一人で住まわれていたとのことであった。「荒妙のことを一番よく知っていたのは寛人さんでしたが……」という。教育委員会では、村史や三木家や松家家の古文書の解読書程度の範囲しか判らないということであった。

もう一つの目的、伊賀紙についての質問に転じた。松家伊賀守のご子孫は、当時松家勲と称して、瀬津原に住んでいるという。また、最近まで紙漉きは南張地区で行なわれていて、松村、東本、松本、西村、大西などの家であったという。

村の最盛時の人口は六千、訪問時二千四百（平成十七（二〇〇七）年美馬市合併時千三百人）というが、狭い山村のこと、直ちに誰がやっているか、ということが判るのは有難い。様子を聞かれるのなら、「大西さんを訪ねるのが一番よいでしょう」とアドバイスを頂いた。加えて、訪問予定先にすべて連絡をとって下さった。

長楽さんは、この村の生活道具を収集した「民俗資料館」があることを教えて下さった。その所在を聞くと、自らすすんで案内して下さった。目的の建物は役場内にあるのではなく、道路を距てて向い側にあった。谷間の部落なので、建物は斜面の上にある。なかに入ると、山村の日常生活の用具、林業、農業に関するものが、ずらりと並べられていた。ディスプレーは拙いが、点数は多い。紙漉きも重要な仕事のうち。しかも南張では完全に絶えてしまった。不要になった道具は、ここに一式集められていた。工程の説明や作業の絵図まで付いている。コウゾは、ここでは俗名「かじ」という、と解説していたが、村人は濁らずに「こうそ」と呼んでいた。

これは松家伊賀守のご子孫にあたる松家勲氏ご夫妻が、二人ともそう発音されていたので判った。こうぞは「かみそ」、つまり紙用の麻から転じてきたとの説もあるので、この辺りでは古形で残っているのである。切り出したコウゾを蒸す釜は、「蒸しこが」（図12―5）と呼ぶ。こがとは桶のことであるから、まさにその通りであるが、隣県高知では「こしき」と呼んでいるのと対比できる。言葉に差異があるのは、相互に交流のなかった証拠である。煮熟は大釜で行なう。石灰を用いたことは、釜についた白い粉末で推定できた。叩解は厚い板の上で握手部分は丸く削られ、叩打部は四角の打ち棒で打っている（図12―6）。漉く（図12―7）ときはノリウツギを用いている。この辺では、「しゃな」と呼ぶと村史に記載されている。板干し乾燥でできた紙は切り台の上で定規をあて、大きなわん曲した鎌で周囲を截断してでき上りである。

図12－5　蒸しこが

織機もあった。地機である。「小林さん、太布糸があるヨ」と藤森さんが呼んだ。太布用の糸が一くぐり展示されていた。太くて強い。木屋平村でも太布が織られていた証明になる。

昭和十四（一九三九）年三月二十三日に書かれた寿岳文章氏の『紙漉村旅日記』によれば、「昔忌部氏が作ったと伝えられる荒妙の御衣と関係のあるらしい太布は、もうこの辺で見られぬかと尋ねたら、十四、五年前には穴吹川の上流木屋平村でそれが買えたとの話」とある（傍

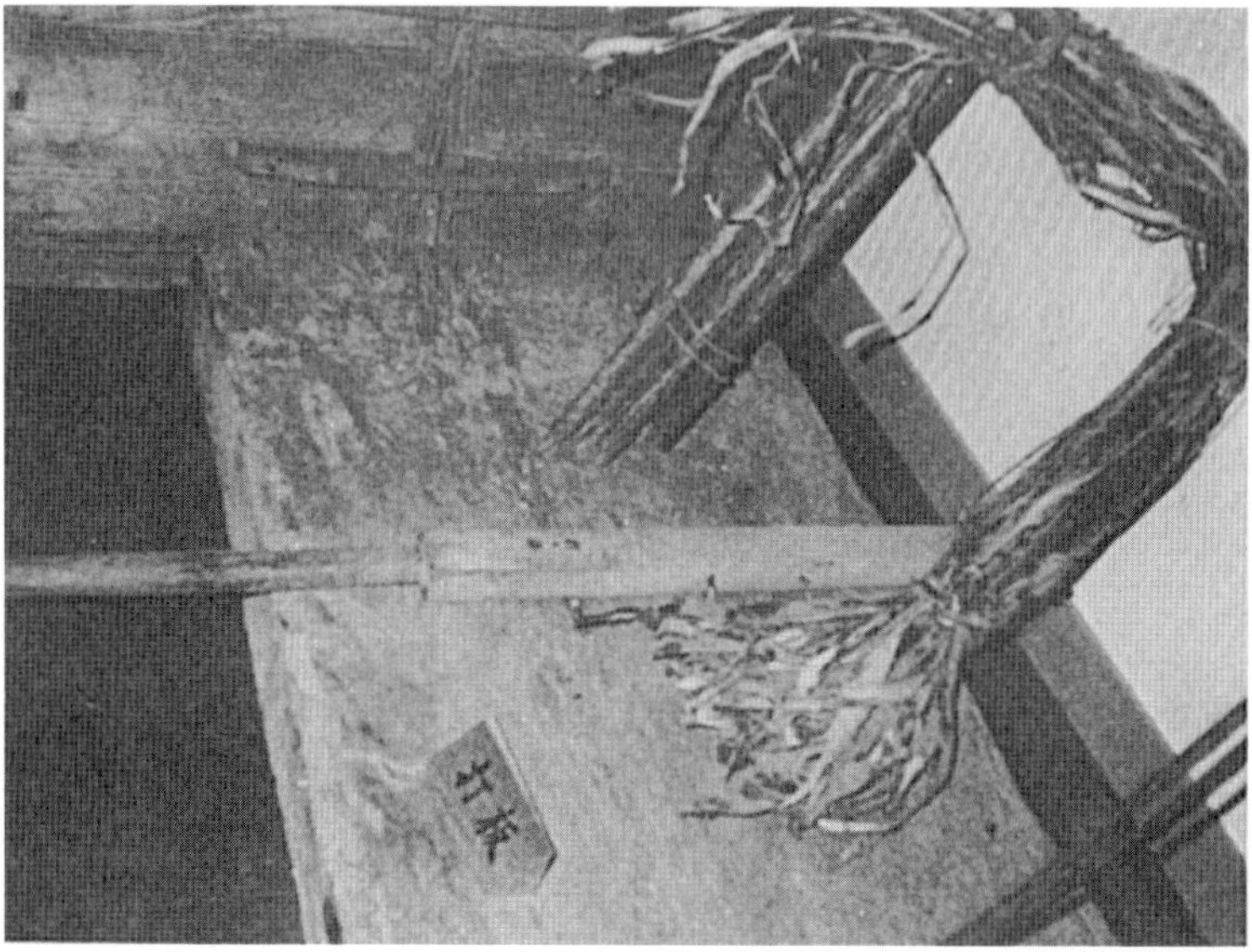


図12－6　打板と板棒

図12－7　漉き具

点筆者）。つまり昭和の初め頃は、まだ木屋平村では作っていたことになる。

また、岡村吉右衛門氏は原始織物の現状を調べようと、我が国全土に問合せを出している。それに答えて、当時の木屋平村の教育長をされていた、阿波忌部の子孫という三木寛人氏は、昭和三十五（一九六〇）年一月十一日付で、「太布は現在木屋平では織っていません。とても一反も手に入りません。ただし小布ならば手に入るかも知れません」と書き送っている。[十一] 加えて、第二回目の献上荒妙のサンプルを同封した。それを分析した岡村氏は次のように付記している。「送付を受けた太布の裂は薄手、柔らかく、ほのぼのとした白色。最高の白妙である。荒妙の残裂は経ラミー紡績糸、緯大麻」（傍点筆者）。しかし、この論評には大きな疑義が残る。第一は、麻からの織物は白妙の範ちゅうに入るのかということ。つまり、白妙とは穀（カジ、コウゾ）からの布を指すのではないかということ。第二に、大嘗祭に献上時に、大麻とラミーを同時に植えたのかということ。これは前記、工業試験場の年報では、単に大麻とだけしか書かれていないからである。

## 松家伊賀守の末裔

午前十時半、資料館の前で長楽氏と別れを告げ、また、知人と話があるという雲宮さんを残して、伊賀紙の名称のもととなった、松家伊賀守のご子孫の家を訪ねた。松家家は桓武平氏の流れをくむとも伝えられ、代々木屋平氏を名乗り、木屋平一帯の在地支配権を掌握していた。[十二] それ故、猪井さんは木屋平伊賀守といっていたのである。そのご子孫は当時、松家勲氏。森遠城の近くに住まわれていた。村役場から十五分余り剣山の方に向い、そこから、右側の山へ入る。その道の奥が森遠である。道を尋ねると、「大工さんの家ですネ」といい、丁寧に教えてくれた。大分高く登ったのであろう。眼界が開けてきた。八幡神社らしいお宮さんの森が見えてきた。その裏手に訪ねる松家家があった。教育委員会から連絡があったので、車の音を聞き伝えて予め玄関口まで出向いて待っていて下さった。

「言い伝えによりますと、私共が松家の姓を名乗りましたのは、蜂須賀が入国してからで、長曽我部の時代は木屋平といっておりました。棟札によると、それ以前は忌部といっていたようです」とすれば、松家家も忌部の末裔であることになる。裏の先祖の墓碑銘は、忌部、木屋平、そして松家と変っている。「三ツ木の三木家との関係はどうなんでしょう」との問いに、「三木さんは庄屋、こちらは武家ですヨ」と家の格式をもって答えてきた。

「新八幡宮の屋根のふき替えを行ったときに、忌部という棟札がでてきたのです」。「系図があればよいんですが……。実は、戦前系図を作り、宮内省に提示したのですが、戦争のどさくさで戻ってきませんでした。その時、（後村上）天皇からの論旨も提出したのですが、返ってきませんでした」ともいう。

「この木屋平というところは、古く中央から村人が移住してきたのではないでしょうか。三十年程前、東大の学生さんが調べにきて、都言葉（京言葉）に極めて近い言葉を話すので驚いておりました」。京言葉に近いことは、コウゾのことをご夫婦で「こうそ」といっておられたことなどがよい例である。「南張紙のことを、御先祖の名をとって、伊賀紙と呼んでいるのをご存知ですか」と主題に入ると、「そんなことは知らんが、南張紙なら、最近まで造っておって、よくこの辺りまで売りに来おった。茶筅紙や障子紙だった」という。この辺でも畠の周囲にコウゾを植え、また麻は自生していたともいう。麻の種類を尋ねると、「麻の実《お》は多数なって、煎って料理に使うと、とてもおいしかった」と答えた。どうやら麻とは大麻らしい。

太布については、「この辺では「こうそ」を紡いで織っていました」と奥さんはいう。木屋平で太布を作っていたのは事実なのである。その織り方は、実際に織っていた津川イネ（当時一〇八歳）さんや山本ハツノ（当時九〇歳）さんに聞いたら、と忠告された。この村は長寿村なのである。

## 長寿の老女

午前十二時四十分、松家家から車で十分程の距離にある谷口の農協前の津川家にイネさんを訪ねた。太布を実際に織った経験者である。あと一カ月で当時満一〇九歳を迎えるという。この老女は耳は遠いが、足取りは確かである。当時、我が国で第四番目の長寿者であった（図12―8）。「太布はどうして織ったのですか」と野々村さんが繰り返しても、「母がしていたので……」。遠い昔の思い出は、自分の行動と母親の行動とが錯綜していて、いつまでたってもほぐれない。見かねて、そのご子息が紐を使って説明し出した。「大きな蒸しきでこうそを蒸して靭皮部を剥ぎ、水にさらします。そのあと甘皮を取除いて、内皮を縦割りにして、繋いでゆくのです。繋ぐのはこよるのですが、それは短い糸を三つに割り、長い方に挿入して、手前にまきつけるようなやり方でより、一本の糸にしているのです」。「織るのは、紡いだ糸を足にくくりつけていました」という。織ったものはコンニャクノリを塗る。「あれは着ていたら、肌があれましてナ。肥をかつぐ時によく着たものです」との話。昭和二十四（一九四九）、二十五（一九五〇）年まで織っていたというが、その当時は木綿が入手できなかったからである。一〇八歳の老女は、話の間中、常に笑みを絶やすことがなかったが、昔の記憶はどうやら戻りそうになかった。

## 南張の紙漉き

午後一時二十分。長寿の津川さん宅を辞去して、もときた道を引き返した。雲宮さんと村役場で落合い、再び総勢五人で南張に向う。約二十分して、穴吹川沿いから西の山に入り込む。海抜

図12－8　もうすぐ109歳になる太布を作っていたという長寿の老女

図12－9　かつて南張紙を漉いていた家

四、五〇〇メートル程登ったろうか。もう周囲の山々の頂きが近くなったところが、南張部落である。家は山の斜面の上に建ち、段々畠がその前面に続いている。山の切れ目越しに遠く穴吹川がのぞいている。よくぞこんな山合いで漉いていた、と思われるような場所である。畠にミツマタが植えられているのが、かつての紙郷の名残りといえようか。

訪問先は大西伊之八氏（当時七十五歳）（図12—9）。「三ツ木の三木さんのところには、六、七年前（当時からであるから、昭和五十二～三（一九七七～七八）年頃）に家のふき替えを手伝いにいってきました」ということから、話はまず荒妙作りから入った。

「麻は三ツ木の八石という平坦なところで作られました。青年団が管理して、麻畑には誰も入れないようにしめ縄を張っていました。抜き取った麻は、大きな桶に入れて蒸し、皮を剥ぎとりました」という。『木屋平村史』によると、手入れに当った青年団員は十名、抜き取った麻は三ツ木八幡神社境内で剥皮作業を開始し、二メートル位の高さの麻風呂に湯浸しにして煮たものを莚にまいて一定時間置いて醗酵させ、麻舟に漬けて皮を剥いだとある。

麻畠の面積は一〇アール、当時三木家が買受けて草園になっていたのではないかという。蒸した桶は高さ五尺、周囲も五尺程であったと思うとのこと。麻は人の背丈ほどになり、小さな白い花を付けたという。種子は煎ってたべると、実に香ばしいものだといわれた。これから判断して、大麻であることは間違いない。栽培は五月で八、九月頃刈入れる。栽培は密植であったと聞いた。

次いで、南張紙のことに転じた。藤森さんが、「私は川田の紙屋です」と名乗ると、大西さんは昔を思い出すように、「私も川田に紙漉きを手伝いにいって習ってきたんです。川田は一枚張りで大きいが、こちらは小判です」という。南張紙は川田紙に範を求めている。

原料はこうそ、つまり楮（コウゾ）である。煮熟用の薬品は石灰。原料の楮白皮十貫に対して、石灰六、七貫を水に懸濁させたものを加え、平釜で煮る。原料は石灰汁が完全に浸らないので、下側が軟らかくなった時点で天地をひっくり返す。煮熟には一日かかる。「川田の原料は黒皮だが、この南張では白皮です」と両者の技法の違いを対比された。「煮熟が終ったものは赤くなっているが、これを谷に持っていって水洗、晒しを行なうのです」。この処理を行なうと、繊維がかたくなって締るのだそうだ。

叩解は大きな桜の台板上に、煮熟の終った原料を置き、打ち棒で「スッタカ、スッタカ」と三十分程叩く。かくて、紙料ができ上った。粘剤は木ネリ、つまりノリウツギを用いた。このあたりではニベと呼んでいるといっていた。『木屋平村史』では「しゃな」というとある。(十三) 川田紙では「イモニベ」、即ちトロロアオイである。桁の大きさは、通常の障子紙よりは細長いものを使用する。三つに切り、縁を取ったとき、丁度美濃判の大きさになるのだという。縁は定規をあてて、大きな鎌で切る。乾燥は干板に少しずつずらして何枚も張る。大きな桁にしたのは、川田紙のやり方を学んできてからの変遷で、それ以前は小判であった。漉き舟も小さく、女性が坐ったままで漉いたものだという。

以上が大西さんが語った、南張の紙の漉き方の概要である。ただ、煮熟は必ずしも石灰だけではなかったらしい。「子供の頃、囲炉裏の灰を桶に入れ、絞って得られた灰汁で焚いたものでした。これは叩くのが大変でした」と回想する。石灰と木灰の差は何か。「石灰焚きは紙に腰がなかったですネ」という。

ところで、南張ではどの位の家が漉いていたのだろうか。大西さんは「部落は大体五十軒ほどありましたが、最盛時は三十軒位は紙漉きをやっていました」と答えた。村史の記載と一致する。急速に衰退したのは、太平洋戦争の影響であった。軍役に働き手である男性がかりだされたからであ

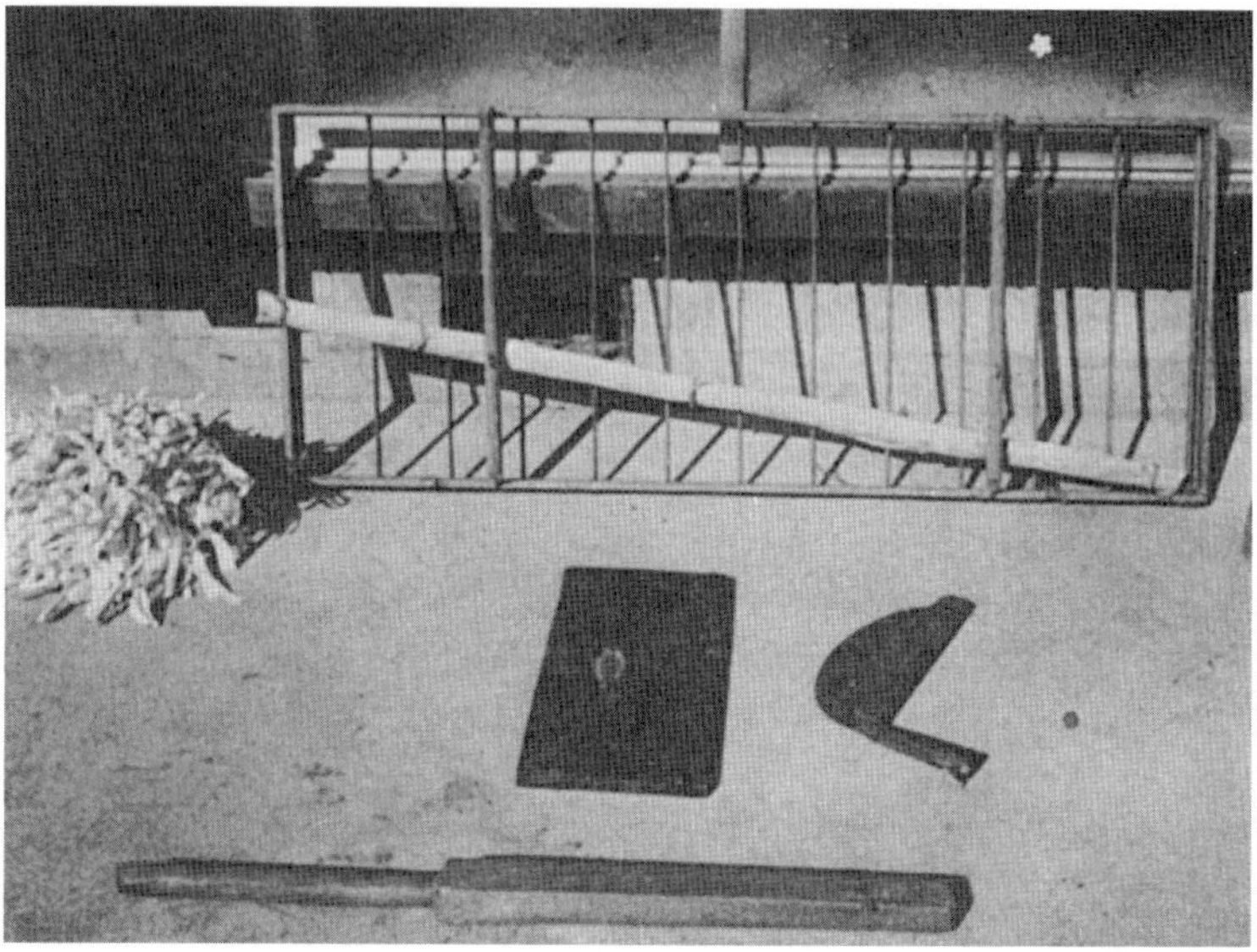

図12−10　南張紙の漉き具

る。従って、「ピークは昭和十五、六（一九四〇〜四一）年頃ではなかったかと思います。終戦で帰還しても紙漉きをやる人は少なかったですから」ということである。南張での紙漉きは、あくまでも冬場の副業である。夏場はタバコ、カイコなどをやっており、十一月から三月が紙漉きであった。

大西さんは、かつて愛用していた漉き具を大切に保存していた。漉き桁、叩解の叩打棒、そして縁取りをするのに使用した鎌と下敷き台、そして、断裁紙片（図12—10）。それらは、先程の民俗資料館で見てきた漉き具とほぼ同じであった。このタイプの道具がこの辺一帯に流布していたのであろう。

大西さんは、かつての漉き場に案内してくれた。段々畠にかかる小屋には、小さな漉き槽があった。単なる木の箱のようなものであるが、長さは一メートル半位しかない。これが女性が坐って漉くのに使用したものであると聞いて、合点がゆく。煮熟したコウゾは、田んぼで洗ったらしい。山からの湧き水があるのだそうだ。「昔は、田んぼの周囲には、コウゾをぐるりと植えたものですが」といい、抜かれずに残り、大きくなったコウゾを指差した。根元を枯草と残雪で覆われたコウゾの主幹は、根元で直径十センチほどになっていた。すぐそばにはミツマタの畠があった。この辺りでは当時、局納用の栽培がまだ行なわれていたのである。

## 三ツ木の三木家

午後三時十五分、大西さんと別れて、三ツ木の三木家に向かう。更に山を登り、一つの山の山頂近くまで来る。そして、尾根沿いにグルリと廻り込むように進む。木立で日が当らないのか、残雪が厚く道全面を覆う。ラジアルタイヤでない車では、進行をしばしば妨げられた。「三ツ木は山奥ですヨ」と聞いてはいたが、道を間違えたかと気遣われる程の奥地である。

午後三時三十五分、三ツ木校の跡にたどりついた。山間部の平坦な部分である。明治十二（一八七九）年に三ツ木小学校を開校したが、昭和三十九（一九六四）年に火災を起こして焼失してしまった。僅かに石碑がその存在を教える。枯草におおわれ、見る影もない。そして、その隣りが八幡神社、この社殿ももう朽ちていた。かつては、ここで麻繊維を抽出するための醗酵精練が行

図12－11　文化財の指定のある三木家

なわれた。しかし、ここも華やかなりし姿はない。第二回大嘗祭の荒妙献上から訪問当時でも五十六年も経ていたので、遠い過去の思い出となりつつあるのも無理からぬことであった。

「やっと着いたようですよ」、先達役の野々村さんと藤森さんが声をかけてきた。茅ぶきの時代のかかった家である。茅葺の家で、標高五五二メートル。

広い家は、県から文化財の指定を受けている（図12—11）。棟札から百七十七年前に改築したらしいが、建ててから四百年位は経っているのではないか、というのが、故人となられた三木寛人氏の推定だそうである。夫人は、当時この広い家に唯一人で住んでおられた。「長男は大阪に、また外国にも子供が出ていますので……」、「もう慣れました」という。かつて二十三戸あった家も当時三戸。山のなかの生活は、淋しく、不便さも大変であろう。

予め連絡がとれていたので、電気あんかと座蒲団を用意して待っていて下さった。義父宗治郎は川島の町長をやっていました。宗治郎が献上した荒妙は、大正天皇の場合はコウゾの布、今上天皇（昭和天皇のこと）のときは、麻にするかコウゾにするか議論した結果、麻布だと聞いています」という。「私がここに嫁いで参りましたのは昭和九（一九三四）年でしたが、その時、義父宗治郎は川島の町長をやっていました。

忌部の献上する荒妙には麻とコウゾがある。しかし、木屋平村史、山瀬村史いずれも二回にわたる大嘗祭の献上品は麻と明記している。至誠旗の布は明かに太布ではない。これは、また聞きによる夫人の思い違いに相違ない。

夫人は色々な資料を持参してみせて下さった。系図が黄はだで染めた紙に丁寧に書かれている。天日鷲命からはじまって、中興の祖といわれる宗時（一二六〇年に亀山天皇の大嘗会に奉仕した）まで九十五代あるということだ。最後の寛人、次いで信夫氏まで見事に整理されていた。宗三郎氏の筆になる徳島毎日新聞に掲載された「大嘗祭と阿波忌部氏」という原稿もあった。表紙には「大正三年頃ならん」第一回目の献上のときの記事であろう。

「大嘗祭に対する忌部氏からの荒妙の献上は南北朝時代以降中断しておりました」という。阿波忌部は南朝方についていたからである由。「三木姓は、貢物を献上したことからきている」とも語られた。

麻の種類は何か。「献上した時の麻は、長い間軒の下に吊して保存しておりましたが、腐ったので捨てました。太いもので、径は二、三センチ位、長さは二間位はありました。今は、やたらに作れないものだと聞いていています」という。種類は明かに大麻である。「麻の栽培は、この山の上の八石という所に二畝程行いました。正、副二カ所に分けて、四方を囲み、お妙さんを拝んで青年団員十人で管理したと聞いています」とのこと。お妙さんとは今通って来た八幡神社のことであろう。当時の青年団のメンバーで、訪問時点での現存者は大塚増一と後藤伊織の両氏であると聞いた。

大嘗祭は古来即位が七月以前ならば、その年の十一月、八月以降ならば、その翌年に行なわれるのが慣わしであるという。祭壇は二つ、東（左）の悠紀殿、西（右）の主基殿に備えるものは十カ国から献上され、和妙《にぎたえ》は三河の国で絹織物であるという。荒妙は各殿二反ずつ、計四反献上する。幅は九寸、長さは八丈九尺だという。「義父宗治郎は当時、町長をしておりましたので、献上が決まったとき、全国をまわって調査しました」という。その時の記録は残されている由だが、「筆で書いているので、読めません」とのことだった。

午後五時、未だ周囲は明るいが、「山の日は暮れると早いから、もうそろそろお暇をしないと帰りが危いヨ」と前松氏にうながされて、三木家を去った。夫人は丁寧に門口まで見送って下さった。

## おわりに

阿波は確かに、歴史の深い国である。紙祖神といわれる天日鷲命のご子孫といい伝えられる人々が現存するということは、一つの驚きであった。しかも、同一の村に二家もあった。三木家と松家。いずれも由緒ある家であった。両者が過去でどのように繋がるのか、今日では明かにするすべは殆んどないであろう。

同時に、紙祖神を祀る忌部神社にしても、どれが正統なのか、実際には判断に苦しむところであろう。しかし、考えてみれば、旧麻植郡やその周囲は、それだけ天日鷲命を祖先とする子孫が多数、分布していることを意味するのではなかろうか。

荒妙は、岩戸神社付近で麻やコウゾを晒して作られたことは判ったが、『魏志倭人伝』の「其の中央を穿ち、頭を貫きて之を衣る」とある貫頭衣の記述と合せ考えてみると、タパという考えも成立たないこともない。岡村吉右衛門は、栲《たく》と妙《たえ》は別々の意味を持って日本に渡ってきた言葉ではないか。として、太布論を展開している。(十五)織物と紙の起源に交叉が見られるので、興味深い。詳細は、同書を見てほしい。

阿波和紙は、「川田紙」以外に「南張紙」や「宇田紙」があることを教えられ、その一端を明かにした。冒頭に、その名称は大和に関係あるように思えると書いたが、そう考えたのは、単に筆者だけではなかった。阿波和紙史の研究家、宇山清人氏も、その著の巻頭に書いていたのを後で知った。（十四）「日本の紙は天日鷲命がはじめられた。祭祀を司るという氏である以上紙と一番因縁がある。奈良に残る国栖紙は祭祀に使われた紙という。和歌山・淡路を経てその技法は祖神の手で阿波にもたらされ、四国の各県にひろまり現在にいたっている」（傍点筆者）。

　このようにみてくると、この阿波和紙紀行も回を重ねるごとに、阿波和紙の起源の核心に入ってゆくようである。阿波和紙の奥深さが身に滲みて味わえた旅であった。

（昭和五十九年三月二十四日）

謝辞　本紀行は徳島県工業試験場野々村俊夫氏（当時）の御協力を得てなされたものである。記して衷心から感謝申し上げます。

参考文献

（一）小林良生、『百万塔』、第四十九号　七八頁（一九八〇）
（二）小林良生、『民芸手帳』、第二八三号　一四～二〇頁（一九八一）第二八四号　八～一五頁（一九八二）
（三）天羽利夫、『阿波の忌部氏』、一頁、徳島県博物館（一九七七）
（四）『麻植郡史』、二八九～二九〇頁
（五）木屋平村史編集委員会編、『木屋平村史』、一八八頁（一九九六）

（六）徳島県教育委員会編、『阿波の中世文書』、（徳島県文化財基礎報告第五集）一三～一三頁（一九八二）
（七）猪井達雄編、『御銀主糸田川家の古文書』一二五頁（一九八二）
（八）参考文献（五）五六頁
（九）田中勝也、『倭と山窩』（新国民社）二〇四～二〇五頁（一九七七）
（十）『徳島県工業試験場年報』、昭和三（一九二八）年度　一九～二〇頁
（十一）岡村吉右衛門、『日本原始織物の研究』、三八二～三八三頁、文化出版局（一九七七）
（十二）参考文献（五）八二頁
（十三）参考文献（五）五四三～五四五頁
（十四）宇山清人、『阿波の手漉和紙』、一五頁（一九八〇）
（十五）参考文献（十一）、一一七～一三一頁

# 第十三章　南予の和紙の里（喜多郡内子町、西予市野村町＝愛媛県・伊予）

## 南予の和紙の里探訪ガイダンス

愛媛県の紙漉きは『紙漉重宝記』によれば、島根から伝播し、大別すると三地域に分かれてそれぞれ発展した。瀬戸内海に面して四国中央市の旧伊予三島、旧川之江を中心とする宇摩地区、石鎚山脈・高縄山地の豊富な水源を基にした東予市国安、石田を有する周桑地区、そして宇和海に面した喜多郡五十崎町と西予市野村町高瀬の南予地区である。

宇摩地区は昔ながらの手漉き和紙は殆ど埋没し、近代化した製紙産業にまで発達した大王製紙、丸住製紙などの大手の製紙工場も有し、また、三木特種製紙など中堅製紙会社などの機能紙産業のメッカとなった。この地域が近代的製紙工場の集積地に転換させたのは生産技術の薦田篤平、ミツマタ原料の確保に努めた石川高雄、販路開拓に貢献した住治平が基礎を築き、機械漉きへ大きく転換させたのは篠原朔太郎によるものとされ、篠原朔太郎の像は紙のまち資料館の入口に建っている。

周桑地区の紙漉きは妙口地区（西条市小松町）を統治していた小松藩が大洲領の小西伝兵衛を招へいし、御用紙漉きにしたことに始まるという。また、神拝村を支配していた西条藩の和紙の専売制についても研究され、楮座が設置されて、紙職人は一定地域に住むように統制したということが明らかにされている。更に、小松、西条両藩の紙漉きの隆盛をみて、穀倉地帯に国安、石田地区では幕末期、それぞれ田中佐吉、森田重吉が出て、紙漉きを奨励した伝統が、この東予地区の基盤をつくった。

南予地区では旧喜多郡五十崎《いかざき》町（現喜多郡内子町）の大洲和紙と西予市野村町高瀬の泉貨紙が和紙の里として有名である。五十崎の紙漉きは、上述のように島根県の技術導入との説もあるが、越前和紙の技術を持つ善之進の伝授であるとされている。そこには一時期日本一の規模の漉き場とされた天神産紙工場があり、また凧合戦が著名で、五十崎凧博物館もある。また、野村町高瀬の泉貨紙は仙貨紙とも書かれ、同地の兵頭太郎右衛門が考案した。上下に疎と細の二つ簀の目を持つ漉き簀で漉き、上下を合わせる強靭な紙であり、ここでしか見ることが出来ない独特の造り方をしている。

そこで、ここでは秘郷に属する南予の探訪を採録した。

## はじめに

愛媛県の和紙、即ち、伊予紙の産地は、大別すれば三箇所に分かれる。四国中央市旧伊予三島・川之江を中心とする宇摩地区、西条市の国安及び石田の周桑地区、及び喜多郡五十崎《いかざき》町と西予市野村町の南予地区である。

同県は古くから東予・中予・南予に区分されている。高縄山脈以東が東予、中予地方とは、松山市、伊予市、東温市、上浮穴郡（久万高原町）、伊予郡で構成される。明治期は喜多郡も中予に属した。石鎚山脈以南が南予である。従って、三ヵ所の紙郷のうち二ヵ所が東予、残る一つは南予に位する。東予は瀬戸内の燧灘に面し、工業化の洗礼を受け、新しい産業のなかに伝統産業が混在した形態をとっている。近年は機能紙産業に転身し、活況を呈している。南予は工業化が遅れ、柑橘類の栽培や漁業、林業が地域の支えとなっていて、その紙郷は東予のそれとは対照的で、宇和海岸から大部入り込んだ四国山脈の西端麓にあり、表面的には昔ながらの静かな山村の面影を多く止めている。

しかし、一歩その南予の紙郷に足を踏み込んでみると、その地理的な不利を克服するだけの努力がなされ、漉き場には精気が満ち溢れているのが感じられる。そして、南予の紙漉きは大洲和紙の協同組合として、天神産紙工場を中心に表面的には固い団結があまねくゆきわたっていた。当時、通産大臣が指定する伝統的工芸品で、愛媛県が定める伝統的特産品、かつ町が指定する無形文化財という武器をもって、低落の一途をたどる手漉き和紙に歯止めをかけ、攻勢に転じようとする血の滲むような努力が痛い程心を打った。旧五十崎町（現喜多郡内子町）では、その苦心がある程度結集し、隣町の旧内子町（旧喜多郡内子町は平成十七（二〇〇五）年に喜多郡五十崎町、上浮穴郡小田町と合併し、新しい喜多郡内子町となった）と歩を一にした観光開発の波にも乗っているように思えた。

当時、天神産紙工場の社長で、大洲和紙協同組合の牽引者であった沼井淳弘氏は、「政治くらい信用されるものはないですネ。多くの見学者が来られるのも、国の指定を頂いているからです」といわれたが、単に政治力を利用しているばかりでなく、手漉き和紙の持つ古い伝統的技術のなかに近代的な経営を巧みに取り入れ、その従業員の技術を評価、尊重して近代的な工場経営をされているとの心象があった。手漉和紙が機械化による合理化を経ないで、作業環境を整備したら、かくなるであろうと思われる理想的な姿がそこに見られた。また、フランスの壁紙のデザイナー、ウルヴィッキーさんが一時期（二〇〇八年八月～二〇〇九年一月）同所に滞在され、和紙を使った商品開発も行なわれていた。

一方、旧野村町（同町は平成十六（二〇〇四）年に近隣の東宇和郡四町と西宇和郡三瓶町との五町合併により、西予市野村町となった）では多分に前近代的な技法の名残を止めていた。南予が近代工業の波に洗われなかったことに由来する姿といえようか。

## 旧内子

大洲和紙の里、旧五十崎町に入るのには、当時、交通機関を利用する場合、二つのルートがあった。JR伊予大洲駅から宇和島バスあるいはJR内子線で入るルートと松山から国道56号線を走る伊予鉄バス、宇和島バスを利用するルートであった。

今回の訪問ルートは、バスルートと同じ国道56号線ルートであった。年末近くの昭和五十九(一九八四)年十二月十一日、当時の愛媛県製紙試験場の谷静男場長と年若い技師森川政昭、大野一仁氏(当時)が案内役をつとめて下さった。

午後〇時四十分、JR内子駅についた。旧内子町は旧五十崎の隣町として、大洲和紙の集散地であり、紙役所があったところとして、また、木蠟の産地として栄えたところである。二つの川の合流する知清橋を少し過ぎたところで、谷さんが「内子の町並みを見て行きましょう」といって、筆者のために車をバックさせて下さった。

旧内子は江戸時代から護国山高昌寺の門前町として発達した。その中で、廿日市は五十崎町の和紙の集散、八日市は木蠟の生産で町に活気を与えていた。それを反映するように、江戸末期または明治初期からの白壁の民家、豪華な土蔵造りの家などが数多く残っているのである。なかんづく、八日市を中心とする旧松山街道沿いの家々には、昔の面影の家が多い。車で通れば三、四分間の距離であるが、時代劇の大道具に使えるような家々である。本芳我《はが》家、上芳我家など木蠟を発明した家である。芳我弥三衛門の子孫の家は一際豪華で、重みがある。上芳我家は平成二十三(二〇一一)年十月に木蠟資料館をオープンさせ、木蠟の生産と豪商の生活振りを示している。そして、この町並みを観光にしようと古い家に手を加えて改修している姿が目についた。

木蠟は唐ハゼ、リュウキュウハゼの果実から取る。ハゼはウルシ科の植物。ハゼの果実から取った木蠟は、グリーン色をしている。内子の木蠟は、この色の付いたものを溶融して水中に落して晒して白くしていた。元文元（一七三六）年に芳我弥三衛門が考案した方法に準拠しているのである。伝説では、彼が夜厠に行き手を洗おうとしたとき、溶けたロウソクが手水鉢に落ちて蠟花を作った。その蠟花が白く輝いているのに気付いたことが発端であるということだ。

この晒蠟は、大洲藩で奨励し、最盛期には木蠟造りの家二十七軒に達したという。この時の町並みが、今日の町の観光資源なのである。和紙は木蠟の芯に利用された。

## 旧五十崎

旧内子の町並みから五分後、再び国道に出て坂を登る。この坂の途中で、左手に「五十崎町（当時）」の標識、そして右手には「ようこそ五十崎に」という大きな立看板が見えて来た。この坂の頂上が旧内子と旧五十崎の両町の境であった。平成十七（二〇〇五）年に旧五十崎町は内子町に合併され、五十崎の名前は消えた。

この境の丘に、かつて竜王城があった。現在は竜王公園となっている。坂を下ると川が見えだした。中山川と合流して川幅を拡げた小田川である。この河原で五月五日、壮大な凧合戦が展開される。

昭和五十九（一九八四）年の凧合戦の参加者は百名余、見学者は五万人に及んだ。このときあげる凧は凧字という特殊な字体で書かれた祝凧で、その下に初節句を祝う男の子の名前を記入するのだそうだ。凧の形は四角、根付の糸は六箇所である。現在は五十崎凧博物館が出来ている。

浮いた噂の五十崎凧が、空にうきうき浮かれて踊る。

出世しようか喧嘩といくか、ここは一番踊りでこい。

ソレ、凧が喧嘩する、破ける落ちる

破れかぶれの凧踊り

この辺では「端午《たんご》の節句」とはいわずに「凧《たこ》の節句」というと聞いた。

以前は小田川をはさみ、北西側が旧五十崎町、東南側が旧天神村であった。この両地区の間の対抗の凧合戦であった。五十崎の凧作りは鎌倉時代までさかのぼるといわれているが、凧合戦の由来は藩政時代になってからとのこと。男の子の初節句を祝うために上げた凧が、互いにもつれ合ったことが行事に発展したのだという。それが昭和四十一（一九六六）年には県の無形文化財に指定され、観光行事にまでなった。当然のことながら、凧合戦の根源は、この地方が和紙の産地であったことにある。

訪問時の小田川の水量は、異常渇水で水量は多くはなかった。土手は枯れ草であり、凧合戦の河

図13－1　間口の広い格子作りの天神産紙工場

原の一部はテニスコートと化していた。豊秋橋を渡る。この橋の旧五十崎側の入口が宿間屋という旅館。橋をまっすぐ進めば、越前和紙の技法をこの地にもたらしたという法名宗昌禅定門《しゅうしょうじんていもん》（俗名善之進）の墓のある香林寺に至る。この道からもう一つ北の筋の土手を下りたところに、天神産紙工場がある。土手から見える四角なレンガ積みの時代のついた煙突、これが大きな目印であった。

## 大洲和紙の由来

軒の下に置かれた大きな蒸解釜、手漉き工場と原料の晒し場の間の道路越しに大きくかかげられた看板「手漉大洲和紙の里」、入口の駐車場の横の倉庫の壁に掲げられた「手すき・高級・書道・障子・表装・工芸用紙」という大きな広告など、当時ここに天神産紙工場がある、と誰でも気付くように多くの案内がいたるところに作られていた（図13―1）。大洲和紙が単に紙の生産だけでなく、観光にも考慮に入れることを意図した当時の時代的変化であった。旧内子といい、旧五十崎といい、町ぐるみで伝統産業を観光事業の目玉にしようという戦略であろうか。

田んぼのわきの「大洲和紙」の案内板には、その由来を要領よく紹介してあった。

まず、国東治兵衛の『紙漉重宝記』の記事を引用し、岩見国（島根県）で柿本人麻呂の起した製紙技術がこの地に伝播されたとする伝承の存在を教えている。延喜式や正倉院文書のなかにも伊予の紙の記載はあるが、（二）大洲地区であるか明確ではない。明確なのは、元禄年間（一六八八～一七〇三）に越前出身の善之進（法名宗昌禅定門）がこの平岡郷（旧五十崎町）に来村し、大洲藩紙漉きの師となり、技術指導にあたったこと。しかし、この時代までにはこの地方には手漉きの技法は伝播されていたらしい。成田潔英編の『紙碑』は既存説を支持し、善之進の伝授したのは、単に奉書紙の技法であったであろうとしている。

その推定を断定に変えたのは、地元出身の地理学者・村上節太郎博士であった。その論拠は宝暦末年（一七六一～一七六四）以降に大伴亨によって編輯された『大洲随筆』、別名『大洲名物図会』である。この書は、大洲藩領内の名所・旧跡・神社仏閣・墳墓・伝承及び名産を記したものであるが、この名産のなかに「岡崎紙」のくだりがある。内之子、立山、内山、中山、大瀬、小田、田渡、平岡、小屋、平辺、河辺及び南筋等の村で漉いていた紙で、土佐から来た岡崎治郎左衛門本次が始めたとしているのである。土佐からこの地に来たのは、長曽我部に敗けて浪人の身になったから、としていることから大体の年代が推定されるであろう。

藩政時代には大洲藩の専売品となり、明治時代にはペン書きに適した改良半紙の考案がなされた。旧内子町の吉岡平衛と旧五十崎町の井口重衛の手によるもので、ミツマタを中心とした紙であった。従来の大洲半紙はコウゾが主体であったので、改良半紙と呼ぶ。この時代、つまり明治末期では、業者はこの地区だけで四百三十名に達したという。だが当時、南予地区に拡大してもこの旧五十崎町に五業者、旧野村町に一業者しか存在していないと記されていた。

なお、村上節太郎先生は、これらのことを含めて『伊予の手漉和紙』（昭和六十一（一九八六）年）を出版された。

## 大洲和紙会館

天神産紙工場は、改良半紙の生みの親、井口重衛により創業された。そして、訪問時手漉き工場では漉き槽十七槽を有し、当時日本一の規模であったという。その製品展示館が、昭和五十八（一九八三）年末にオープンした。名付けて大洲和紙会館。建てられた場所は旧川之江の製紙業の先覚者、篠原朔太郎の弟荒吉氏のご子孫の住んでいた跡地であったと聞いた。

ところで、天神産紙工場は平成の町村合併で内子町に属するようになり、大州市ではない。それにもかかわらず、大州和紙と称するかというと、この大州は旧大州藩を指すと解すべきものであろう。さて、再び、会館内に目を転ずると、ショーケースと壁面に和紙の製品類がズラリと並んでいる。便箋、封筒、障子紙、ペン立て、楊子立て、人形しおり、札入、ちぎり絵等々。入口には、板の上で出来上がったパルプの塵取りをする、白いユニホームを身にまとった作業員の姿があった。空選り、又は岡選りという方法である。この会館の一番奥に社長（当時）の沼井淳弘氏がおられた。我々の姿を見て、専務（当時）の光博氏も呼ばれた。二人は、親子でありながら、相互に呼ぶときは「社長」、「専務」と呼び交わす。天神産紙工場に近代工業の経営方式が取り入れられている証拠をのぞかせていた。

「ここで造っている紙は書道用紙と障子紙が主体です。大半は東京が消費先ですネ。品質のよい紙ですから、特に競争相手はおりませんし、市価は他社のものより高いです」

沼井社長は、自社の製品に対しては自信満々であった。だが、売上げ額は近年、低迷しているという。以前年商一億円余りあったが、訪問時では数年間は六千万～七千万円に止まっているということ。

「よい紙を作れば売れると、亡くなられた安部栄四郎さんはよくいっておられましたが、それは人間国宝というレッテルがあったから売れるんです。国の指定を受けた重みです。政治位信用のあるものはないでしょう」

大洲和紙の活路は、そのリーダーである沼井社長のこの言葉に凝縮される。国の指定、県の指定、町の指定を受けたことを強く強調し、品質と技術に対して需要者に安心感を抱かせること、そして、古来の伝統を守りつめる心意気、手造りの持つ温かさ、良さを消費者に訴えるという、現実路線を牽引力とした事業展開をしているといい得よう。

西予市野村町の泉貨紙は無形文化財の指定を受けているが、ここ内子町五十崎の大洲和紙はそこまで至らず、通産大臣指定（当時）の伝統的工芸品に止まっている。だが、その指定を高く評価して、ＰＲしているのである。前述大洲和紙の案内板にも、最後に一際大きな文字で、昭和五十二（一九七七）年十月十四日に「通産大臣指定伝統的工芸品」になったことを記している。加えて、大洲和紙の肩書きには常に「愛媛県伝統的特産品」と「旧五十崎町指定無形文化財」が並ぶ。

もう一つ、大洲和紙売込みの現実路線は、生産地問屋の媒介によらない、直接消費地問屋にもって行く流通革命であった。「デパートなどでは、私どもの製品価格は生産者価格の三〜四倍にもなっているのです。買って頂くためには、末端価格を抑えないといけないのです」と沼井社長は強調された。つまり、和紙もスーパー方式の流通革命を求めないといけない時代になったというのである。そして、その根底にあるものは、消費者を大切にするという経営方針であった。

「この和紙会館を作ったのも消費者を大切にするという精神の現れなんです」とも強調された。これらの沼井社長流の近代的経営方式が結実して、最近は多くの観光客が連日押寄せるようになった。加えて、愛媛県では小学校五年の社会科のなかに伝統工芸のカリキュラムが入り、そのために、小学生の遠足や町内会のピクニックなどの訪問地にもなってきたようだ。

「当時、大洲手漉和紙協同組合に加入しているのは、旧五十崎町では、この天神産紙工場、長野幸博、宮部喜久雄、宮田俊雄、そして、西岡芳則の各氏の計五軒、旧野村町では菊地定重氏一軒です」。訪問時の六年前にも、筆者はこの地を訪れているが、その時も旧五十崎町は五軒、全く変動はなかった。ただ、その時、元気であった西岡勝美氏は、既に亡く、代ってご子息が一年間天神産紙工場で修業を積み、同社の仕事を一部肩代わりして漉いているということであった。

## 天神産紙工場

会館を出て、見学体験室を見学した。ここは以前来たとき天神産紙工場の事務室であった。会館の設立で、事務室が不要になり、それを展示室と抄紙指導室に転向させたのである。最近では、天神産紙工場と大州和紙会館は合体されているようである。体験用の漉き槽は、天井から簀桁に支持糸をつけた本格的な簀のある立派なもの。手漉きの指導者は貼出された名札から、伝統工芸士の平野ヨシカさんであることが分かった。沼井社長の経営方針は、従業員に誇りを持たせようと、担当者の名前を全面的に明示させるという配慮がされている。折から近郷の村前小学校の五年生十人余りが、先生に引率されて見学に来ていた。指導者の平野さんが女生徒に細かく注意しながら教えて

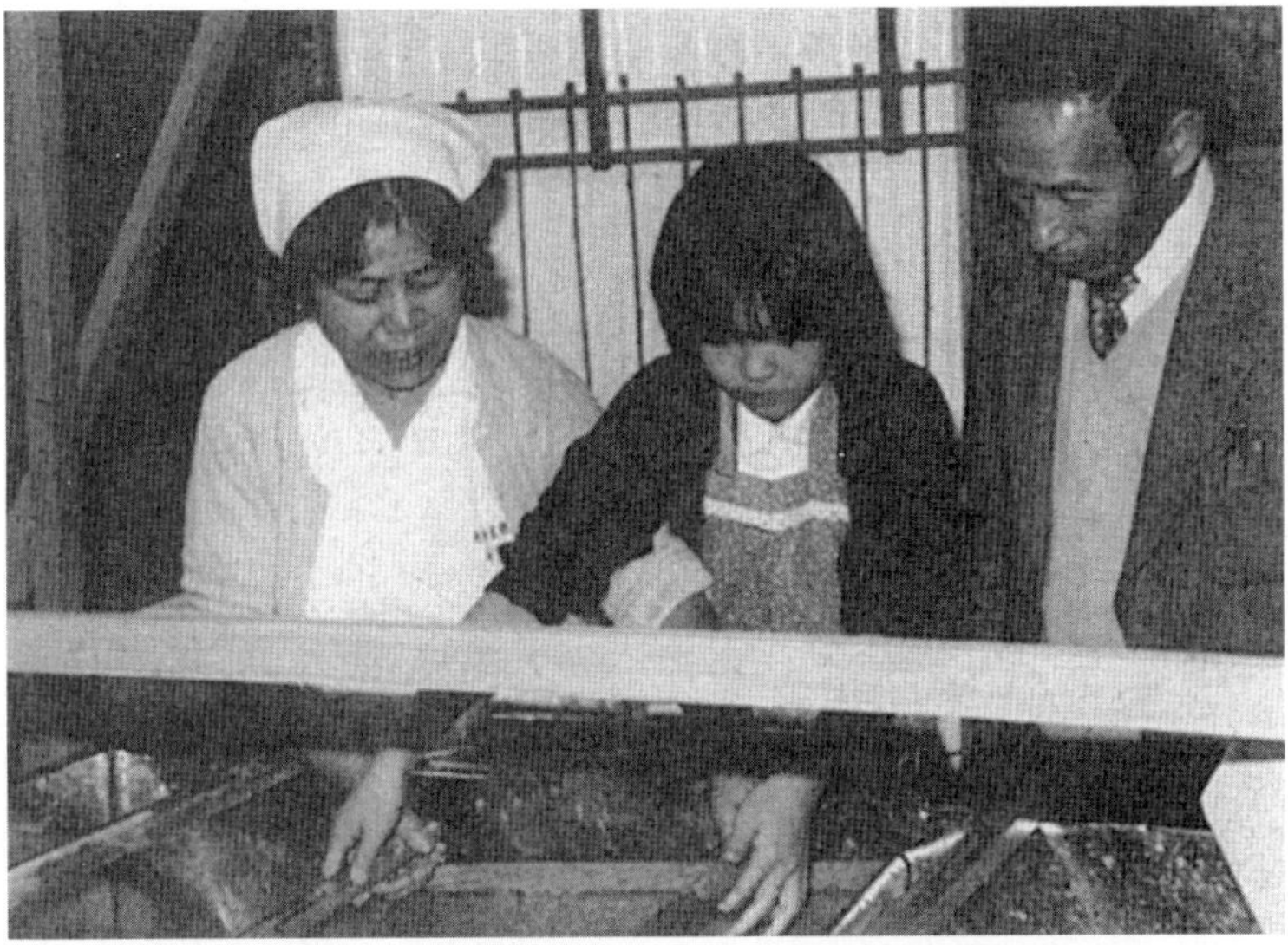

図13－2　天神産紙工場の見学者紙漉き体験指導風景

いた（図13―2）。時々、応援団から黄色い声が掛る。やる方、見る方、教える方ともども真剣そのものであった。

展示室は、天神産紙で今まで使ってきた簀桁、足の暖をとる足炬燵《こたつ》、叩解用の木臼、そのほか和紙の稀覯本、墨絵原紙や免許状、表彰状用紙、写経用紙など特殊紙が展示されていたが、「展示はこれからもっと整理しないといけないんです」と沼井社長のいう通り、展示点数は多くはなく今後の充実を待つというところであろうか。

専務（当時）の沼井光博氏に案内されて工場のなかに入った。建物の作りは木造で古い手漉工場の装いがあるが、漂白、抄紙、乾燥の各室がガラス窓で整然と間仕切りされ、ゆったりとしたスペースのなかに各設備が整然と配置されていた。これ程レイアウトの行届いた整然とした手漉き工

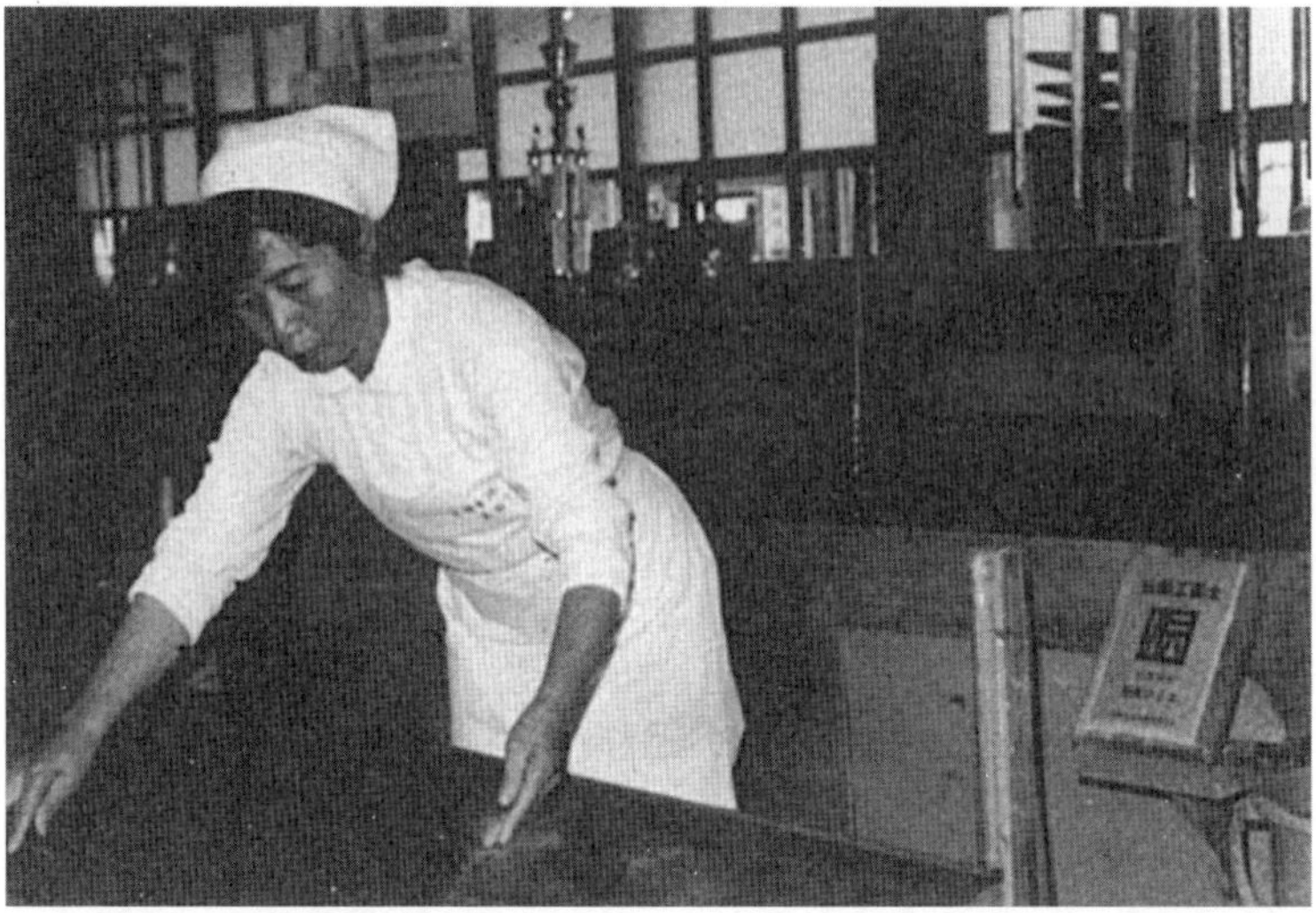

図13－3　伝統工芸品の証書を飾り、白いユニフォーム姿での紙漉き作業

場は、我が国でも数少ないであろう。更に、漉き場に入っても、繊維一つ床に落ちていないのである。見ると一人の従業員が、丁寧に床を掃除してまわっているのである。手仕事の職場といえば、雑然としているものと相場がきまっているが、ここには近代工場並みの秩序と整備があった。

漉き槽は当時十七槽、かつては二十五槽あったというから、スペースにはゆとりがある。作業員は、すべて白いスカーフを頭に付け、白い割烹着風の作業着を身に着けている。そして、胸には名前を刺しゅうし、漉き手の右側には、伝統工芸士の証書を飾る（図13—3）。当時、九名の人が作業していたが、すべて県なり、国なりから伝統工芸士の資格を取得していた。沼井専務は、「国指定の資格者は七名、県の指定資格者は三名です。ここの漉き手がすべて伝統工芸士であることは、裏を返せば後継者が育っていないという証明ですから、自慢にはなりません」と謙遜される。若い人で四十七、八歳という。この天神産紙工場は全体で二十五名余が働いていると聞いた。漉く紙は、といえばコウゾの障子紙、ミツマタの書道半紙であった。

隣室は乾燥室。ここは三角乾燥機を使用している。大洲和紙会館のあったところは篠原朔太郎の弟、荒吉氏の家の跡であると書いたが、三角乾燥機は、旧川之江（現四国中央市）で篠原によって発明された。荒吉氏が天神産紙の工場長としてこの地に住み着いたのは、旧川之江の先端技術の指導のためであったと聞いた。三角乾燥機が吊下げられた布で四つに間仕切りされ、各コンパートメント毎に作業員が一人ずつ、忙しそうに作業にいそしんでいた。「この布は、夏ファンを動かして温調するでしょう、その時、風で乾紙が剥がれないように、風の流れを遮断するためのものです」との話。室内は大きなファンが天井をはいまわっていた。

乾燥室の裏には井戸がある。ザーザーという音は、レンガ積みの井戸のなかで余剰分の水がもとに戻っている音であった。工場内を一巡してみると、沼井流の近代経営がギラギラしている、合理化された手漉きの工場になっていることが判った。

加えて、国、県、町の指定の重みについては、外ばかりでなく従業員に対しても強く訴えて、規律とモラールの高揚に努めるマネージメントがなされていた。それは漉き場の入口に大きく書かれた、社員心得三訓（①国の指定に恥じない立派な和紙造り　②五十崎無形文化財の誇りと自覚で規

範となる人に　③伝統産業技術保持の誇りを）ではっきりと読みとれた。従業員が誇りを持って仕事にいそしむ姿は現在も当時と変っていない。

午後四時、天神産紙工場のすぐ前の長野幸博氏の工場に移って、同氏の作業場を見学した。昔の回顧談をして頂いた。

「手漉きの最盛期は昭和二十五、六（一九五〇、五一）年でしたでしょうネ。旧大洲、旧五十崎、旧内子、旧野村など、南予地区には全部で三百軒余りはあったのではないでしょうか。樹脂加工していた家だけでも三十軒はありました。その時、旧五十崎でも百四十〜百五十軒余りもあったのではないかと思います。紙漉きの作業は、天神産紙工場のボイラーの警笛が作業始めの合図で、朝五時から夕方の五時まで働いたものです。当時の簀は木綿で編んでありましたから、縁前がよく切れるんですよ。従って、午後五時で終っても、それからその簀の修理をしないと翌日の作業に支障をきたすでしょう。この修理が家での夕食前の仕事でした」。昔の人は、実によく働いたものである。また、朝も競って職場に馳せ参じたらしい。「昭和七、八（一九三二、三三）年から十二、三年頃では、天神産紙は漉き槽が二十槽しかないのに、漉き手の従業員は二十二、三人いました。ですから、朝の出勤が遅れると漉き槽がなくなるので、皆競って早くいったものです。もし漉き槽がないと、他の人が休んだときにしか漉けないものですから」。戦前の漉き場の活気を彷彿せしめるような話である。

話し込んでいるうちに午後五時を過ぎてしまった。急いで今夜の宿の竜王荘に行かねばならない。愛媛大学の教授で大洲和紙発達史の研究家、村上節太郎先生が筆者らのために、わざわざ松山から帰郷されて待っていらっしゃるからである。もうあたりはうっすらと暗くなり始めていた。

## 岡崎紙

竜王荘は、旧五十崎町と旧内子町の境をなす小高い丘の上に建てられていた。この丘は、中世の代、近郷一帯を統治した五十崎氏の居城、竜王城があったところ。天正五（一五七七）年、土佐から攻めてきた長宗我部元親勢に対して、この城を守る五十崎修理太夫綱実の激戦があったという話であった。

　心して吹け朝風、夜風
　　ここは竜王　城の跡

昭和十七（一九四二）年、この竜王荘に一夜を過した野口雨情の残した詩である。この詩は軸となって竜王荘のロビーに飾ってあった。

長野さんのところからは車で十分弱のところ。坂を上ると丘の上は、公園になっていた。荘のロビーには、資料文献などを入れたナップサックを持った村上節太郎先生が待っておられた。愛媛大学法文学部で地理学の教鞭を執っておられた村上先生のご実家は、天神産紙工場のすぐ近くにあった。ご実家は木蠟作りで栄え、当時先生が世界中から収集した簾、二百点余りが陳列されていた。先生は、昭和十四（一九三九）年三月二十七日、寿岳文章氏夫妻が五十崎町を訪問されたとき案内役を務められた。そして、近年では、大洲和紙の発達過程の研究に挑戦されている方であった。[一][二]当時、七十六歳とはとても思えない意気軒昂さがみなぎっていた。

室に通ると、早速、岡崎紙の開祖、岡崎治郎左衛門の話をなされた。

「三日前に『野村の泉貨紙と五十崎の岡崎紙』という演題で、伊予史談会で話をしたところですヨ」と開口一番いわれた。伊予史談会は歴史のある会である。大正三（一九一四）年に始められ、毎月第二日曜日に開催されるのだが、三日前の昭和五十九（一九八四）年十二月九日、松山のシャトーホテルでの村上先生の講演で八百三十五回を数えるという歴史を誇る。「岡崎家の系図と墓地と過去帳を徹底的に調査しましてネ、ご子孫が福岡に居られることを確認しました」といわれた。先生から頂いた岡崎家の家系図によると、岡崎治郎左衛門は、永禄十一（一五六八）年に土佐で生まれ、その後大洲に来ている。紙漉きを始めた動機は大洲藩主、円明院泰典（月窓侯）に乞われたためであるという。岡崎家の家系図は、『積塵邦語』に七代目までの記載があるが、村上先生はその子孫を更に下って当時まで詳かにして、十一代岡崎乙三郎氏の妻、花子さんが当時福岡で健在で居られ、家には家系図まであることを調べあげておられたのである（岡崎家の家系図の調査結果は、村上節太郎『伊予の手漉和紙』、一〇七〜一一二頁、東雲書店（一九八六）に掲載されている）。

「この調査結果を『百万塔』に投稿したのですが（二）、残念ながら長すぎてカットされてしまいました」ともいう。更に、「『五十崎町史』には岡崎太郎兵衛本清が紙漉きを伝えたと書いてありますが、この人は治郎左衛門の父で、紙漉きは行なっていません」と村誌の訂正まで付言された。

　同様に、泉貨紙の考案者・泉貨居士についても、「よく兵頭太郎左衛門と書いたものを見かけますが、あれは太郎右衛門が正しいのです」といわれた。先生は、現在愛媛県史全四十巻の編集委員をなされ、そのうち地理編五冊を担当し、且つ、文化財専門委員会会長も務められている関係で、岡崎家、土居家、兵頭家の家系を徹底的に調査されたのだという。そして、現在は南予編を仕上げ、次に東予、周桑、宇摩と手を拡げて行く予定であるといわれた。「宇摩では水引きが大切だと思いましてネ、水引きの調査をやり、長野県の飯田市まで行ってきました」。そこには年齢を感じさせない気力と探求心があった。

「地理学というのは現地調査が大切でしてネ、愛媛大学の教官の最初の海外留学生に選ばれましたとき、一年間で四十五ヵ国をめぐり歩いて、世界中のミカンの栽培の歴史を調べ、三十年間の研究をベースにして『ミカン発達史』、正確には『柑橘栽培地域の研究』という千ページの博士論文に仕上げました」というから、足での調査は確実なのだ。

「サンフランシスコで偶然凧の博物館を訪れまして、世界の凧に興味を持っていた矢先、ブラジルを訪れた皇太子が凧を買われたという新聞記事を読んだので、よし凧を収集してやろうと思いまして、集めだしたんですヨ」「収集を始めたのが二十年前ですから、もう少しはやく決心していたら、もっと立派な収集ができていたのですが」当時、常駐は松山であるが、五十崎の本宅の二階が約二百点の凧の博物館となっていた。当時は、先生が家に帰っている時だけ、開館するという、一風変った博物館であった。

先生は、午後七時四十七分のバスに向けて、大股の足取りで玄関口から去って行かれた。なお、村上節太郎先生の収集された資料は、先生が平成七（一九九五）年に逝去された後、平成十四（二〇〇二）年に愛媛県歴史文化博物館に寄贈され、村上節太郎文庫になっている。

## 香林寺

翌朝、夜明けとともに旧内子町の護国山高昌寺、通称楠寺まで日課のランニングを楽しんだ。前日見た町並みを再度ゆっくりと味わった。

午前八時四十分、竜王荘を出発。天神産紙工場及び村上先生の家を通って、宗昌禅定門の墓のある香林寺に向かう。村上先生の話では、岡崎紙の方が、宗昌禅定門よりは六十年程古いという。岡崎治郎左衛門の墓は、対岸の旧五十崎小学校の近くにあるらしいが、時間がない。石段の脇に左右にそれぞれ紅葉と杉が植えられ、石段には、紅葉の落葉が木枯しの中でおだやかに舞っていた。宗昌禅定門の墓は石段を登り、本堂の左側の突当りにあった。小さな祠が立ち、前の花立てには未

図13－4　香林寺の宗昌禅定門の墓

だ比較的新しい、しきみが生けてあった（図13—4）。側面は「大洲領紙漉師越前国人」、「元禄十五（一七〇二）年壬午年五月十八日」と読める（壽岳文章、しず著作集5『紙漉村漉日記』、二六〇頁、春秋社（一九七〇）にも同文が記載）。左に地蔵さんが四つ行儀よく並んでいた。「旧五十崎町指定文化財史跡」という真新しい標識に観光臭を感ずる。冬の朝の境内には人影は全く見受けられない。本堂にお詣りして、旧野村町に向けて出発した。

## 泉貨紙の里

小田川沿いの小さな道を遡り、肱《ひじ》川に出た。「山道を行けば近いんですが、前回行ったとき道が悪かったので、肱川の上流からまわります」と谷場長（当時）がコースを教えて下さった。鹿野川ダムの景観を眺め、その後宇和川沿いにしばらく下る。森山方面への道標から、山間の谷間の細い道を登る。下の方を流れているのは高瀬川である。午前十時十分、伊予中筋の標識とともに段々畑で開けた部落に入った。「ここが旧野村町高瀬ですヨ。あそこに板戸が見えるでしょう。菊地さんの家です」と谷さんが、道路脇から川の方に下る段々畑の家を指差した。段々畑の石積みの段にもたせて干板が並んでいた。ここまで来ると旧五十崎町のような観光臭は全くない。昔ながらの完全な紙郷に来たという感慨がわく。ここで産する泉貨紙は、旧五十崎の大洲和紙より一段ランクの高い、国の無形文化財に指定されていながら、標識一本目につかない。

道路から段々畑に下りる道に面して、菊地定重氏の当時のお住いが、一段低いところに建っていた。その入口の脇に蒸解原料を水洗するプールが設置され、蒸解・漂白したパルプのバットが二つ雑然と置かれた状態だ。プールの水面をなでるように枯すすきが揺れていた。道の突き当りが原料倉庫と蒸気発生用の炉、その右手が漉き場であった。原料倉庫の下手の道はプールに続くのだが、そこに板干しの掘立て小屋風の乾燥室がポツンと建っていた（図13―5）。漉き場はほの暗く、漉き具で一杯。所狭しと置かれている感じであった。入口の右手に紙床圧搾用のプレス、その奥の南側の道路に面して漉き槽が三槽。プレスの傍らでは女性が一人、水槽に入れたパルプの塵取りをしていた。ここでは水蒸気を水槽に送り込み、水温を上げての作業であった。冬は手の切れるような冷たい水のなかで行なう習わしのなかで、温水中で作業できるようにしているのは、ボイラーのお陰であり、一つの大きな合理化といえようか。入口の左手は蒸気乾燥の作業場。伊予紙共通の三角

図13－5　泉貨紙の漉き場

乾燥機である。ここでも一人の女性が黙々として刷毛をなでつけ、湿紙を貼りつけ、乾燥作業に忙しい。

このように段々畑の一隅に無造作に配置された作業場が、我が国で唯一箇所の泉貨紙の作業場であった。それは前日見てきた天神産紙工場の、ゆとりある配置とは対照的であった。しかし、そのことが逆に泉貨紙の持つ男性的なイメージに適合しているといえようか。

泉貨紙というのは、簀目の違う二枚のコウゾの湿紙を二枚漉き合わせした、厚い強靱な紙のことである。宇和島藩で盛んに作られたので、「宇和泉貨」の名で通っている。その考案者は兵頭太郎右衛門である。泉貨とは太郎右衛門の法名である。土居姓は改姓前の姓で、兵頭姓は戦功によって主君から頂いた新しい姓なのである。

菊地定重氏は、作業の手を休めて現状を説明された。「当時、高瀬は百八十戸余りありますが、祖父の時代にはほとんどの農家で副業的にやっておりました。最盛期はこの近傍（旧東宇和郡）（平成十六（二〇〇四）年の合併で、西予市の一部となっている）で、二千有余戸が漉いていましたネ。しかも冬場だけでなく、屢々夏紙も漉いていたようです。しかし、第二次大戦以降、洋紙の普及、収益率の低下により、昭和四十一（一九六六）年以降は私のところ、一軒になりました」。統計の正確なる数値は、寿岳文章氏の泉貨紙の解説（三）から引用すると、大正元（一九一二）年で一八六二戸、同二年で二六一七戸を数えていた。

「泉貨紙の現在の主たる用途は経本や京人形用などです。経本用は金粉などを塗って加工紙にされて使われるのです。市場は主として京都ですが、一部は横浜の輸出業者の手で、米国などに行っているようです。冬場は需要は旺盛ですが、夏期は出がよくないですネ」。これは後で、この漉き場に相隣る倉庫を覗いたとき、ほとんど在庫がなかったことで裏づけられた。

泉貨紙を造るには、従来はコウゾの黒皮を石灰乳に浸漬して蒸すのであるが、現在は苛性ソーダを使用する。石灰の場合では、コウゾの塵を完全に取除かねばならないし、石灰乳も石灰を粉砕して水を加えて作らねばならないからだ。簡単なようであるが、意外に手間がかかるのである。「コウゾを蒸すには、十貫に対して石灰乳を四〜五升は使いました。コウゾ黒皮と石灰乳とをよくもんで混和して、たぶさ（日本髪で、髪を頭のうしろの上でたばねたもの）状に束ね、蒸しコガに入れ、上から蒸し蓋をして水蒸気を通すのです。朝から晩まで、このように蒸した後で、川で黒皮、甘肌（皮）をよく洗い流します。その後で水をはった田んぼで出来たパルプを晒します。晴天であれば二日余りです。一日したら竹べらで裏返ししてやります。次いで打板の上で叩解します。叩解したパルプを漉き槽に入れ、そこにトロロアオイとホゼ糊を加えて漉き上げます」。ここで、ホゼとはマンジュシャゲ（ヒガンバナ）のこと。その根を煮た後表皮を除き、粉砕して水とともに石臼でひいて糊とする。ヒガンバナの根は元来食用であった。しかし、この根には有毒なアルカロイドを含む。この有毒成分は水溶性であるので、水さらし法で除いていた。(四)そのヒガンバナの根を紙漉きに応用したことは、二つの点で興味深い。第一は、旧東宇和では、これをかつて食用にした習慣があったことを推定させること。食用として身近に利用していたので、紙漉きへの転用を考えたのであろう。これを食用とした地域は、そう多くないということから民俗学では注目すべき事象といえる。この考案は寛文年間（一六六一～一六七三）に伊予地村の喜太郎がなしたという。もう一つの興味ある点は、ホゼの役割である。泉貨紙は、湿紙の状態で二枚を合せている。この層間剥離対策としてホゼの澱粉が考え出されたといえる。加えて、紙の平滑性、サイズ効果、そして防虫効果である。菊地さんは、ホゼは漉き槽でとろけやすいこと、パルプの目方を増やす、つまり増量剤としての効果を強調されたが、それればかりではあるまい。「以前は泥を入れたこともありました」というが、宇和泉貨紙は元来が強度が売りもの。本来の姿ではない。

この泉貨紙にも色々現代の新しい技術が採用されていた。まず、ビーターの採用。昭和二十七（一九五二）年のことである。第二にはこの数年来のタイ産コウゾの採用。以前はこの付近で産出するコウゾが原料であったが、輸入ものに変ったのである。タイ産コウゾは樹脂分が多いこと、乾燥機で乾燥中に紙がはがれやすいことなどの欠点はあるが、繊維質が荒く強靭であるため、強度を求める泉貨紙にはピッタリなのである。

「ひとつ漉いてみましょうか」、菊地さんは進んで漉き槽の前に立たれた（図13―6）。一回目は軽く汲み込み、少し揺りをかけて天から捨て水。二回目はやや深い汲み込みで前後に揺すって、それで紙床につけた。約二十秒程だった。「注文が薄物なので」と釈明した。残念ながら泉貨紙本来の漉き方ではない。宇和泉貨紙であれば、簀の上で湿紙を合わせる必要があるからだ。

図13－6　泉貨紙の漉き手

ご子息の孝さん（現在の当主）も姿を現した。ご両人の案内で製品を見せてもらうために、漉き場の隣りの倉庫に移った。宇

図13－７　荒縄で十字にしばられた泉貨紙

和泉貨は、二三判で五百枚を一束にして荒縄で十文字にしばっている（図13―7）。如何にも男性的な逞《たくま》しさがある。他には袈裟の包装紙、畳紙《たとうし》、雲井紙、巳の吉、文庫などが造られている。製品は宇和泉貨紙が半分程度を占めるという。倉庫のなかにはほとんど在庫がなかった。

この製品は、当時は七名で作られていた。以前は十二名だったが、合理化したのである。

板干しをしている女性の方に行ってみる。この干板はマツで作られている。二三判であるから、一枚の板に一列四枚ずつ、二列に貼っている。刷毛は高知で作られたものだった。

乾燥作業場から先に行くと小さな川に至る。高瀬川である。水量は極めて少なかった。

## 唯一人の伝承者

午前十二時、菊地さんは私達を近くの料理屋に招待して下さった。酒を酌みかわしながら菊地さんの昔話が続く。

「昭和二十(一九四五)年兵役を宿毛で迎え、帰ってから紙漉きをはじめたんです。当時紙漉きは野村では三十軒程ありましたが、次第に転業して行きました。当時転業のための借金をするとすれば、一日四百円の利子を支払わなければなりません。その時、新しい仕事の収入は一日三百五十円。転業したくても出来ませんでした」。菊地さんが一人泉貨紙を守っているのは、大変失礼だが、貧乏であったからであるというわけだ。

もう一つのピンチは、終戦後、世情が安定しはじめたため、洋紙に押されて和紙の需要が低下したこと。「造った紙が売れないんです」。窮鼠猫をかむの譬通り、自分自身で市場開拓に出た。京阪神の紙問屋を一人でまわった。京都の森田和紙にも行った。ここは関西一の問屋であった。勇気をふるって門を叩き、中に入った。「自分の紙を高く評価してくれ、その上一人だけ別室で昼食をご馳走してくれました。多分田舎者だったので、笑われてはかわいそうと思ってくれたのでしょう」。恐らく宇和泉貨のもつ伝統が森田和紙で高く評価されたのであろう。もう一つ、昭和四十(一九六五)年代の話。「経営が行き詰って困ったことがありました。そこで、県の製紙試験場(当時)を訪れたんです。その時の場長さんは前松陸郎氏でしたが、一言『騙されたと思って富山に

図13－8　泉貨居士の墓（左）

行ってご覧なさい』といわれまして、富山にいったんです。開眼させられましたネ」という。菊地さんの見たものは、多分吉田桂介氏の桂樹舎の経営センスではなかったか（第三章参照）。

菊地さんの南予特有の律義さを物語るエピソードは数限りなかったが、帰途の時刻もせまりつつあった。

## 安楽寺

午後一時、宇和泉貨紙の発明者、兵頭太郎右衛門の墓を訪ねることにした。菊地さんがすすんで道案内に立って下さった。宇和川の支流、稲生川沿いの国道４４１号線沿いに曹洞宗の寺、雲林山安楽寺がある。この道は、野村から大洲に通ずる道であるが、寺から約二〇〇メートル大洲寄りの道筋にある。墓地の一群のなかに泉貨居士の墓が、田畑の多い村落を見下すように立っていた。石段を二段上がると鉄製の開閉扉があり、そこをギーとあけると二本のひょろ長い石塔が立っていた。その左側は碑面が「清洗院塔」と読める。裏面は慶長二丁酉（一五九七年）二月二十八日。これが清洗院殿宝山泉貨居士の墓石なのである（図13―8）。右側は息子の土居四郎左衛門（法名意空宗昌居士）の墓だという。頂部は苔むしており、時代経過を偲ばせた。この墓を愛媛県は史跡として昭和二十四（一九四九）年九月十七日に指定し、次いで五十一（一九七六）年二月二十五日付で旧野村町も指定している。それを記念して建てられた案内には概略次のように記してあった。「この墓は、今から約四百年前の天正十五（一五八九）年頃、竹之内栗林山の麓に「泉貨庵」を結び、自からも泉貨と号してコウゾを原料として強靱な和紙を案出した兵頭太郎右衛門のものです（中略）。今なお、人はその偉徳を讃えて、『泉貨さま』と称していいます」。泉貨というのは、本来は銭貨とも書き「お金」のことである。泉貨居士は、初め寺の小僧で、後武士になり、再度出家して僧侶となっている。再度の出家のとき、何故「お金」と号したかは知る由もないが、あるいはお金のように、人の求める人物になりたいとの願望があったのかも知れない。

菊地さんは、谷さん等と先に坂を下りていった。二〇〇メートル程のところにある安楽寺に行くためである。その寺の入口のほとり、六体の地蔵像の前に、樫の木を背景に泉貨居士の頌功碑《しょうこうひ》が立てられていた。それはごつごつした石の上に、丁度おむすびのような、やや頭頂部がとがった黒い石であった。昭和八（一九三三）年七月の建立である。碑文は西園寺源透が撰文し、水口寿夫の筆になるものであった。始めに、「我が国で古来から使用されてきた紙のなかでは、最も耐久性のよいものであるといい、この発明者が泉貨居士であり、土居清兵衛の次男である」と書いてあった（成田潔英『紙碑』、一六七頁に全文が掲載されている）。その碑は、泉貨が庵から毎日眺めたであろう雲林山の方を見つめて立っていた。そして、堂の脇の地蔵さんが、この頌功碑の根もとをじっと見据えていた。境内は、いちょうが葉を落していた。

　帰路、三嶋神社のわきから、宇和川にかかる三島橋を渡って野村町の中心街に出た。野村町の人口は一万四千（当時）。町立野村病院の前を通ったとき、その前に製糸組合があるのに気付いた。製紙組合でないことに疑問を持ったが、それは筆者の認識違いであった。野村町は養蚕では愛媛県第一位であり、その品質に至っては、検定成績で全国一位を確保したことがあるということであった。換言すれば、この野村町は二つの製「シ」（糸と紙）では、我が国の誇るべき特産地であったのである。

　午後二時四十分、菊地さんの家の前で菊地さんに別れを告げ、一路、山越の近道をして旧川之江に向けて帰途を急いだ。

## おわりに

五十崎町の大洲半紙は大洲藩、野村町の泉貨紙は宇和島藩が、それぞれ奨励して藩政時代、大いに栄えた。この両藩においては、文禄四（一五九五）年から十四年間にわたって宇和島藩主であった藤堂高虎が、大洲に城代を置いたし、また後には大洲藩主にもなっている。従って、この両者の製紙の情報は、お互いに交流していたと見て差支えないであろう。だが、大洲半紙と泉貨紙の間に技術的交流があったかというと、それはどうやら否定的である。それぞれが、その特徴を十分に発揮し、全く別々の持ち味の紙としての用途を開発しているからである。下って、現在、この両者は表面的には、南予の大洲和紙と一括して組合組織も形成されているが、決して一枚岩ではなく、長い伝統につちかわれた両者は、異質な性質が多いという印象をまぬがれない。旧五十崎町が観光と指定を中心に近代的な経営への道を採用すれば、旧野村町は伝統的な、あくまでも前時代的な技法を固執する。この南予の紙郷の旅は、伊予紙の持つこのような多面性を改めて教えてくれたといってよいであろう。

（昭和五十九年十二月記）

参考文献

（一）村上節太郎、『百万塔』、第五十六号、九頁（一九八三）：成田潔英『紙碑』、一五二頁、製紙博物館（一九六二）

（二）村上節太郎、『百万塔』、第五十七号、五五頁（一九八四）

（三）寿岳文章、『百万塔』、第四十一号、一四頁（一九七六）

（四）佐々木高明『照葉樹林文化の道』、三四～三六頁、日本放送出版協会（一九八二）

# 第十四章　土佐和紙の里（吾川郡仁淀川町岩戸＝高知県・土佐）

## ―原料から道具まで自作する紙漉き―

### 土佐和紙の里探訪ガイダンス

高知県における手漉き和紙の発展は明治以降の影響が大きい。越前や美濃のように古代から優位に立った産地でなく、その源流は吾川郡いの町成山で、安芸三郎左衛門家友が伊予の新之丞から学んだ七色紙の技術である。機密保持のために新之丞は仏が峠で惨殺される（碑文がある）が、その技術は慶長期に山内一豊が入国すると、家友は七色紙を献上し、御用紙方役となり、野中兼山の下で広まった。つまり土佐和紙ははじめ安芸川流域の七色紙から起こっていると考えられている。七色紙とは黄、浅黄、紫、桃、萌黄、柿、青の各種色で、黄と紫はガンピ、他はコウゾからなるという。

高知を紙漉き王国にしたのは、旧吾川郡伊野村（いの町）生まれの吉井源太と言ってもいいであろう。洋紙に対抗するめ大桁の実用化、滲み止め紙、極薄葉用紙などを開発し、原料の植栽などにも努めた。特にミツマタの種子は静岡から取り寄せている。そして、明治中期から、和紙生産額は常に首位を保ちつづけている。

このため水量豊かな仁淀川の流域には紙漉き工場の集積がある。高知県立紙産業技術センター、いの町紙の博物館、紙漉きの実習もできる土佐和紙工芸村「くらうど」など紙漉きの頭脳の機能を持つ組織もつくられた。高知の代表的な紙となっている典具帖紙を漉く人間国宝の濱田幸雄氏の二人の孫洋直、治の両人が漉くのもこの川沿いの鹿敷地区である。鹿敷の他、野久保、久保、奈呂なども集積地であるが、紙漉きをかなりやめている。しかし、高知県では紙技《かみわざ》ひとづくり事業を推進し、事業振興をサポートしている。

この仁淀川の上流はかつては良質のコウゾの産地で、土佐清張紙の産地であったが、現在は吾川郡仁淀川町岩戸で尾崎茂製紙所が残るのみである。ここは原料づくりから紙漉きに至るまですべて御家族で行っているので、本章に採録した。

同じ仁淀川系に入る集積地は土佐市高岡町である。ここは障子紙、美術紙、書道半紙などを造っていた。他に、物部川、吉野川、鏡川、新庄川流域にも紙漉きは行われていたが、かなり淋しくなっている。

## はじめに

高知県には各種の和紙が生産されているが、国指定の無形文化財に入るものは、土佐典具帖紙（吾川郡いの町・土佐典具帖紙保存会）と清帳紙（吾川郡仁淀川町）である。この両者は土佐和紙を代表する紙である。他にもう一つ、手漉和紙用具製作（高知市春野町・土佐手漉和紙用具製作技術保存会）がある。言換えれば、土佐和紙の和紙の里は原料生産、用具製作、抄紙技術が三位一体化しているところである。

土佐典具帖紙を漉くのは浜田幸雄氏一家のみである。（一）浜田幸雄氏は人間国宝となられ、その技術を二人の孫、洋直及び治両氏が継いでいる。典具帖紙は文化財の補修材料としてなくてはならない紙であるが、近年ちぎり絵という新しい需要ががんぴ舎の亀井健三氏により開拓されて、今ではかなりの消費が見込まれ、息を吹き返した（二）（拙書、『四国は紙國』参照）。

清帳紙は片岡藤義氏が無形文化財保持者として指定されていた。筆者が旧吾川村寺村（現、吾川郡仁淀川町寺村）に片岡さんを訪ねたのは昭和五十六（一九八一）年三月であった（三）。その後しばらくして片岡さんは紙漉きをやめられ、亡くなられた。筆者は図らずも同氏の晩年の紙漉きの姿を描いたことになってしまった（拙書、『四国は紙國』参照）。

その時、残念ながら近くまで行きながら、旧同村岩戸（現吾川郡仁淀川町岩戸）で同じ清帳紙を漉く、尾崎茂氏の家を訪ねる時間がなくなり、そのまま引き返した覚えがある。山の上の紙漉きとしては、わが国では珍しいと思いながら、目的を果たさなかった。片岡さんの没後は尾崎茂氏一家が土佐清帳紙を漉き始め、この伝統技術を守る唯一の家になってしまった。

その後、高知での手漉き和紙青年の集いの折りに、柳橋真氏らに案内されて同氏のところを訪れたことはあるが、尾崎氏の家は冬しか紙漉きをしないので、その紙漉き風景は目にすることはできなかった。

柳橋氏の尾崎さんへの評価は高い。季刊和紙の第五号の巻頭言で、「アクを残す」との同氏の言葉は名言だと評されておられた。（四）

筆者は当時、高知県紙業試験場の宮地亀好氏の御好意で、平成七（一九九五）年三月十六日に同氏を再度訪れた。渇水が問題になるくらい雨の少ない冬であったが、高知は朝から雨模様であった。

## 清帳紙のプロフィール

宮地さんは、その時土佐和紙の沿革、漉き方をまとめた資料のコピーを持参された。土佐清帳紙、図引紙、インキ止め紙、宇陀紙、泉貨紙、雲芸紙が記載されていた。恐らく文化庁の調べに応じて、高知県紙業試験場の職員がまとめたものの写しではないか。残念ながら写真が掲載されていないが、その資料に基づいて、その輪郭をはじめに紹介しよう。

清帳紙の「清帳」とは清書された帳簿の意味で、大福帳、重要な記録用紙などに使用された紙である。良質な紙であるために、雨合羽の原紙、温床の油紙、障子紙などに用いられた。土佐だけでなく、伊予の宇和島、筑後の柳川、肥後、日向、石見など西日本を中心に造られていた。

土佐和紙としていつ頃漉き始めたかということに関しては、江戸時代の『御用紙《ごようし》漉《すき》之《の》定目《さだめ》』（貞享二（一六八五）年）の中にこの紙の規定、賃金が掲載されていることから、その始まりはかなり古いものと推定されている。

『紙譜』によれば、清帳紙と「中折」とは同一の分類下にある。中折紙は檀紙、奉書紙を縦半分に切った紙である。従って、清帳紙は檀紙、奉書紙の類の紙であると考えてよい。

土佐清帳紙を有名にしたのは、火事などの際に書類を井戸に投げ込んで、数日後に取り出しても字画が崩れず、明確に読めたという紙質の堅牢性から来ている。

元々は高岡郡越知町野老山《ところやま》近くの、旧黒岩村の近傍の産のものが優秀であったと言われている。この清帳紙の産地は最近まで仁淀川上流であることには変わりなく、その地域は旧黒岩村、旧吾川郡吾川村寺村、旧同岩戸、旧吾川郡池川町狩山などのごく狭い地域に限られていた。

今は旧寺村の片岡さんが亡くなられたので、清帳紙は尾崎さんが継承されたが、その場所は旧寺村の隣りの旧岩戸である。

## 山間部での紙漉き

仁淀川沿いに松山街道と呼ばれた国道33号線を遡ると、越知町付近から旧吾川郡の境付近まで大きく蛇行している。そしてそこに川はせき止められたように川幅が太くなり、ダムのような形になっている。そして旧吾川郡に入ると川の南側を走っていた道は、寺村橋を渡って川の北側を走り、今まで来た向いの山の近くを走るようになる。そして直ぐにトンネルに至る。尾崎さんのところはこのトンネルを潜らずに、その脇道から山の方に登っていく。昔の山道であるから、やっと車が通れるほどの狭い道である。両側から山が迫り、こんな山の深いところに人家があるのかと思わせるようなところである。

尾崎さんによれば、標高は五〇〇メートル余りだとか。とにかく勾配がきつい。

さすがの宮地さんもこの山道から、更に尾崎さんの家に達する小道は運転をやめて、山道沿いにある人家に仮駐車させて、一〇〇メートルほど歩いて登った。丁度山の中腹を開いて家と田んぼを作った形である。先人達が山間部を切り開いて田畑を耕した姿をそのまま止《とど》めている。折りからの雨で山の道の険しさが一段と身に滲みた。

住まいに直結して左側に紙漉き場、中二階に製品展示室、裏に倉庫と煮熟室、そして住まいの左手に田圃があり、そこは冬は煮熟した原料の晒し場に変わっている。お住まいの前庭の山の斜面はコウゾ畑である。今は（三月）切り株しか見えていないが、春から夏には見事なコウゾ畑が斜面一面に展開する。

そこで湿紙の乾燥場は五〇〇メートルほど離れた、別の山のかなり登ったところに置かざるを得ない環境になっている。立地条件としてはまず極めて不利な条件下にあると言ってよい。

ここで、当時尾崎さんご夫妻と息子さんご夫婦の四人が、十月から四月末まで紙漉きを行ってい

図14－2　煮熟釜は石灰で真っ白
上蓋はクレーンで上下する

図14－1　清帳紙を漉く尾崎茂氏の家
は山の斜面の中腹にある
冬の間休耕となる田んぼは
原料の晒し場となる

図14－3
煮熟を終わった原料
は田んぼで流水で洗
いながら日光晒しを
行う
竹の簀の子の上に原
料を並べ、石を置い
て流失を防ぐ

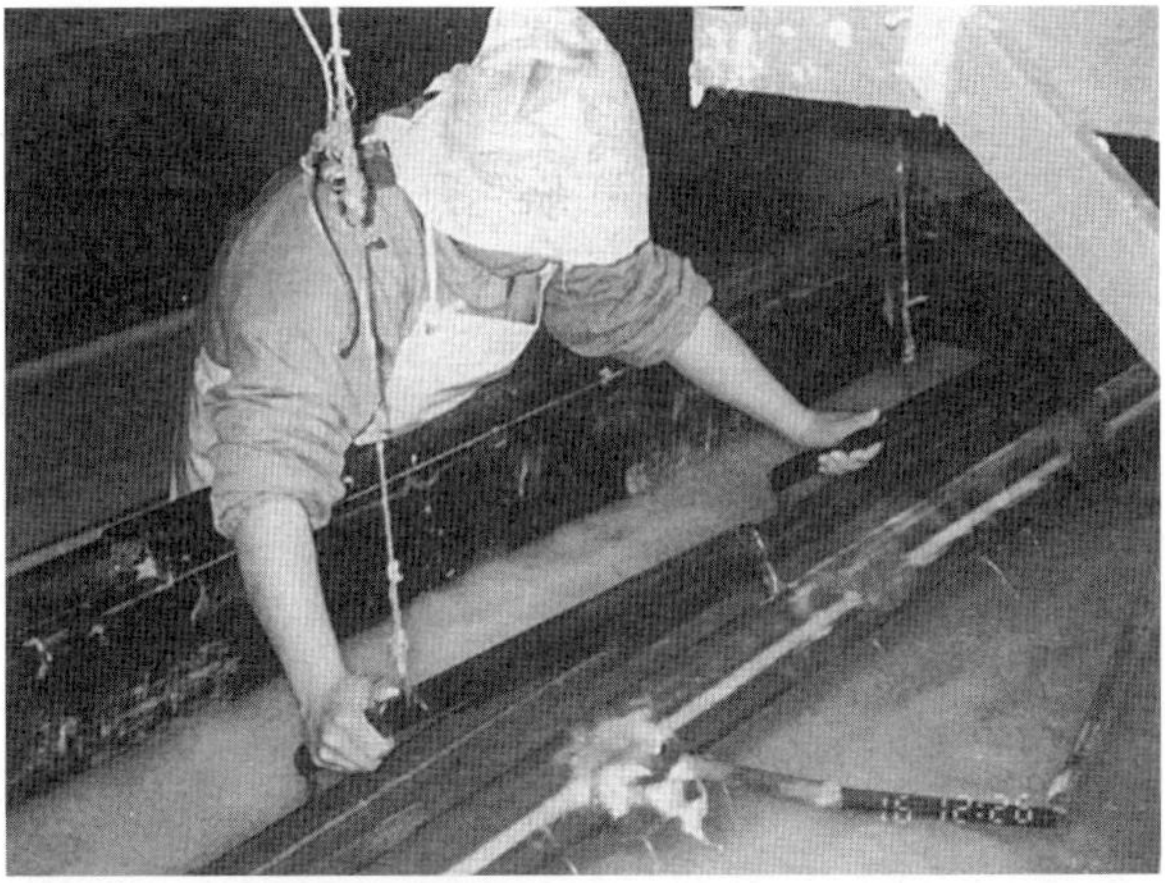

図14－4　清帳紙を漉く。繊維は簀の上で激しく揺すられ、絡められる

図14－5　尾崎茂氏の漉く清帳紙は「清帳箋」との商標で出されている

図14－6　漉き場を案内される尾崎茂氏

た。現在はご子息の尾崎文故さんが、その技術を引継いでおられる。春から秋にかけては農作業である。コメは勿論、原料のコウゾ、ミツマタはすべて自給である。コウゾの畑は八反（七九〇〇平米）、ミツマタは二反（二〇〇〇平米）あるという。

いい原料を作ることを目標にしているので、密植はしない。コウゾは黒皮で二八〇貫（一〇五〇キログラム）ほどの生産がある。

尾崎さんは「島根県などでは反当たり八十貫（三〇〇キログラム）も取っているところがあるらしいのですが、私のところでは生産性を上げるよりも、むしろ品質のいいものを作ることを目標にしています」といわれた。

コウゾの種類も高知県では六種類ほどに分類されているが、赤楮《あかそ》、要《かなめ》（俗称ナマズコウゾ）など品質のよいものしか使わない。

玄関にはさすがに紙漉きの家らしく、自分で漉いた紙を有名な書家、漫画家、画家に試筆して頂いたものが掲げてあった。林美紀子さんの絵、はらたいらさんの漫画などである。こんな時、仕事の厳しさを抜きにして、紙漉きはいいなと羨望する気持ちが湧く。

## 清帳紙の漉き方

尾崎さんのお住まいの裏は山が迫っているが、その山の際にコウゾの黒皮を剥ぐための甑《コシキ》と煮熟釜がある。コシキは余り大きいものではないが、チェンで蓋を上下できるように工夫されている。煮熟は石灰を使用し、コウゾの白皮と混ぜて液に浸け、二時間煮熟し、そこで上下をひっくり返して更に一時間煮熟する。この作業は通常夕方行い、煮熟が終わればそのまま朝まで放置する。石灰はコウゾ白皮十五貫（五六・二五キロ）当たりにつき二〇キロである。つまり、白皮の三分の一ほどの重さの石灰を使う。

この後の水洗・漂白は田圃である。冬の田圃に丸太を置き、その上に竹を載せる。そして山から水を引くのだが、田圃に泥が入らないように、水路には杉の葉をおいている。その水の中に煮熟の終わった原料をあけて日光に晒す。原料が浮き上がらないように石を所々に置く。

日光晒しが終わった原料は塵取りにまわる。これももとより水選りである。

打解は打解機を利用して行い、更に手打ちを行う。そして、この後で小振り機でアクを取るのであるが、ここに尾崎さん特有の「アクを残す」という操作が入る。

「アクを取り過ぎると、パサパサした紙しかできません。小振り機で洗った液は元に戻して循環させるのです」という。よく見ると、小振り機をおいた水槽の中にはポンプが置かれており、そのポンプの先端は小振り機のふるいの中に入っている。一度抽出されたアク、つまりヘミセルロースはまた循環されるので、溶出はトコトンまで行われない。この点が柳橋さんを感心させた作業手順である。

これをトロロアオイの粘液と混ぜて手漉きを行うのである。

紙漉きはご子息の奥さんが行っていた。その入念な抄紙作業が、この紙を水に投げ込んでもなかなか離解しない、強い紙層を形成させていることが理解できた。

まず、ここの判は大判である。書道の分野では全切《ぜんせつ》と呼ばれる大判である。漉き簀は茅簀である。通常ヒゴよりも水切れは早い。それらを漏らさないようにうまく捌くのが、この紙の特徴と言える。

まず濾水を調整するための化粧水。手前から汲み込み、サーッと前方に流して薄い皮膜を簀の上に作る。次いで手前から三回汲み込み、タテ（前後）に二十回ほど揺すり、更にヨコに揺すってから前方から捨て水を行う。ここでゴミを針のようなもので取り除く。次いで手前から二回汲み込み、タテに十八回も揺すり、手前から波動的に捨て水を行う。また、三回汲み込み、十三回も前後に揺すり、三回波動的に前方から捨て水を行う。四回目の汲み込みは三回を行い、九回前後に揺すりヨコに十回揺すり、捨て水を行う。また、五回目は三回の汲み込みを行い、前後に九回揺すって、捨て水を行った。最後にサーッと汲み込みを流すように捨て水をして終わった。

この間漉くだけで一分四十秒を要している。従って、一日漉いても僅かに百八十〜二百枚までである。

少しずつ汲み込み、丹念に前後が主体であるが、ヨコ揺りも入れて充分に繊維を絡ませている。

そして、それを目標とする坪量まで紙料を汲み込みを続ける。紙料が少ないから揺すりも激しくできる。従って、繊維の交絡も激しい。そのような紙層が積層された状態で、全体の紙層が構成されている。これをプレスして繊維間結合ができれば、湿紙強度は大きい。これが清帳紙が水に入れても離解し難い理由であると考えられる。

おまけに尾崎さんはアク、つまりヘミセルロースを十分に残している。これは紙に平滑性を与え、かつ繊維間の接着剤の作用もしている。入念な繊維の絡み合いは典具帖紙でも清帳紙でも同じである。土佐の人の気性を現しているような紙と言えるのではないか。そして、にじみ止めにも作用する。

プレスも木組みの圧搾機であった。昔のままの木の梃子の作用でプレスしている。

## 狭い乾燥場

プレスを終えた紙床はウィンチにて高所の乾燥場に運ばれる。これは原料処理の田圃の横を通り抜け、細い山道を登ったところにある。バラック建ての小屋といった感じの小屋である。雨が降っていたので滑りやすい。住まいから五分ほどかかる。そこからは尾崎さんの住まい、田圃を見おろすことができる位置である。作業場は乾燥板を置くと、余りスペースはない。しかし、乾燥は天日乾燥で室外で行うので、乾燥板への貼り付け等の作業には充分である。

刷毛はご自分で作ったお米の稲ワラを用いて、これまたご自分で作られるとのこと。原料のコウゾ、ミツマタから始まって、道具造りまでというのは、全国の紙漉きの中でも、他にはいないのではなかろうか。

乾し板はイチョウがいいらしいが、尾崎さんのものはマツの木である。長い間使っているものと見えて、板にヒビが入っている。その上を膏薬みたいに紙を貼っている。道具を大切にする職人気質が現れている。

ここに立つと、現代を超越して、戦前の兼業農家の生活の一端を思わせるものがある。

最後に、製品を展示している部屋に案内された。それは紙漉き場と住まいの間の、中二階にあった。尾崎さんのところではコウゾの紙を「清帳箋」、ミツマタを原料として同じ手法で作られたものを「清光箋」との商標を使っている。特に漂白剤を使わなくとも紙はそれぞれ十分な白色度と光沢を持っていた。

## おわりに

私事で申し訳ないが、筆者は前回来たとき、尾崎さんから清帳紙で作られた和綴じの四国霊場八十八ヵ所の納経帳を買い求めていた。平成七（一九九五）年三月の定年退官を前に、この納経帳を完成させた。

尾崎さんは「この紙で作れば千年は持ちますよ」と言われた。

「私のものはそんなに持たなくていいんです。私の寿命と同じでいいんです。でも私はあの世にこの清帳紙を持っていけるんです」

その言を聞かれて、尾崎さんは最近西国霊場三十三ヵ所の納経帳を下さった。その表紙はカキ渋を塗って和綴じされていた。

その夜、帰宅して、愚妻に「これからは西国霊場巡りもやらないといけないね」と告げた。

後日、四国遍路に、この納経帳を持参したところ、行く先々のお寺で、「いい納経帳ですネ」と称賛された。


（平成七年三月二十六日記）

参考文献

（一）小林良生『民芸手帳』、第二七七号、八～一五頁（一九八一）
（二）小林良生『くらしと紙』、二十五巻、九月号、六二～六六頁（一九九〇）
（三）小林良生『民芸手帳』、第二八五号、八～一五頁、第二八六号、八～一五頁（一九八二）
（四）柳橋　真、『季刊和紙』、第五号、二～四頁（一九九三）

# 第十五章　八女和紙の里（八女市＝福岡県・筑後）及び名尾和紙の里（佐賀市大和町名尾＝佐賀県・肥前）

## 九州和紙の里探訪ガイダンス

九州の和紙の里で最も古いのは福岡県八女和紙で、越前の技術が伝播したといわれている。

文禄四（一五九五）年、日蓮宗の僧日源上人による。その技術を福岡県は昭和四十八（一九七三）年に無形文化財として指定し、そのお陰で、現在は八女手漉き和紙資料館が八女伝統工芸館や八女民俗資料館の一画にでき、矢部川沿いの柳瀬地区と溝口地区に七戸が現在漉いている。そのうち六戸は製紙専業である。本文冒頭に紹介した山口虎雄氏は今は亡くなられ、六代目として俊二さんが継承されておられる。この地区の組合長は松尾茂幸氏になっている。

佐賀県では名尾和紙が谷口進氏によって漉かれおり、それが昭和五十七（一九八二）年三月に県の重要文化財に指定された。カジノキに黄連（キンポウゲ）を加えて漉くという名尾和紙は地合いがよく、毛羽が生じにくい強靭な紙との評価がある。他に、唐津市七山、塩田商工会（現嬉野市商工会と合併）が再興したという情報がある。

大分県では九州湯布院民芸村にある手漉き和紙工房で実演が見られ、また竹田市で竹田和紙、玖珠郡九重町で九重和紙が見られるという。

宮崎県では、日向市で佐々木寛治郎氏が無形文化財である美々津和紙を漉いている。

熊本県では、八代市宮地から産する宮地和紙を宮田寛氏が漉いている。用途は障子紙だという。三加和町は古く山十町で漉かれていたのを町ぐるみで平成四（一九九二）年に再興し、三加和町伝統工芸・手漉き和紙館をつくり、体験実習ができようになっている。他に、水俣和紙が浮浪工房で作家水上勉の教え「足元の植物を大切にする」ことでスタートしたという。

鹿児島県では、姶良郡蒲生町で漉かれている蒲生和紙は江戸時代中期に御用紙と制定され、明治初期には五百戸を超えてつくられていたが、現在ではが一人だという。もう一つ鶴田手漉き和紙は薩摩郡さつま町神子で野元八千代らにより造られており、神用紙、書道紙、水墨紙、昔ながらの茶取り紙（ほいろ紙）などに使われている。

## 九州の手漉紙

昭和五十三（一九七八）年十一月、筆者がタイ国を訪問する際、タイ国の紙パルプ研究者用の手土産に迷わず選んだものは、八女《やめ》地区の当時の山口虎雄氏（現在は六代目の俊二氏がつくる）の産する、未晒コウゾ紙から作られる和紙民芸品であった。第一の理由は、九州の手漉き紙は殆んどカジノキに属するコウゾを使用し、その繊維はやや粗であるが、強靭であり、従って、耐久性のある製品を産すること、また、第二の理由は、タイ国には、カジノキ（同国では「ポー・サー」、または「ポー・カサー」という）が自生し、それを用いて手漉きが行なわれているが、その利用技術の真髄、極限の工芸品を彼らに紹介したかったからである。

九州の紙は、このように主として「城北もの」と呼ばれる熊本県産、あるいはそれぞれの産地付近の山間部で栽培されたカジノキを使用して、九州地区の需要、長崎での盆提灯用の紙、表具用紙など、主として、その強靭さを謳い込んだ用途を開拓している。しかし、この地区でも、年々手漉き業者は漸減の一途をたどり、刻々と変っている。

なお、九州の紙の原料としてケンペル（Engelbert kaempfer）が『廻国奇観』のなかで、ツルコウゾ（*Broussonetia kaempfer*）を紹介したので、ヨーロッパではツルコウゾが原料と考えられていた。

当時（昭和五十（一九七五）年代）の九州の産地の分布は、旧福岡県福島工業試験場（現福岡県工業技術センター生物食品研究所。当時、同所が九州の手漉を統括していた）の秋山実茂氏（当時）によると、次のようであった。福岡県では、八女市の柳瀬《やなせ》に十三軒、宮野地区に一軒、同じく広瀬及び祈祷院に各一軒、筑後市溝口に一軒、八女市立花町原島に一軒、朝倉市下秋月に井上さんという方が二十年ぶりに再度はじめた一軒があり、計十九軒である。佐賀県では佐賀市大和町名尾の三軒、伊万里市南波多町重橋に五軒、熊本県では、八代市宮地町に宮田さんという方が一人。同地区には史跡も整い、たとえなくなっても紙史上の、価値は高いという。大分県では、市原さんという方が南海部《みなみあまべ》郡弥生町でやっておられるだけ。宮崎県では、日野市にあった一軒はやめられ、残ったもう一軒の西都市にある山崎さんという方も、手漉きから機械漉きに転じられた様子だとの由。鹿児島県では姶良《あいら》郡蒲生町で、野村さんという方が一軒漉いておられるということであった。

## 旧福岡県福島工業試験場

当時、九州における手漉き産業の統轄は旧福島工業試験場が担当されており、九州和紙の里訪問は交通の便を考えて久留米に宿を取ってもらった（その後、旧福島工業試験場に替わって、福岡県工業技術センター生物食品研究所になったが、同所では手漉き和紙は所掌業務ではなくなった）。

筆者が久留米市に着いたのは、昭和五十七（一九八二）年四月五日。春たけなわのなかを白陶の都、有田市に酒井田柿右衛門、源右衛門窯などを見学して、土と炎の作り出す工芸の美に魅せられた思い出を抱いての到着であった。久留米市は当時人口二十二万。全国一のゴム工業を誇り、ブリヂストンタイヤなどの工場がある他、久留米がすり、久留米ゆうき、筑後ゆうきなど織物の町としても全国にその名を知られているところである。

午前八時四十分、当時の場長の古賀瑞敏氏がホテルまで来られて、試験場に向った。

図15－1　九州ブロックの手漉き和紙を指導していた旧福岡県福島工業試験場（現福岡県工業技術センター生物食品研究所、建物も新築されている。）

九州地区の手漉きの指導センターになっていた、この試験場は、時代のついた木造の建物であった（図15―1）。古賀場長は、昭和八（一九三三）年の建設であると語った。同場の構成は、当時、三課―総務、製紙、木工加工各課―に分かれ、十七名の職員がいそがしく働いていた。八女市の工業を的確に反映しての守備分担であった。

製紙課長の平井浩氏（当時）、そして、同場で手漉きを三十五年間担当しておられる秋山実茂氏（当時）が、相次いで姿を見せた。当時の同場の大きな技術課題は、第一は建材関係、第二には調湿した障子紙の製造、第三は公害対策であった。調湿した障子紙というのは、障子に紙を張るだけでたわみのない張りができるような製品のことで、現在中村製紙で実用化されている。紙は水を含むと伸びる。従来は、障子に紙を張った後、水を噴霧して、乾燥させたものであるが、テンポの速い現在ではそんな悠長さを許さない。紙製品にもインスタント精神を反映させたものが要請されているのかと興味深く聴いた。

## 九州製紙の開祖

早速、八女市の業界を秋山さんに案内して頂くことになった。偶々、当時福岡教育大学の特設書道科の女子学生である、園田恵美子さんも同行することになった（岡田さんからは、後に卒業論文の写しを頂いた。追記参照）。この旧試験場には、卒論の学生さんや研究者が時々訪問されるとのことであった。八女紙はコウゾ紙であり、決して書の紙ではないが、文房四宝の一つとして、書家、例えば、武田悦堂氏のように深く研究されておられる方も多々見られる。

図15－２　九州製紙の祖、童顔の日源上人の像

秋山さんが最初に案内して下さったのは、筑後市溝口にある長寿山福王寺であった。当時の試験場から西南約四キロ。その間、目についたのは麦畠とビニールハウス、そして茶

畠。福王寺は筑後市にあるといっても、殆んど八女市の境に近い。門を入ると、端正な本堂と手入れのゆきとどいた庭園が視野に入るが、その門の直ぐ脇にあるのが、九州の製紙業の開祖とされている常円院日源上人の銅像であった（図15―2）。しかし、この銅像の建設は決して古いものではない。正面横の碑文によると、昭和三十五（一九六〇）年四月とある。秋山さんは、太平洋戦争の際、金属回収のために以前あった像は供出されたために、新たに再建されたのだという。そういわれて碑文を見ると、次のように記されていた。「明治三十一（一八九八）年記念碑並に銅像建立されるも、銅像は昭和十九（一九四四）年大東亜戦争の為供出、今回三百五十年を記念して是を再建す」この書は当時の筑後市長、下川秀樹氏であった。この時代の和紙のもつ重みが、この建立に反映されているといえるであろう。その背面には、榎本武揚の手になる、躍動的な達筆な文字で「九州製紙開祖　日源上人の碑」と書かれ、側面には細かな字で由来記がある。このなかで、最後の文句が気に入った。「八女之山　八女之水　植楮漚穀　可以製紙　山明水緑　不雑塵滓　執錫持鉢　説法於此　北越南筑　……」つまり、「八女は山水がきれいであり、ここにコウゾを植えて紙を造るべきだ。空気はきれいで汚れがない」と日源上人は錫と鉢を持って、この地の人に説いてまわったというのであろう。(二)

常円院日源上人は越前の国、今立五箇村の人。真柄十郎左衛門の三男である。兄直基の三児、新左衛門、新右衛門、新之丞の三甥を呼び寄せて、紙漉きの作業を創めた。越前生れだけに、製紙業

図15－3　日源上人像の眼下に植えられたミツマタ

に対して理解が深かったのであろう。出家して日蓮宗の僧になり、天正の頃、姉川の戦塵を避けて全国を行脚中、当溝口に立寄ったのが製紙との関り合いである。

「上人は、当時廃寺であった、この福王寺に住み着いて、製紙所を作ったといわれています」と秋山さんはいう。文禄四（一五九五）年のことであるから、今からざっと四二〇年前のことである。今日「溝口紙」と呼称される紙の発祥である。

そして、ここから、佐賀、熊本と、広く九州一円に製紙技術が伝播されていったのである。こうみてくると、八女の旧福島試験場が九州の手漉きを統轄するのも故なきことでなかったと思った。

正面からみると昭和の銅像は、榎本武揚の碑文を完全に背後に隠す。像と碑文の配置のアンバランスが、痛く感じられたのは筆者だけであろう

図15－4　日源上人の墓

か。その他、上人はこの業界の尊敬の対象になっているとみえて、昭和二十五（一九五〇）年、及び昭和四十五（一九七〇）年にも碑が作られていた。塀のわきには、花を落したミツマタが植えられていた（図15―3）。童顔の日源上人が静かに見下す位置である。四国から移植されたものであるが、この地の紙の原料たるカジノキを植えるべきではなかったかという印象を持った。

「こちらに、日源上人の墓があるんですヨ」と秋山さんに促されて、境内の西側に移動した。庫裡の裏手、西門の門から入って一番奥の正面にあるのが、日源上人の墓であった（図15―4）。二メートル位はあろうか。立派な五輪塔である。周囲には桜の木が二本。落花盛んで花吹雪が舞っていた。

「毎年、四月十三日頃、祭礼をするんですヨ」と秋山さんはいわれた。上人が遷化されたのは、慶弔十四（一六〇九）年十一月十四日である。

このように、この地方では日源上人は神格化した人物であるが、上人自身は紙漉きの技術は持っていなかったのである。「上人は、この地が紙漉きに適すると知ると、一旦郷里に帰り、自分の三人の甥達を連れて、再びこの地に戻ってきたんですヨ」と秋山さんは説明を加える。真柄を改名して矢箇部姓を名乗った新左衛門、新右衛門及び新之丞の三人である。

そこで、上人の墓の脇には、矢箇部家の先祖代々の墓と廟が建てられていた。加えて、もう一つの上人の碑もあった。そして、その碑の奥にある家は矢箇部家だ。春の日だまりの廟には、同家が蒲団を干していた。

後で聞いた話だが、日源上人の弟、矢箇部新左衛門の技術的指導を記念して、八女市広瀬には〝鎮西抄紙創業技師〟としての記念碑があるということであった。(二) 更にもう一つ、矢箇部新右衛門の碑も溝口の矢加部家の庭にあるということだった。(三)

話をもとに戻して、春たけなわの境内は、花と庭木が整然と植えられ、九州の製紙を持ち込んだ寺として、極めて風格ある寺であった。ただ、ウィークデーのためか、全く人影はなく、上人の銅像の前の植木を移植する作業にあたっている人が三人、熱心に作業していた姿を見ただけであった。

秋山さんに促されて、次の目的地、柳瀬に向かった。

「このお寺の裏の家が猪口《いのくち》さんといい、酒樽の目貼紙を作っている家ですヨ」と秋山さんは右側の家を示した。漉き場の窓、板干しの情景が眺められた。猪口さんの家は一年中漉いてはいるが、農業と兼業である。ただ、紙の方の比重が大きいということだ。

五分程して、矢部川に達した。八女紙を発祥させた清い水を提供している川である。春先のせいか、あまり水量は多くない。藩政末期、この川沿いに手漉き業を営む人は増大していったといわれる。「筑後和紙の全盛期は明治三十（一八九七）～四十（一九〇七）年といわれ、その戸数は千七百にも及んだという。明治二十七（一八九四）年に県の重要物産として認定され、同業組合法に基づき、筑後和紙同業組合が設立された結果であると見なし得る。この最盛期も東洋紙と称した中国、韓国向けの輸出紙が凋落するに及んで、長つづきせず、一時京花が東京市場でもてはやされたが、機械漉きによって漸減していったのである」と、昭和四十八（一九七三）年三月、福岡県指定の無形文化財になった筑後和紙の解説には書いてある。

車は矢部川の南岸沿いに東走。神社があり、葉桜になった桜の立木、竹やぶ、麦畠などを通り過ぎた。矢部川南岸の広瀬にさしかかったとき、「広瀬には手漉きが一軒ありますよ。川口さんという方ですが」と秋山さんはいいつつ、更に矢部川の上流に向う。広瀬は高瀬町に属する地域である。再び橋を渡り、右手に土手沿いにしばらくいって、車を止めた。ここが、手漉きの最も密度の高い柳瀬である。溝口からは十五分程のドライブであった。

図15－5　丸煮をする羽釜

## 八女市柳瀬の手漉き紙の現場

新緑の雑草がまだ十分伸びきっていない土手を下りるとすぐの家が、八女地区の当時の手漉き和紙工業組合長の、松尾茂美氏の漉き場であった。この柳瀬には当時十三軒の手漉き業者が集まっていた。九州では最も密度の高い漉き場だ。入口には、コウゾの黒皮の水浸、漂白用パルプの水浸用のプールが二つ設置され、松尾さんの奥さんが、漂白されたパルプの塵取りを一生懸命やっていた。そのわきに、平釜が二基（図15―5）置かれていた。ここの釜は丁度、火で米を焚いたときに用いた釜と同じく、縁取りが付いている。それ故、羽釜と呼ぶ。ここの燃料は大鋸屑であった。この大鋸屑は乾燥機の燃料でもあった。

コウゾは、すべて熊本県北部のもので、植物学的にはカジノキに属するもの。「現在は、契約栽培のような形でやっています」という。秋山さんが声をかけたので、松尾さんも姿をあらわした。「八女のコウゾはゴッツイから、他の産地とは処理方法が異なるのです」と松尾さんはいわれた。この地方の煮熟の第一の特徴は、丸煮と呼ばれるように黒皮のまま煮熟するのである。黒皮は庭先のコンクリートのプールで五〜六時間浸漬した後、羽釜に入れる。焚口は地下にある。羽釜は五貫(一八・八キロ)束の黒皮が四〜五束分が一回分である。苛性ソーダ一五パーセント液を、黒皮がやっと漬かる程度に加え(液比一〇位か)、二〜三時間煮熟する。水洗した後、漂白は、液状の漂白剤を用いている。松尾さんは明確にいわなかったが、恐らく次亜塩素酸ソーダであろう。

塵取りは、別室で行なう。竹を編んだ簀の上に水を流し、その上に漂白したコウゾパルプを分散させて塵を取る。ここの処理方法は作業は椅子に腰かけるので、身をかがめる必要はない。

羽釜のすぐ裏の室は原質処理室だ。塵取りを行ったパルプは、プレスして十分に脱水する。脱水は穴のあいたプラスチックの室に上から板を置き、重しを置くというような方法をとっている。そして、原質処理室においてまず打解が行なわれる。「八女のコウゾはゴッツイから入念にしなければ……」というのは、特に、この打解処理のことである。十分に叩くのである。大体一時間から一時間半程行なうのだ。松尾さんの所には三連一組の叩解機が二系列ある(図15―6)。脱水したコウゾをこれで叩打するのである。はじめに脱水するのは、水が飛散しないようにするためである。ガッチャン、ガッチャンと大きな音をたてて、コウゾパルプが叩打されてゆく。叩打されるコウゾ

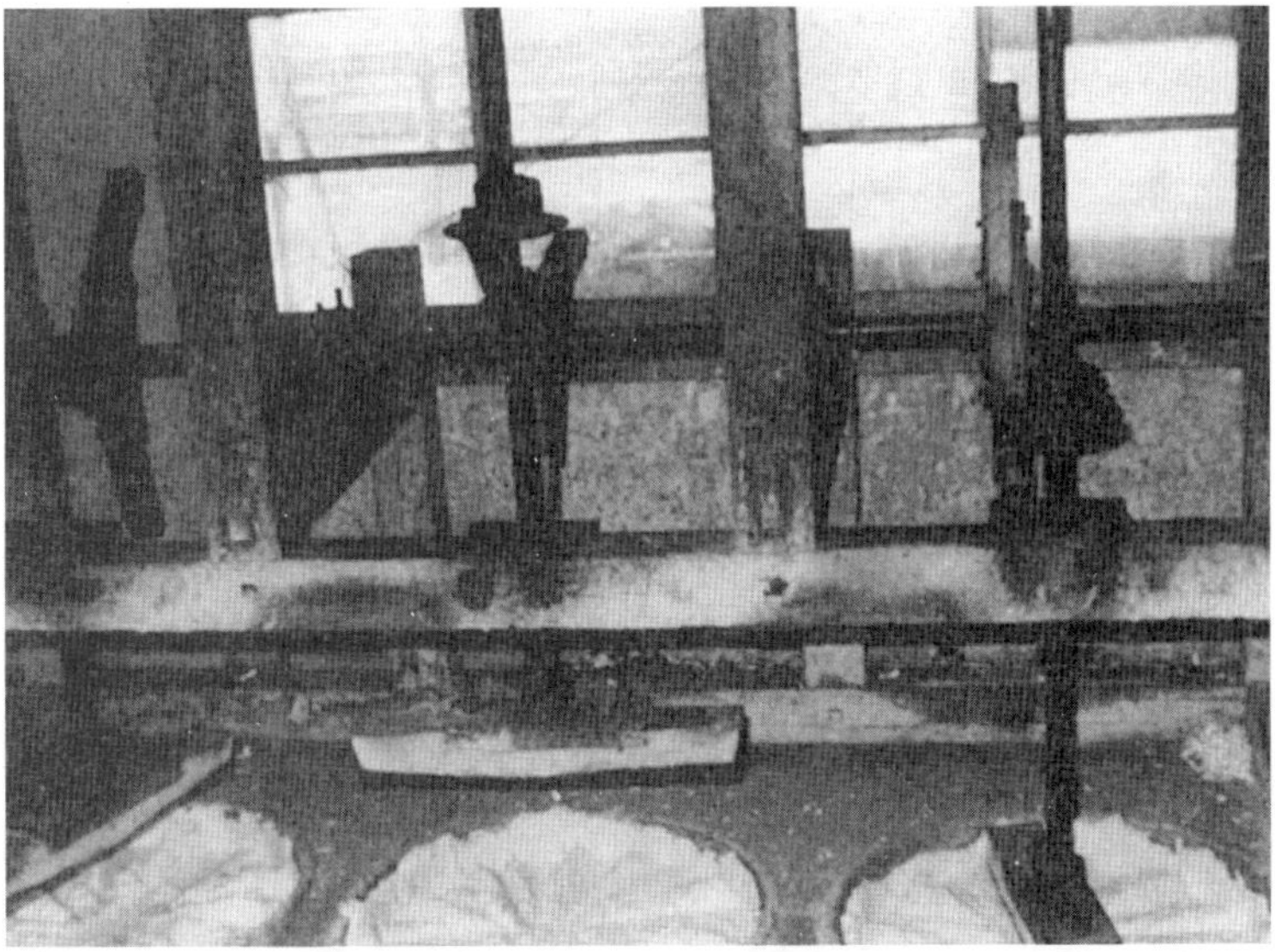
図15－6　ゴッツイコウゾ用の打解機

はコンクリートの丸い穴のなかに置かれ、餅のような形になる。終ると、ナギナタビータにかけて、十～二十分処理し、解繊する。これは繊維のもつれを切り解くというべき処理である。

原質処理室から、抄紙室に入る。その漉き方には、この地方特有の幾つかの特徴が見られる。まず第一が漉き具の構成。簀を四箇所で天井から来る弓に結びつけられている。弓は四組で、外側の弓は夫々五本ずつの竹竿を束ね、内側の二組は二本の竹を束ねたものである。通常、多くの漉き場は弓は一本の竹竿でできていることを考えると、ここの天井からの支えは極めて強力であることが判る。外側の弓は簀桁を三分する二本の支持わくの中央に結ばれ、内側の弓は、桁の前方、二箇所で止められている。このように弓を強化しているのは、簀桁の振りを大きくしている証拠である。

図15－7　八女紙漉き

繊維の粗いコウゾを使用する八女紙では粘剤を濃くして（〇・二八～〇・三二パーセントという）、激しく前後に振り、更に横揺りを加えて抄造しているのである。松尾さんの家では五槽あり、三人の女性が漉いていた（図15―7）。

まず、一回目の紙料の掬いは、化粧水、簀全体に紙料を軽く拡散させ、前方から捨てる。それから二回大きく汲み込み、前後に振り、三回目の場合には前後だけでなく、左右にも大きく振っている。この時の振り、特に前後の振りは大きくて、水が簀面をはなれ、大きく躍動しているのである。そして前面より、紙料をあけ、漉き作業を小休止して繊維束を取り除く。その後、再び二～三回、少量ずつ汲み込み、その都度前後左右の振りを繰返している。そして、最後に軽く汲み込んで表層を作って、前方から捨て水して終る。その間三十四〜三十五秒前後である。ここで見られる特徴は、振りが大きく、且つ、ヨコの振りがかなり入念に入っていることである。

漉き終った湿紙は、紙床に置き、ビニールのテープを入れる。従って、湿紙を折返すというような操作をとらないことも、第三の特徴といえるであろう。

「トロロアオイは、もとは地元の奥岳で産したものでしたが、現在ではもっぱら茨城ものですヨ」と秋山さんは説明する。漉きは一時間で四十〜五十枚。一日八時間では三百〜三百五十枚、多くて四百〜五百枚であるという。

湿紙はプレスするが、ここでは油圧のプレスが用いられていた。

松尾さんのところで作られる紙は、主として表具用紙である。市場は関西であるが、美濃にも行くという。美濃紙として市場に出ているのかも知れない。

次いで乾燥室を見せて頂く。この地区の乾燥機の乾燥板は水平な平板である。中央部に煙道が走り、水を加熱する。燃料は大鋸屑であることは平釜と同様。プレスした湿紙は、まず、ビニールを取り、竹棒にその一端を巻きつけて水平板の乾燥機の鉄板の上に移す。この方式は、吉野紙にも見られる、特徴ある乾燥方法だ。ここも三人の女性が乾燥に従事。乾燥機は五枚がけであった。刷毛はシュロの刷毛で作られているとのこと。

一通り見終って、休息室で小休止。松尾さんから処理方法についてお話をうかがった。「地元のコウゾでは、現在の需要では六、七割程しかまかなうことはできません。不足分は四国や韓国からのものを使用しています」との話。タイ産コウゾ、つまり、ポーサーはこの地区では初期一時使用したことはあるが、当時では全く使用していないとのことであった。松尾さんのところでは、表具用紙以外には漉染紙をやっている。色の種類は約十種で、色紙として用いられているそうだ。色紙は表具用紙のような強度は要求されないので、原料は品質を落すことができるということだ。

松尾茂美氏の隣りが、高山太市氏の漉き場であった。ここは松尾さんのところとは、趣きをぐっと変えて、未晒の提灯用紙、版画用紙を漉いている。漉いている紙の判は小判形である。棟方志功が愛用した紙は、この高山さんの所の紙であったという。未晒の原料は、コウゾの白皮である。隣り同士で対称的な原料処理が展開している。ここで用いる薬品は炭酸ソーダ、濃度は約一五パーセント、時間も二〜三時間で、この辺は松尾さんのところと同じである。平釜は重油焚きであった。水洗したパルプは、塵取り場で入念な塵取りが行なわれている。椅子に腰掛け、前の水槽に簀を置き、パルプを分散させて、塵を取る。高知あたりでは日本式に正座して作業を行なうところが多いが、ここは西洋式の椅子式である。塵とはコウゾの節、小枝の分岐などで、この地方では〝アカ〟と呼んでいるものである。高知では〝ヤケ〟というものである。これを刃物で一つ一つ丁寧に取り除くのである。塵取りは、細かい作業なので窓を大きくとり採光をよくし、気が散らないように別室の構成をとっている。

打解機は、松尾さんのところと全く同じで、三連一組が二基あった。漉き場には五槽の漉き槽があった。漉き具の構成も全く異なっていた。弓は三本で、中央の弓からくる紐は、簀桁にかかる少し手前で二分されて桁の前方二点を止め、左右の弓は桁の二本の中央の支持わくの中央でとめられているのである。漉き方も、はじめ三回を少量ずつ汲み込んで、その都度、前後、そして左右に比較的静かに降り、前方から捨て水をする。そして、最後にもう一度深く汲みあげて、前後、左右に振り、紙料を捨てて抄紙を終える。この間、約二十五秒前後である。湿紙を紙床に置き、その都度、ビニール紐を入れるのも松尾さんとほぼ同じである。

乾燥機もほぼ同じであった。造られた紙は、提灯紙、版画用紙として売られているという。提灯紙について、旧福島工場試験場の古賀さんはこう語った。「八女提灯は、全国シェアの六〇パーセントを占めているんですヨ。岐阜提灯と称しているものも、大分当地で作られたものが多いんです。逆に、当地で作られる提灯は八女紙を用いずに、美濃紙を用いることが多いです。盆提灯は使用されるのが年一回でしょう。だから、提灯屋が紙代を支払うのは、提灯が売れてからということになります。そうすると、手漉き業者は八女のような小さな提灯屋から代金をなかなか回収することができず、困るわけです。そういうことで、地元の提灯屋には売らないのです。もう一つ、身近なところでは、マージンも大幅にとれないということがあるかも知れませんネ」と。

時間がないので、秋山さんに再び促されて、柳瀬に別れを告げ、市内の方向に向かって北上。約五分で、八女市宮野の山口虎雄氏の漉き場に着いた。

入口の軒に見学者、訪問者のために原料を飾り、かつ、八女紙の解説を施しているのが、山口さんの漉き場である。山口さんは当時、この地区の手漉き和紙工業組合の副会長さんであった。山口さんが笑顔で迎えてくれた。工場は中央の住いを挟んで左右にある。右側が原質処理場と、二階が原質置場である。処理場の構成は高山さんのところによく似て、山口さんの漉く紙は未晒のコウゾ紙。主として提灯紙、版画用紙、そして掛軸などの裏打紙である。提灯紙は主として、長崎のお盆の灯籠流しの時の提灯紙に使用される。この用途の提灯は年一回のディスポーザブルな用途であるから、着実な需要があるのだが、一方、食堂、飲み屋などの店先に看板として使用されている提灯は、近年、雨水に強いビニールに取って代られ、また、機械漉き紙の進出もあって、需要は減少の一途をたどっている。そして、最近は、民芸的な用途として、色紙、染紙は和紙人形などにも使用されていると聞いた。

訪問時は、原質関係はほとんど処理していず、僅かに打解用のパルプの脱水の塵取りの作業を一人の老女が熱心にやっているだけであった。脱水は水分六〇パーセント程度まで行なうということだ。この作業風景も松尾さん、高山さんのところと大同小異。原質関係の工場の二階に案内された。ここは、熊本県北部の産、通称、「城北もの」のコウゾの黒皮の束が山となっており、他には高知県産のものも少量あった。ガンピは主として山口県産のものだということであった。

今度は、住いの裏手の方の漉き場に案内された。製品置き場、仕上げ場の隣りが抄紙室である。三槽の漉き槽に対して、二人の男性が漉いていた。訪問時漉いていたのは表装紙に属する銘柄の紙で、一方は薄手の「肌裏紙」として用いられるもの、他方は「宇田紙」といって軸の表装に用いたとき、軸の折合い、寒暖の差によって生ずる反りを抑制する用途の紙であった。宇田紙の場合は石粉（白土）を二パーセント程添加して抄紙するのだそうだ。石粉も熊本県のものであるという。石粉を漉込む目的は、紙に軟かさを与えること、並びに吸湿性を与えることである。この石粉は書道用紙にも時として添加することがあるが、これは墨のにじみをよくするのに効果がある、と山口さんは語られた。

山口さんの漉き具の構成は、松尾さんなどと用途が異なるので、また別の構成をとっている。簀桁を支える紐は三本で、天井から吊下げられている。弓は二階にあって漉き場からは見えない。ただ、穴から紐が下がっているだけ。三本の支えは四国では一般に広くみられる。抄紙は、五回の汲み込みで一サイクルが完成し、まず第一回の初水（化粧水）というのが紙の地合いを構成するのに使用され、二回目の汲込み時も振りは大きくなり、三、四回の汲込みで前後、次いで左右に大きく揺り、最後に再び軽く汲込んで、捨て水して漉き上げるという方式だ。一サイクルは約二十五秒程度で短い。薄紙であるため、時間は比較的短い。湿紙ごとにビニールを挿入するのは、この地方の共通した作業のやり方であった。

その奥が乾燥室であるが、ここは水平の平板乾燥機。この場合は、沸騰水ではなく、スチーム乾燥方式の乾燥機を使っている。湿紙はビニールをはずし、竹の棒に二、三回巻きつけて乾燥板にもってゆくのも、この八女地区の共通の作業風景であった。

予定していた正午を過ぎてしまった。山口さんから製品をお土産に頂いた。秋山さんにまた促されて、旧福島試験場に戻った。春の日差しがやわらかく、場内を照らしていた。

戻った旧試験場で、秋山さんから頂いた八女手漉き和紙の業者名簿をみると、以上に紹介した方以外に、紙漉きをやられている家は八女市祈禱院と八妻郡立花町原島に、それぞれ一軒ずつあることが判った。矢部川は柳瀬から約一キロ上流で星野川の合流を得るが、この合流地点の星野川北岸が祈禱院であり、矢部川の南岸は市内ではなく郡部になり、そこが原島である。つまり、訪問時、八女の手漉き業者十八工場は、いずれも矢部川、あるいはその支流沿いに整然と配置されていたわけだ。

日源上人は四二〇年ほど前、矢部川の清水は紙に適すと判断して、抄紙の技術導入を図ったわけであるが、その思想は当時もなお生きつづけていたというべきであろう。

## 名尾紙の紙郷へ

その日、宮野町の八幡宮の塀が窓から眺められる、明月荘に宿をとって頂いた。翌六日は朝から

図15－8　名尾紙を漉く家は、この坂の上にある

生憎雨。しかし、当時の古賀場長さん、平井科長さんの計らいで、秋山さんのご案内で名尾紙を見学することになった。名尾紙とは佐賀県佐賀市大和町名尾で産する紙で、同地には当時三軒が漉いているということであった。

午前九時三十分、旧試験場に別れを告げ、小雨の降るなかを秋山さんの車で佐賀に向う。目的地は田中川と名尾川の合流点の盆地、佐賀県の一つの紙郷、佐賀市大和町名尾である。

田中川沿いの道に転じて、一寸いったところに昭和バスの田中上というバス停があった。ここからゆるい坂をあがった奥の家が、当時、名尾紙を漉いておられた、谷口仙一氏、そして、そのご子息の進氏の家であった（図15―8）。時計は午前十一時十分を指していた。

名尾紙は、筑後市溝口の技術を伝承してはじ

図15－9　公民館と桜の木にはさまれて建つ名尾紙紙祖碑

まったという。谷口仙一氏が、昼食の休みに大和町史などをひもといて語ってくれたところによると、元禄十三（一七〇〇）年、納富由助が日源上人の伝えた抄紙技術を溝口で五ヵ年間学んで、郷里に帰ってはじめたのが起源であるという。彼は自村が耕作地に乏しく、村民が貧しいこと、そして、原料であるコウゾが付近に豊富にあることから、製紙技術を学んだと伝えられている。原料が豊富であったことは、この名尾と名尾川をはさんだ南面を楮原《かごはら》といい、また、その東隣、大和町と背振村の境の大峠付近は大楮《おおかご》という地名が残っていることからみても明らかであろう。福岡県でも佐賀県でもカジノキは、「カゴ」と呼んでいる。

名尾紙の紙祖納富由助に対しては、記念碑が建立されていた。谷口進さんの御母堂の実家、上野雄次氏の家のすぐそばで、佐賀市大和町梅野四十坊というところであった。進さんに案内して頂いたが、そこは同氏の家と対面の山麓で、四十坊公民館という部落の寄合所の入口であった（図15—9）。碑の左後方に一本の桜があり、ヒラヒラと花びらを落していた。この碑は明治十八（一八八五）年十一月の建立で、当時の佐賀郡長家永恭種の撰文、及び書である。初代佐賀県知事鎌田景弼《かげすけ》が、名尾製紙組合とともにこの頌徳碑を造らせたものであるという。文面によると、一時全村中、百戸余りが紙漉きに従事したということである。その後、機械漉きの発達で漸減してゆくのをみて、川浪正隆が自費で先進諸県を視察し、明治三十三（一九〇〇）年、名尾製紙養成所を設け、装置の改良、使用方法の伝達に努めたということだ。谷口仙一さんの話では、上記の百戸というのは、殆んど同村のすべての家で漉いていたということになり、戦後の昭和二十三（一九四八）年頃でも約三十戸程はあったという。訪問当時、名尾には一四八戸あったが、そのうち三軒のみが、漉いているだけであった。なお、谷口仙一氏によると佐賀県は昭和の初めまで、全県八郡、全部に紙郷はあり、二千戸にも及んだということだった。

## 名尾紙の漉き場

谷口仙一、進両氏の漉き場の入口には、コウゾの浸漬場と平釜があった。訪問時、コウゾの煮熟の真最中であった。ここも八女紙と同系であるから丸煮、つまり、黒皮のままで処理していた（図15—10）。八女との差異は、燃料。ここでは重油と廃油を半々に混合したものを使用している点だ。

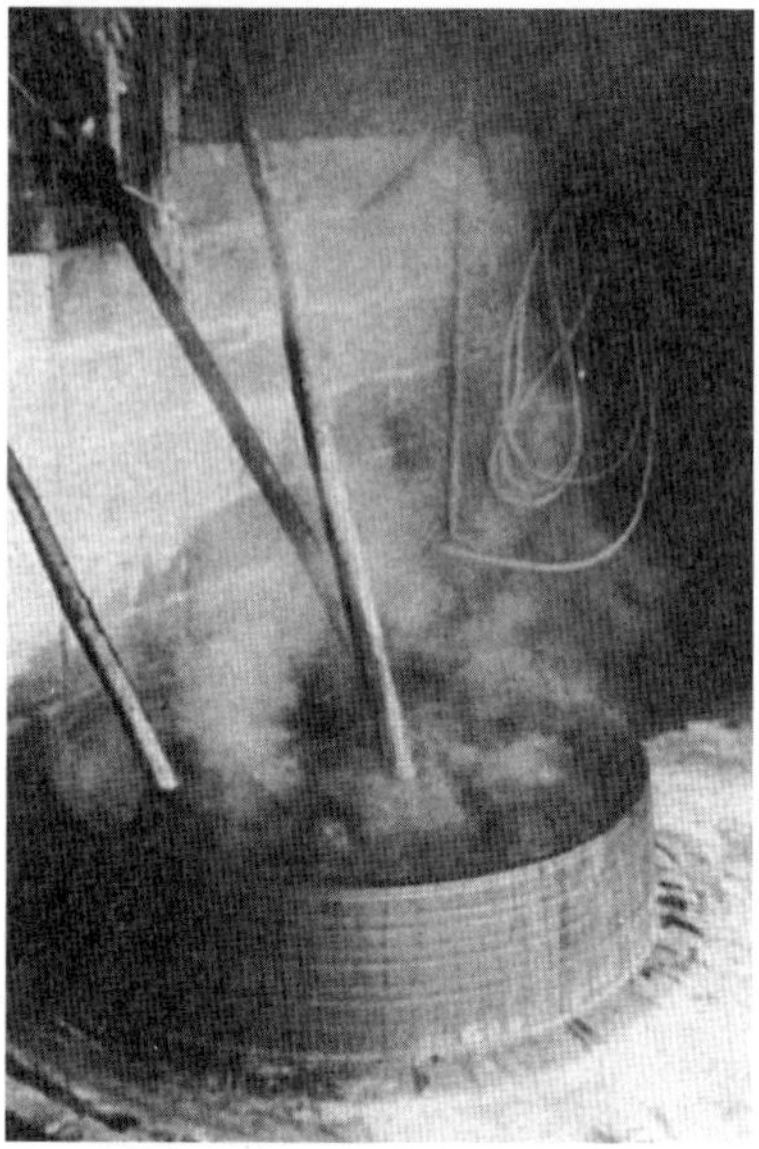

図15－10　コウゾの丸煮

三本の丸太の棒を入れ、時々攪拌する。ここで生産される名尾紙は、未晒コウゾ紙で、主として提灯紙として用いられていた。

当時、原料のコウゾは、殆んどが自給自足である。自分の田畑の脇に植えて作る。「名尾紙は、やはり土地のコウゾでないとだめですヨ」とは進氏の話であった。どこの紙郷もそうであるが、その土地の原料に適した処理方法を開発し、その原料の持つ特性を活かした紙ができあがっている。それ故、この進氏の言葉は、どの産地にいっても判で押したように聞かれる言葉なのである。

コウゾの煮熟は、白皮の場合は木灰、つまり、ソーダ灰を用いる。一釜は五貫（一八・八キロ）束のコウゾ二束半、即ち、四十七キロ当り、ソーダ灰を九キロ用いる。この場合、原料の配合が難しい。というのは、コウゾは根元の繊維の粗い部分と先端部の細い部分に分けられて束になっているが、それを適当に混合して使用する必要があるからだ。進さんの説明によると、根元の太い部分が紙の構成を決め、細い部分は目を詰める、つまり、多孔性を調節して、平滑性を付与するのに寄与しているのだという。通常の配合は大体、九対一の割合だそうだ。提灯紙は、最近では、油を引くこともなく、そのまま使用する。したがって、その地肌、つまり、地合いのよさが問題となり、このような配合をとる必要があるのではなかろうか。白皮のソーダ灰による煮熟は、三時間である。一方、黒皮自体を煮熟する場合、すなわち、丸煮では苛性ソーダを用いる必要があるという。この時の条件は、黒皮五貫の束を五束、つまり、九十四キロに対してソーダを一三キロ使用するのだそうだ。約一四パーセントの添加量である。煮熟時間は、二乃至三時間、長くて四時間である。煮熟の終点は、〝メ〟がとろけるまでだという。煮熟のコツは、〝ドロリ（非繊維部分、ヘミセルロースのこと）〟をうまく残すこと。「〝ドロリ〟があると、〝コクリ〟がある紙が得られますヨ」という。腰のある、鳴りのよい紙のことである。「歩留りは」とたずねると、「木灰の場合で五五パーセントです」との答であった。

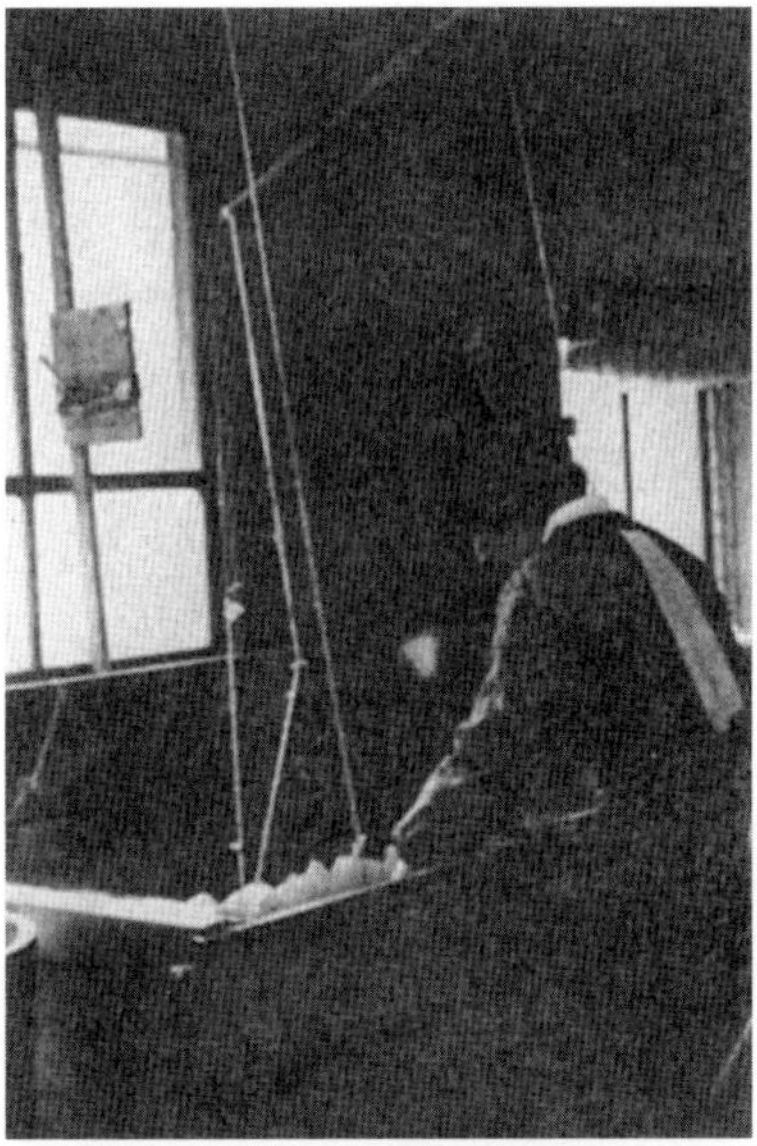

図15―11　名尾紙漉き

漉紙室に入ると、二槽の漉き槽があった（図15―11）。一方は二枚取り、提灯紙の場合は、三六判の小判でないといけないからである。簀桁の構成は、ここでは五本の弓で天井から支えられている。桁の二本の中央の支持棒は二ヵ所に止められ、また、桁の前方の中央部は、一本の紐が途中で二本に分岐されて止められてい

図15―12　名尾紙湿紙の乾燥

る。つまり、五点で紐によって支持されているわけだ。そして、桁の前方を支える紐に結びつけられた竿と、桁の内にある支持棒の後方に止められた竿は、竹三本で作られ、支持棒の前方を止めている紐に結びついた竹は一本の構成である。そして、支持棒後方に結びつけられた紐を支える三本一組の竹竿が、最も外側になるようになっている。この構成は、八女の山口さんの提灯紙とは多少異なっていることが判る。漉き方は、タテ揺り、ヨコ揺りを加えることは八女と同様だ。明らかに八女の技術が伝播されているといえる。なお、コウゾ一束で、四七〇匁（一七、二八〇グラム）の紙が（約三百枚）取れるのだという。

一番奥が乾燥室である。谷口仙一氏がビニールをとり、そこに竹棒を巻きつける（図15―12）。それを二人の女性が交互に受取り、乾燥機に張付ける。「提灯紙は耳があってはいけないんです。だから、このように湿紙は折らないで、テープを使い、竹棒を使って乾燥しているんです」と仙一氏はいわれた。八女紙の場合と違う点は、ここは乾燥機が立型である点であった。ここで使っている刷毛は、高知で作られたものであった。「簀桁はどこで作られるんですか」と問うと、「九州では簀桁を作る人がいなくなり、当時、高知の有光さんにお願いしているんです」との話。昭和四十八（一九七三）年発行された筑後手漉和紙保存会の「筑後手漉和紙」によると、八女市に簀と桁を作る人が一人ずついることになっているが、これはどうやら絶えたらしい。ただ、編替え職人は九州に一人いるということだ。

## 名尾紙談話

正午になり、作業した人も仕事の手を休めた。秋山さんと筆者は、谷口さんの応接間に通されて、名尾紙にまつわる話を仙一、進の両氏からうかがった。

冒頭、仙一さんは、名尾紙を提灯紙以外の用途、そして、もっと一般消費者と直接結びついた製品、例えば、ハガキ、封筒などを造るように県から要請されていたという話をされた。それは、昭和五十七（一九八二）年三月に名尾紙が佐賀県無形文化財に指定されたからであるという。このために、県と町から製品開発に財政上、半分補助がでたとのこと。「普通、無形文化財の指定を受ける場合は、こちらから申請するのが普通でしょう。私達はそんな意図は全くなかったのですが、町が進んでやって下さいました」と加えた。名尾紙の販売は、九州に限られている。もっぱら提灯紙として長崎に売られてゆく。「昨年までは、注文に応じられなかったのですが、今年は不況のために注文は減っています」と仙一さん。提灯紙以外の用途は、もっぱらカレンダーである。生産すれば確実に需要があるのだが、漉く家が減少するのは後継者がいないからだ。隣家の漉き家も後継者がなくて、断絶の危機にあるというのである。「ここからでも佐賀市内に車で三十分でゆけるでしょう。だから、後継ぎは皆、勤めに出てしまうんですヨ」確かに後継者問題は、伝統産業、伝統的文化財の継承には最大の問題なのである。

次いで、話は紙質のことになった。紙の質を決めるのは、まず第一に原料、次いで水質であるとよくいわれている。この付近でも、谷をへだてて東と西ではコウゾの質が違うという。西の方が繊維が繊細なのだそうだ。熊本県の人吉付近の繊維は大きくて粗いという。恐らく土質が違っているために、このような差が生ずるのであろうが、ここでとれるコウゾは、温床紙、和傘用紙には、ピッタリの紙であったという。現在の用途、提灯紙でも、油を塗らない白張りであるため、鳴りと艶のよさ、毛羽の立たぬこと、そして、白いことが要求されているとの由であった。水質も、この土地はよく、紙がよく締まるのであるが、川の水だけでは旱魃で困ったことがあるので、今は井戸もボーリングして合せて用いているという。どこの産地にも共通する話題である。

ところで、この地方で提灯紙をはじめたのは、仙一氏の祖父、種一氏であるという。明治二十(一八八六)年頃、旧小城《おぎ》町(現・小城市小城町)の紙商と計り、提灯屋と提携して、三者一体となって、この地に提灯紙が根づいたのだと語る。したがって、谷口家は紙漉きは当時で四代目になるわけである。もう一軒、この名尾で漉いている同じ谷口姓の家、つまり、谷口孝氏の家は、この谷口家の本家に当るということであった。そして、通された奥の部屋には、提灯紙の発案者である種一氏の写真が飾ってあった。

## 紙漉きの名残り

いつの間にか完全に雨はあがった。谷口進氏の案内で、名尾で紙を漉いているもう二軒の家を訪ねることにした。人家は山の斜面にあるので、近道をするために隣家の中庭を通って、次の家の前に出た。この家もかつては紙を漉いていた家であった。家の入口の小川の脇には、かつてコウゾを煮熟した小屋が廃屋となり、また、その隣りの洗場も土をかぶり、雑草が生えていた。塵取り小屋はまだ無傷で残っていたが、主なき小屋にはわびしさが漂っていた。母屋に近い漉き場は、漬物樽とコンバインが占領していた。漉き槽に面した窓、簀桁を支えていた弓などが、かつての漉き場の姿をリアルに物語っていた。

そのすぐ裏の家が、谷口さんと並んで紙を漉いている家であった。あまり広くない漉き場で一槽だけ設置され、中年の女性が一人で漉き上げていた。ここも提灯紙であった。生憎、その家の主は不在であった。

再び谷口さんの家の方に戻った。谷口さんの漉き場が坂の上の正面に見えた。「車をまわしてきますので、そこで待っていて下さい」といって進さんは自宅の奥に姿を隠した。谷口さんの家の前には早春の田んぼとビニールハウスが点在し、遠く周囲は山で囲まれていた。ビニールハウスには小葱が植えられていた。この地区の農産物はといえば、シイタケ、ナス、そして、秋は干柿だという。秋山さんは、「干柿が道路沿いに吊下げられている様は実に壮観ですヨ」という。いかにも山村の紙漉き村といった感を抱かせる。

車が来た。旧背振村に抜ける田中川に沿ってやや登ったところに、谷口進さんの本家、谷口孝さんの家があった。ここが三軒目の、現在なお紙漉きをやっている家である。奥さんがでてきて、「今日は紙漉きは休んでいます。ただ、湿紙の乾燥作業だけはやっています」と告げた。乾燥場では二人の女性が作業をしていた。方法は分家の谷口進さんのところと全く差異はない。ここもやはり提灯紙であった。乾燥に従事している人の刷毛をみると白毛の刷毛だ。聞くと中央に合成繊維を配し、周囲に馬の毛を植えていると語っていた。

そこを辞去して、前記した、この地区の紙祖、納富由助の頌徳碑を見にいった。田畑の間を縫って作られた道を東に五分。向いの小山の家並みの近くにあった。比較的高い石垣の上に書かれた石碑文は、大分読み難くなっていた。石垣を寄進したのは上野松一氏といい、この地区の財閥であるということだ。碑の背面に植えられた桜も、他と同様盛りを過ぎ、葉をつけ、残り少くなった花も花弁をばらまいていた。公民館の前に設置しているだけに、そこを訪れる時には目に付くかも知れないが、紙漉きの減少とともに、これも忘却のかなたに消え去ろうとしている印象を抱き、わびしさがこみあげてきた。

公民館の前の家が、谷口進さんのお母さんの実家であり、ここも紙漉きをやめて、当時で十年程になる。ここでも名尾紙の痕跡を求めて、立寄ってみた。漉き場は納屋と化していたが、進さんは、「いつでも再開できるように、道具だけはすべて用意してあるんですがね……」と説明した。舎屋は全く昔のままだから、道具を配したら、確かに再開はすぐにでもできるであろう。「この石は、叩き台に使用したものですヨ」と濡れ縁から中庭に下りるときの踏石になっている、細長い石を指差していう。どうやら、この地区では叩解は板の上で行ったのではなく、石を台に使用していたようだ。原料が強靭な繊維なので、石の方が適していたのかも知れない。

## コウゾの原料作り

谷口進さんの家に戻る途中で、田んぼの土手に黒皮を剥いで乾燥してあるのが目についた（図15—13）。面白いことをするなと思っていると、進さんは、「この家に我が家のコウゾを委託しているのです」といって、家のなかに入っていった。その家の前の水路には、これから黒皮を剥ぐという原料が流水中に入れられて、水で洗われていた。

家の戸口の日溜りには、一人の老女が黒皮を包丁で取っていた。ここでの黒皮は、単に表皮の黒い部分を除くだけで、白皮と黒皮の間の緑色の層、俗にいう甘皮は残しているのだという。甘皮を

図15−13　土手に干されたコウゾ黒皮

多く残す原料処理は、比較的珍しいのではないか。この処理、あるいは丸煮という処理のために、この地区の紙はやや緑色がかっているといえないこともない。このように、一つ一つ黒皮を剥いだものを、田んぼの土手に拡げて乾燥するのである。この作業は、おばあさん方の内職だそうだ。

谷口さんの家に戻ると、午後三時近くなっていた。

谷口さん一家に別れを告げて、背振山越えで、神崎市を経由し、ＪＲ久留米駅に出た。

## おわりに

八女紙も名尾紙も、ともに強靭なカジノキの繊維を使った、強力な紙である。両者を比較してみても、細かな差異はあるとはいえ、大筋では相違は見られない。原料処理、漉き方、用途、ほとんどが共通である。技術の伝播ルートから見て、当然のように思われた。そして、両者とも県の無形文化財に指定された。訪問してみて、その用具、粘剤などの入手に苦労しながら、この無形文化財を一生懸命守っているという姿を、まのあたりに見ることができた。その姿は美しい。残された大きな課題は、この文化財を子、孫がいつまで守ってくれるかということである。後継者——伝統産業が、熟練を要する技の世界であるため、労多く、功少ない故に、この問題を解決しなければ、今後の発展はないのである。九州男子のように気性のあらい、しかし、素朴な品のある、九州の手漉き和紙。飾り気のない、未晒として、そのまま使われる味のある紙。この紙を我々の時代に絶やすべきではなく、いつまでも伝承させてゆかせたいと念じている。

（昭和五十七年四月）

## 追記

それから一年後、八女地区の漉き場を一緒に見学した園田美恵子さん（当時）から、お便りと卒業論文「八女の和紙」のコピーを頂いた。それは二百字詰め原稿用紙で二三四頁に及ぶ力作であった。紙の博物館などにも出向いて勉強されたらしい。拙稿の原稿の写を送らせて頂いたが、多少とも役立ったようである。現在小学校の先生である。そして、この紀行を可能にして頂いた秋山実茂氏は、訪問の年（昭和五十七（一九八二）年）の全和連の大会の仕事を最後にして、旧試験場を退かれた。歳々年々人同じからずである。

参考文献


（一）成田潔英、『紙碑』、二〇四～二一二頁、製紙博物館（一九六二）
（二）参考文献（一）、二〇一～二〇四頁。
（三）参考文献（一）、二〇九～二一二頁。

# 終章　編集を終えて

本章で述べた、私の「和紙の里」を訪問してから、ざっと二十～三十年過ぎていた。その間、国際協力事業団の仕事として、タイ国のカセサート大学でカジノキの植栽研究に携わり、同国の手漉き紙（サー・ペーパー）の発展を目の当たりにした。その間、製紙原料の供給は国際的に流通していることを学び、和紙技術はもっとグローバルに捉えねばならないとの心証を深めた。

私がそのような仕事に携わっている間に、我が国は高度経済成長を終え、成熟経済の新たな展開の段階に入り、政治体制は大きく変わり、産業構造も大きく変った。当然、和紙産業を支えてきた環境も基盤も変わった。

その変化を壽岳文章は「和紙づくりの現状～風物詩として片づけられてはたまらない～」（毎日

新聞、昭和五十二年六月二十日、『柳宗悦と共』、二〇九〜二一一頁、総合社、一九八〇）と題して、高度経済成長の勃興で起こる手漉き和紙の衰退の現状を端的に総括され、昭和の末に予言されておられた。

「テレビで伝統的な和紙づくりとして、ＮＨＫ、民放、ＪＲなどの広報誌は国の選定保存技術者の漉く美栖紙、程村紙、清長紙などを風物詩的にとり上げているが、質も量も世界に冠絶する栄誉を持ち続けてきた和紙の、戦後は甚だしい、この衰退の元凶は、池田内閣以来、自民党の指標となり、今も見果てぬ夢のまださめやらぬ高度経済成長政策である」と政策を批判する一方、「にもかかわらず、踏みとどまっているのは、文化庁内で和紙、和漆などの優れた技術保存のために情熱を生一本な性質の若い技官あり、その呼びかけに答えて、父祖代々継承してきた技術の伝統を堅持しようと意気込む青年たちが、少数ながら各地にあり、加えて、草深い地方に住むそれらの熱心な人々と寝食を共にしながら、技術の習得に励む海外からのまじめな留学生のいることに心打たれるからである。

無意識のうちに優れた文化財が生産される幸福な時代は、もはや望めないとしたら、それらの血脈相承は、生産品の社会的・美的価値を強烈に意識する個々人の粘り強い自覚に待つほかはない。そういう人も、最近、和紙づくりの世界にあらわれてきた。亡びるか、亡びないか。私は和紙の将来性を、今取り上げた範疇に属する少数の手にゆだねたいと思う」と結ばれた。

これが高度経済成長過程での、壽岳文章の予言であった。生産効率を至上とした経済成長は確かに手漉き和紙を追い込んだが、壽岳先生の言われた、文化庁の和紙担当調査官とは柳橋真氏のことで、同氏の提唱で「手漉き和紙青年の集い」が結成され、和紙に情熱を傾ける青年達が育ち、各産地で手漉き和紙が消えていく傾向は歯止めがかかった。

この会は年一回の集いであったが、柳橋氏が二十五回目の京都大会で、解散を宣言されたにもかかわらず、若い有志により装いを新たにして継承されて今日に至っている。手仕事に愛着を持った人たちは減るどころか、逆に生きる証として和紙技術を伝承しようとしている若人が出てきている。同時に、久米康生氏らにより「和紙文化研究会」も創設された。

一方、伝統技術でつくられた手漉き紙を使う市場も決してなくなっていなかった。歴史ある文化財としての重みが定常的な供給を求めた。

壽岳氏の言われた海外の留学生とは、当時はティモシー・バレット氏、フランスワーズ・ペーロー氏などを指すものと思われるが、昨今はグローバル化が進み、手漉き和紙に興味を持つ外国人は増えている。そして、「クール・ジャパ」として、アニメ、ゲームなどとともに伝統文化である和紙技術も注目されるようになった。

また、人だけでなく、原料のグローバル化は進んでいる。日本の食文化に国際化の波が押し寄せ、和紙原料もコウゾ、カジノキに関してはタイ、ラオス、ミツマタは中国、ネパール、ガンピはフィリピンなどである。外国産の原料を活用する道も新しい道である。

他方、成熟社会は、車社会・情報化社会へと成長し、交通網の整備で「和紙の里」へのアクセスは容易となり、和紙の漉き場は観光、レジャーの場ともなった。

そのために、地域起し一種の事業として、一時廃絶した紙漉きを行政的な支援を得て、復活する地域も各地で現れた。それ故、「和紙の里」の数は逆に高度経済成長期よりも増加しているのである。しかも、情報化社会は、これまでのように場所を選ばず、ネット網で販売もできるという社会に変えた。個人でも生産販売が可能となったのである。

本書を編集するとき、訪問した「和紙の里」が初出の原稿内容とどのような変動が起こっているかは、大きな問題であった。多くはインターネットで調査して、当時と現在を比較して書き直しした。当然、漉く職人の交代、環境の変化などはあった。しかし、改めて後継者としての漉く人の職人魂と環境はかなり継承されていると思った。そして、私が和紙を学んだ「和紙の里」の道筋は、次世代の人が辿っても役立つと確信した次第である。ただ、一番困ったのは、町村合併で地名が変わっていることであった。これも出来るだけ訂正した積りであるが、見落としがあることを怖れる。

本書の紀行は、いずれもぶっつけ本番で、予備調査はなされていない。それだけに、好奇心を持って、出来るだけ、正確に、詳細に見学するように努めた。見間違い、聞き間違いなどを恐れず、伝統ある和紙技術のふるさとを、不束《ふつつか》ながらガイド出来れば、望外の喜びである。

末尾ながら、本書の原稿はすべて、公益財団法人「人紙の博物館（東京・北区）の機関誌『百万塔』に掲載されたものを一部書き直したものである。また、本書の表紙題字は愛媛県四国中央市の紙のまち資料館・前館長金崎峰萃（本名治信）氏によるものである。力強い美しい大事で表紙を飾ることが出来たことを深謝致します。

加えて、出版を引き受けて頂き、編集にアドバイスを頂いた㈱美巧社の代表取締役池上晴英氏及び本社営業部の福江一輝氏に謝意を表します。

なお、本書に採録した十五ヶ所の和紙の里以外にも、筆者は巻末にリストした地域にも足を運んでいる。もし合わせて、読んで頂ければ、幸甚である。

著者

平成二十五年七月二十七日　記

# 構成各章和紙の里の出典リスト

初出

序　章　和紙技術探索のガイダンス〜近代化と競う紙漉きの気概〜

第一章　那須烏山程村紙の里（栃木県・下野）
百万塔　第七二号、四六〜六一頁、一九八九年一月

第二章　細川紙・小川和紙の里（比企郡小川町・東秩父郡秩父村＝埼玉県・武蔵）
百万塔　第六六号、六三〜七七頁、一九八六年十二月

第三章　八尾紙の里（八尾町＝富山県・越中）
百万塔　第五三号、四六〜六三頁、一九八二年三月

第四章　加賀二股和紙の里（金沢市二股町＝石川県・加賀）
百万塔　第九六号、三一〜四九頁、一九九七年二月

第五章　越前和紙の里（越前市＝福井県・越前）
百万塔　第九七号、二〇〜三三頁、一九九七年七月

第六章　甲州和紙の里（市川三郷町市川大門・南巨摩郡身延町西島＝山梨県・甲州）
百万塔　第五九号、六一〜八〇頁、一九八四年八月

第七章　美濃和紙の里（美濃市蕨生＝岐阜県・美濃）
百万塔　第六〇号、五五～七三頁、一九八四年十二月
第八章　黒谷和紙の里（綾部市黒谷町＝京都府・丹波）
百万塔　第七五号、二五～四四頁、一九九〇年一月
第九章　名塩和紙の里（西宮市塩瀬町名塩＝兵庫県・摂津）
百万塔　第六三号、二四～三七頁、一九八五年一二月
第十章　因州和紙の里（鳥取市佐治町＝鳥取県・印旛）
百万塔　第五六号、六六～八四頁、一九八三年四月
第十一章　石州半紙の里（濱田市三隅町＝島根県・石州）
百万塔　第五七号、七一～八七頁、一九八四年一月
第十二章　阿波和紙の里（吉野川市山川町＝徳島県・阿波）
百万塔　第六二号、六五～八九頁、一九八五年四月
第十三章　南予和紙の里（喜多郡五十崎町・西予市野村町＝愛媛県・伊予）
百万塔　第六二号、二六～四五頁、一九八六年八月
第十四章　土佐和紙の里（吾川郡仁淀川町岩戸＝高知県・土佐）
百万塔　第九四号、二五～三三頁、一九九六年六月

第十五章　八女和紙の里（八女市＝福岡県・筑後）及び名尾和紙の里（佐賀市大和町名尾＝佐賀県・肥前）

百万塔　第五八号、五〇～七二頁、一九八四年四月

終　章　編集を終えて　　初出

# 著者の「和紙の里」紀行記の発表一覧

著者の主たる「和紙の里」紀行記を下記に示す。ただ、「身の周りの紙文化」として「月刊くらしと紙」（紙業タイムス社）に連載した論説は除く。同誌掲載の主要なものは『和紙博物誌』（淡交社　一九九五年）にまとめているためである。

［一］北海道の探訪

（一）　北海道の紙と織紀行

その一、民芸手帳、通巻第二八九号、一四～二三頁（一九八二・六・一）

その二、民芸手帳、通巻第二九〇号、二〇～三〇頁（一九八二・七・一）

その三、民芸手帳、通巻第二九一号、三八～四四頁（一九八二・八・一）（分割掲載）

［二］東北地方の探訪

（一）岩手県

東山紙紀行～機械漉きから手漉きへ～、

百万塔、八九号、二六～三六頁、一九九四・一一

（二）山形県

山形県白鷹町の深山紙探訪
百万塔、七八号、二五～四三頁、一九九一・二

（三）宮城県

①タパと紙衣の旅～白石紀行～
百万塔、五〇号、五四～五九頁、一九八〇・九　↓『和紙周遊』

②最初にヨーロッパに渡った鼻紙
くらしと紙、二四（一二）、一二～一六頁、一九八九・一二

［三］関東地方の探訪

（一）栃木県

下野・烏山程村紙を訪ねて～手漉き和紙の新しい経営戦略～、
百万塔、七二号、四六～六一頁、一九八九・一　↓本書第一章

（二）茨木県

常陸西の内紙探訪～直販体制が活路～、
百万塔、七〇号、七四～九〇頁、一九八八・四

（三）埼玉県

細川紙探訪記～先端技術と観光に活路を求める首都圏の紙郷～

百万塔、六六号、六三〜七七頁、一九八六・一二　→本書第二章

［四］中部地方の探訪

（一）富山県

越中八尾紙探訪記、

百万塔、五三号、四六〜六三頁、一九八二・三　→本書第三章

（二）石川県

加賀二俣紙探訪記〜バブル経済崩壊後の伝統紙漉きのチャレンジ〜

百万塔、九六号、三一〜四九頁、一九九七・二　→本書第四章

（三）福井県

①越前和紙と若狭和紙のコントラスト〜、

福井の紙郷探訪記（一）かみと美、四（二）、一二〜一六頁、一九八五・一一・一

福井の紙郷探訪記（二）かみと美、四（三）、一四〜一八頁、一九八五・一一・一　分割掲載

②越前奉書探訪記〜九代目岩野市兵衛氏を訪ねて〜

百万塔、九七号、二〇〜三三頁、一九九七・七　→本書第五章

（四）富山・石川・福井三県

北陸三県の紙郷探訪記〜金沢・富山・八尾・五箇山及び今立〜

（其の一）百万塔、八二号、一五～三六頁、一九九二・六
（其の二）百万塔、八三号、四九～六六頁、一九九二・九　分割掲載

（五）山梨県
中富町西島と市川大門の和紙探訪
百万塔、五九号、六一～八〇頁、一九八四・八　→本書第六章

（六）長野県
信州の手漉き和紙探訪～立岩紙と内山紙～
百万塔、八六号、二六～四三頁、一九九三・一一

（七）岐阜県
①美濃紙訪問記～移り変わる障子紙の伝統～
百万塔、六〇号、五五～七三頁、一九八四・一二　→本書第七章
②美濃和紙の里会館探訪記～紙と明かりの芸術演出～、
百万塔、九七号、四五～六三頁、一九九七・七
③和紙製作用具の作成状況～全国手漉和紙用具作成保存会長・古田要三四に聞く～
百万塔、九二号、四一～五三頁、一九九五・一〇

（八）静岡県

修善寺紙の再興～伊豆長岡紀行～、補遺～『修善寺物語』の紙砧再考～、
百万塔、六九号、五五～六七頁、一九八八・一
補遺　百万塔、八〇号、一二～一四頁、一九九一・九

（九）愛知県
紙工芸の里・愛知県小原村を訪ねて～過疎村から日展作家の村へ～、
かみと美、三（一）、厳冬号、八～一三頁、一九八四・二・一

［五］近畿地方の探訪

（一）滋賀県
近江雁皮紙探訪記～伝統技術の中の近代化～
その上　かみと美、五（二）［通巻一三］、一八～二二頁、一九八六・一一・一一
その下　かみと美、六（一）［通巻一四］、一〇～一二頁、一九八七・五・九　分割掲載

（二）京都府
丹波・黒谷和紙探訪～団結と女性で支えられる～、
百万塔、七五号、二五～四四頁、一九九〇・一　→本書第八章

（三）兵庫県
①名塩紙探訪記～土地開発で揺らぐ泥入り溜漉きの紙～、

百万塔、六三号、二四~三七頁、一九八五・一二　→本書第九章

②播磨・杉原紙探訪~町立製紙工場を媒介とした町起こし事業~、

百万塔、九三号、三〇~四六頁、一九九六・二

[六] 中国地方の探訪

(一) 鳥取県

①青谷紀行　因州和紙を育む風土

民芸手帳、二七二号、三〇~三六頁、一九八二・九・一

②因州佐治村を訪ねて~ヤル気村への転進

百万塔、五六号、六六~八四頁、一九八三・四　→本書第十章

(二) 島根県

①石州半紙紀行、

百万塔、五七号、七一~八七頁、一九八四・一　→本書第十一章

②出雲民芸紙紀行、

百万塔、六一号、三~二二頁、一九八五・四

(三) 岡山県

①御用紙漉きの備中檀紙

くらしと紙、二四（七）、一四～一八頁、一九八九・七
②ミツマタ最多の生産県・岡山県の現状～備中和紙・樫西紙・箔合紙～
くらしと紙、二六（一一）、八～一三頁、一九九一・一一

［七］四国地方の探訪

（一）徳島県

①山崎忌部神社と三木文庫～紙祖神と藍と太布を求めて～、
その一、民芸手帳、二八三号、一四～二〇頁、一九八一・一二・一
その二、民芸手帳、二八四号、八～一五頁、一九八二・一・一　分割掲載　→『四国は紙国』
②阿波和紙の淵源を探る～阿波忌部と荒妙と南張紙～、
百万塔、六二号、六五～八七頁、一九八五・八　→本書第十二章
③阿波の高越山を登る（阿波紀行）～もう一つの忌部神社を求めて～
百万塔、六七号、四五～五二頁、一九八七・四　→『四国は紙国』
④阿波拝宮紙探訪～那賀川上流の障子紙～
百万塔、七六号、一二～三〇頁、一九九〇・五　→『四国は紙国』

（二）香川県

①高松市における檀紙の痕跡

百万塔、七九号、二一～二九頁、一九九一・五　→『讃岐の紙』
②讃岐・高松の紙漉きの祖地探訪記
百万塔、八七号、二六～三三頁、一九九四・三　→『讃岐の紙』
③讃岐の造田紙探訪
百万塔、九一号、二五～三二頁、一九九五・六　→『讃岐の紙』
④平賀源内記念館の企画展「金唐革紙～革から紙へ～」開催に当たって
百万塔、一九三号、四四～六八頁、二〇一一・六

（三）愛媛県
①伊予・周桑紀行～伊予奉書紙の里国安及び石田を訪ねて～
その一、民芸手帳、二七八号、八～一七頁、一九八一・七・一
その二、民芸手帳、二七九号、八～一五頁、一九八一・八・一（分割掲載）→『四国は紙国』
②南予の紙郷を行く～大洲半紙と泉貨紙～
百万塔、六二号、二六～四五頁、一九八六・八　→本書第十三章
③伊予・新宮村の手漉き探訪、
百万塔、八一号、一五～二五頁、一九九二・二　→『四国は紙国』
④現代の紙祭り　伊予・川之江の紙祭り探訪

百万塔、五〇号、六六～七五頁、一九八〇・九　→『四国は紙国』

（四）高知県

①現代の手抄き障子紙～土佐・高岡紀行～
百万塔、五三号、六四～七二頁、一九八二・三　→『四国は紙国』
②土佐和紙・新之丞伝説の真偽
かみと美、七（二）［通巻一六］、九～一四頁、一九八八・一一・二五　→『四国は紙国』
③土佐典具帖紙の現況
民芸手帳、二七七号、八～一五頁、一九八一・六・一　→『四国は紙国』
④土佐・吉野川沿いの山間手抄き探訪
その一、民芸手帳、二八一号、八～一三頁、一九八一・一〇・一
その二、民芸手帳、二八二号、八～一三頁、一九八一・一一・一（分割掲載）　→『四国は紙国』
⑤仁淀川上流の山間手抄き探訪
その一、民芸手帳、二八五号、八～一五頁、一九八二・二・一
その二、民芸手帳、二八六号、八～一五頁、一九八二・三・一（分割掲載）　→『四国は紙国』

⑥土佐清張紙探訪～原料から道具まで自作する紙漉き～
百万塔、九四号、二五～三三頁、一九九六・六　→本書第十四章
⑦土佐に誕生した大濱紙を巡って
百万塔、一三五号、八三～一一二頁、二〇一〇・三　→『四国は紙国』

［八］九州地方の探訪
（一）大分県
豊の国の手漉き紙探訪～佐伯紙と阿蔵紙の現況～
百万塔、九〇号、二三～三六頁、一九九五・二
（二）福岡県
①八女紙・名尾紙紀行～九州の手漉き紙の現況～
百万塔、五八号、五〇～七二頁、一九八四・四　→本書第十五章
②その後の八女手漉き紙～紙工芸へのアプローチ～、
百万塔、八五号、二五～三四頁、一九九三・五
（三）長崎県
日蘭文化交流の窓を訪ねて～長崎の「オランダ」散策～
百万塔、七七号、一〇～一七頁、一九九〇・一〇

著者略歴

## 小林　良生（こばやし　よしなり）

1934年８月東京生まれ
慶應義塾大学工学部卒業後、東レ（株）に勤務。1975年からは通商産業省工業技術院四国工業技術研究所にて化繊紙研究室長、システム技術部長、技術交流センター長などを歴任し、主として機能紙及び非木材・海藻などからの紙製造を研究する。その後、（財）四国産業・技術振興センターで研究開発部長として従事。1997年からは国際協力事業団（JICA、現・国際協力機構）のプロジェクトリーダーとしてタイ国カセサート大学にてタイ未利用農林植物研究計画に参画し、非木材繊維の栽培研究を行う。
2002～2014年、香川県産業技術センター勤務
2010～2013年、愛媛大学農学部非常勤講師

1971年　技術士（化学）
1974年　工学博士取得（慶應義塾大学）
1990年　農学博士取得（京都大学）

その他、科学技術庁長官賞（1990年）紙アカデミー賞（1994年）瑞寶双光章（2004年）NPO機能紙研究会功労賞（2011年）

著　書
『製紙用繊維の化学改質』（訳、中外産業，1977）、『紙層形成の科学』（共訳、中外産業，1980）、『製紙のためのパルプ工学』（上巻，下巻）（共訳、中外産業，1984）、『和紙周遊』（ユニ出版，1988）、『環境保全に役立つ紙資源ケナフ』（ユニ出版，1991，増補1998）、『海からの紙』（ユニ出版，1993）、『和紙博物誌』（淡交社，1995）、『機能紙の新展開』（シー・エム・シー，2005）、『機能紙の領域』（機能紙研究会，2012）、『讃岐の紙』（美巧社、2013）など

和紙の里紀行

平成二十七年二月二十日　初版発行

著　者　小林　良生
発行者　池上　晴英
発行所　株式会社　美巧社
〒七六〇―〇〇六三
香川県高松市多賀町一丁目八―十
ＴＥＬ〇八七―八三三―五八一一
ＦＡＸ〇八七―八三五―七五七〇

印刷・製本　美巧社

ISBN978－4－86387－055－0　C1021

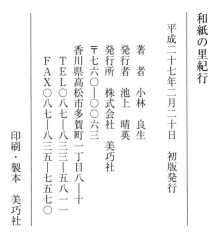